电子信息科学与技术丛书

Altium Designer
原理图与PCB设计

微课视频版

张永华 编著

清華大学出版社
北京

内 容 简 介

本书详细介绍了利用 Altium Designer 软件进行电路原理图和印制电路板设计的方法和流程,内容涉及原理图设计、原理图元件库的创建、封装库创建、印制电路板设计、PCB 图打印输出等。本书以汉化版的 Altium Designer 23 软件为依据编写,对软件操作中的菜单命令、按钮、对话框等名称,均附上对应的英文,以方便不同语言版本用户的使用。书中内容结合实例讲解,插图丰富,入门简单,辅以作者使用软件和教学中的经验、体会,关注难点和技巧,实用性强,有助于初学者快速掌握软件的使用。

本书配套提供了 41 个视频资源,读者可以扫描书中的二维码,对照书中内容观看学习。

本书适合电子信息类相关专业在校学生作为教材使用,同时适合电子制作爱好者基于 Altium Designer 软件的电子设计入门和提高,也适合电子产品设计工程技术人员参考。本书也可供 Altium Designer 软件 18 至 23 版本的用户参考学习。

图书在版编目(CIP)数据

Altium Designer 原理图与 PCB 设计:微课视频版/张永华编著. —北京:清华大学出版社,2023.5
(2024.8重印)
(电子信息科学与技术丛书)
ISBN 978-7-302-63042-5

Ⅰ. ①A… Ⅱ. ①张… Ⅲ. ①印刷电路—计算机辅助设计—应用软件 Ⅳ. ①TN410.2

中国国家版本馆 CIP 数据核字(2023)第 041440 号

责任编辑:曾 珊 李 晔
封面设计:李召霞
责任校对:李建庄
责任印制:宋 林

出版发行:清华大学出版社
      网　　址:https://www.tup.com.cn, https://www.wqxuetang.com
      地　　址:北京清华大学学研大厦 A 座　　　邮　　编:100084
      社 总 机:010-83470000　　　　　　　邮　　购:010-62786544
      投稿与读者服务:010-62776969, c-service@tup.tsinghua.edu.cn
      质量反馈:010-62772015, zhiliang@tup.tsinghua.edu.cn
      课件下载:https://www.tup.com.cn,010-83470236
印 装 者:三河市君旺印务有限公司
经　　销:全国新华书店
开　　本:185mm×260mm　　印　张:17　　　　　字　　数:448 千字
版　　次:2023 年 5 月第 1 版　　　　　　　　　印　　次:2024 年 8 月第 2 次印刷
印　　数:1501～2300
定　　价:69.00 元

产品编号:090048-01

前 言
PREFACE

Altium 公司是电子设计自动化(Electronic Design Automation,EDA)领域知名企业,在推出印制电路板辅助设计的 Protel 系列软件之后,于 2006 年起陆续推出更高端的 Altium Designer 系列新产品。该产品实现了电路原理图设计、仿真、PCB 绘图编辑、拓扑逻辑自动布线、信号完整性分析以及设计输出等技术的整合,形成了一体化的电子产品开发系统。目前,Altium Designer 软件已成为业界电子设计最常用的工具之一,也是许多理工科高校电子信息类相关专业电子设计创新实践课程教学常用的一种软件工具。

本书以汉化的 Altium Designer 23 版本为依据,详细介绍了利用 Altium Designer 软件进行电路原理图设计和印制电路板设计的方法和流程,内容涉及原理图设计、原理图元件库的创建、封装库创建、印制电路板设计、PCB 图打印输出等。本书最后一章还给出了几种实用电路系统的 PCB 工程设计案例,以方便用户在学习过程中进行实例训练的操作参考。

本书是作者在总结电子设计科创实践教学工作的基础上撰写而成的(第 1 章由吴幸协助编写),得到了华东师范大学精品教材建设专项基金资助和华东师范大学通信与电子工程学院的大力支持,也得到了 Altium 中国分公司聚物腾云物联网(上海)有限公司教育行业发展项目经理雷利娜女士的协助。华东师范大学电子信息实验教学中心副主任丰颖高级工程师审阅了本书书稿并提出了宝贵的修改意见。编者在此一并表示感谢,同时感谢清华大学出版社对本书出版给予的支持和帮助。

本书适合电子信息类相关专业在校学生作为教材使用,与清华大学出版社出版的《电子电路与传感器实验》(ISBN 为 9787302504108)配套,也可以单独开课使用。本书适合电子制作爱好者基于 Altium Designer 软件的电子设计入门和提高,也适合电子产品设计工程技术人员参考。由于编者水平有限,书中难免有不妥和错误之处,敬请读者批评指正。

编 者

于华东师范大学

2023 年 3 月

教学建议

☛ **本书定位**

本书可作为电子信息类、仪器仪表、自动化与控制等相关专业本、专科学生电子设计自动化课程的教材,以及理工科类专业大中专学生电子信息类科创活动的培训教材,同时适合电子制作爱好者基于 Altium Designer 软件的电子设计入门和提高,也适合电子产品设计工程技术人员参考。

☛ **建议授课学时**

如果将本书作为教材使用,建议课程教学分 4 个模块进行:第一模块为 Altium Designer 软件入门基础篇(第 1 章和第 2 章),用时 2～4 学时;第二模块为原理图设计篇(第 3 章和第 4 章),用时 8 学时;第三模块为 PCB 设计与输出篇(第 5～8 章),用时 14～16 学时;第四模块为应用实例篇(第 9 章),用时 4～8 学时。教师可以根据不同的教学对象或教学大纲要求安排学时数和教学内容。

☛ **教学内容、重点、课时分配**

1. Altium Designer 软件入门基础模块

第 1 章和第 2 章介绍 Altium Designer 软件的发展历史和功能,Altium Designer 23 版本软件安装、激活和操作界面,Altium Designer 软件的文件系统和 PCB 工程文件的创建与管理。重点是 Altium Designer 软件的文件系统和完整 PCB 工程的创建与管理。

第 1 章用时 2 学时,可安排学生自学,第 2 章用时 2 学时。

2. 原理图设计模块

第 3 章和第 4 章介绍利用 Altium Designer 软件进行原理图设计的一般流程步骤:包括原理图纸设置、图纸上放置元件、元件布局和连线、编辑与调整、编译检查与修改、报表输出,原理图库文件及原理图库元件的创建,等等。重点是原理图设计一般流程的认识及原理图库元件的创建方法。

第 3 章用时 6 学时,第 4 章用时 2 学时。

3. PCB 设计与输出模块

第 5～8 章介绍 PCB 的设计基础,元件封装库和集成库的创建,利用 Altium Designer 软件进行 PCB 设计的一般流程步骤,包括设置 PCB 图纸规划、导入原理图数据到 PCB、元件布局和布线、检查与手工调整、放置泪滴和铺铜等一些后续的操作,以及 PCB 的打印输出和生产文件的输出,等等。重点是元件封装库的创建和 PCB 设计一般流程的认识。

第 5 章用时 2 学时(可安排学生自学),第 6 章用时 4 学时,第 7 章用时 6 学时,第 8 章用时 4 学时。

4. 应用实例模块

第 9 章介绍了 4 个实用电路的 PCB 工程设计案例,讲解了利用 Altium Designer 软件进行电子设计从原理图到 PCB 图的全过程。对于这 4 个案例，可选择安排其中一个进行教学，也可安排学生自学。学生通过一个设计案例的学习，可以对利用 Altium Designer 软件进行电子设计，有一个完整全面的认识。

第 9 章用时 4～8 学时。

微课视频清单

视 频 名 称	时　　长	书中对应的位置
视频 1　Altium Designer 的操作界面	05′46″	1.3 节节首
视频 2　Altium Designer 的文件系统与 PCB 工程	03′36″	2.1 节节首
视频 3　完整 PCB 工程的创建	08′45″	2.2 节节首
视频 4　PCB 工程的管理	02′53″	2.3 节节首
视频 5　原理图编辑器界面	04′02″	3.1.1 节节首
视频 6　原理图图纸的设置	08′29″	3.1.2 节节首
视频 7　元件库	05′52″	3.2.1 节节首
视频 8　元件放置	03′34″	3.2.2 节节首
视频 9　元件调整	08′05″	3.2.3 节节首
视频 10　原理图的绘制	14′16″	3.3 节节首
视频 11　元件属性编辑	08′08″	3.4 节节首
视频 12　编译工程与查错	06′42″	3.5 节节首
视频 13　生成和输出各种报表文件	04′11″	3.6 节节首
视频 14　原理图元件库编辑器	06′04″	4.1 节节首
视频 15　新建绘制原理图元件	11′16″	4.2.1 节节首
视频 16　复制绘制原理图元件	08′16″	4.2.2 节节首
视频 17　生成原理图库元件报表	05′57″	4.3 节节首
视频 18　元件封装库编辑器	06′05″	6.1 节节首
视频 19　利用元件封装向导制作元件封装	03′51″	6.2.1 节节首
视频 20　新建绘制元件封装	07′20″	6.2.2 节节首
视频 21　复制绘制元件封装	08′07″	6.2.3 节节首
视频 22　元件集成库的创建	05′21″	6.3 节节首
视频 23　PCB 编辑器	08′20″	7.1 节节首
视频 24　PCB 图纸规划	11′53″	7.2 节节首
视频 25　导入电路原理图数据	04′36″	7.3 节节首
视频 26　编辑区窗口显示区域设置	02′57″	7.4.1 节节首
视频 27　元件布局参数设置	02′41″	7.4.2 节节首
视频 28　元件布局操作	07′58″	7.4.3 节节首
视频 29　布线设计规则	04′30″	7.5.1 节节首
视频 30　自动布线	03′41″	7.5.2 节节首
视频 31　手动布线	07′31″	7.5.3 节节首
视频 32　PCB 设计的后续操作	09′58″	7.6 节节首
视频 33　PCB 报表输出	02′41″	8.1 节节首
视频 34　PCB 和原理图的交叉探针	03′10″	8.2 节节首
视频 35　智能 PDF 向导	04′04″	8.3.1 节节首
视频 36　PCB 图纸的打印输出	05′16″	8.3.2 节节首
视频 37　生产文件的输出	05′42″	8.4 节节首
视频 38　元件封装的创建——发光二极管	04′35″	9.1.1 节 6.标题首
视频 39　原理图库元件的创建——两功放芯片	05′41″	9.2.1 节 3.标题首
视频 40　原理图库元件的创建——四运放芯片	04′12″	9.3.1 节 3.标题首
视频 41　原理图库元件的创建——超声波传感器	02′54″	9.4.1 节 3.之(2)段首

目 录
CONTENTS

第一篇 入门基础

第1章 Altium Designer 概述 ………… 3
1.1 Altium Designer 简介 ………… 3
1.1.1 Altium Designer 发展概述 … 3
1.1.2 Altium Designer 23 新功能 … 4
1.2 Altium Designer 23 的安装 ……… 4
1.2.1 系统配置要求 ………… 4
1.2.2 Altium Designer 23 的安装 … 5
1.2.3 Altium Designer 23 的激活 … 9
1.3 操作界面 ………………… 10
1.3.1 Altium Designer 23 的操作界面 … 10
1.3.2 桌面布局的维护 ………… 11
1.3.3 用户界面主题 ………… 12
1.3.4 中英文版本的切换 ……… 12

第2章 PCB 工程的创建与管理 …… 14
2.1 Altium Designer 的文件系统与 PCB 工程 ………………… 14
2.1.1 Altium Designer 的文件系统 … 14
2.1.2 PCB 工程的组成 ……… 14
2.2 完整 PCB 工程的创建 ……… 15
2.2.1 PCB 工程文件的创建 …… 15
2.2.2 PCB 工程组成文件的创建 … 17
2.3 PCB 工程的管理 ………… 19
2.3.1 PCB 工程添加已有文件 … 19
2.3.2 PCB 工程移除组成文件 … 20

第二篇 原理图设计

第3章 绘制电路原理图 ………… 25
3.1 原理图编辑器 ………… 25
3.1.1 原理图编辑器界面 …… 25
3.1.2 原理图图纸的设置 …… 26
3.2 元件的放置 ………… 29
3.2.1 元件库 ………… 29
3.2.2 元件放置 ………… 32
3.2.3 元件调整 ………… 33

3.3 原理图的绘制 ………… 35
3.3.1 绘制导线 ………… 36
3.3.2 放置节点 ………… 36
3.3.3 放置网络标签 ………… 38
3.3.4 放置 I/O 端口 ………… 39
3.3.5 放置电源和接地符号 …… 40
3.4 元件属性编辑 ………… 41
3.4.1 在图纸上直接编辑 …… 41
3.4.2 在元件属性对话框中编辑 … 42
3.4.3 自动添加标注 ………… 44
3.5 编译工程与查错 ………… 47
3.5.1 编译屏蔽 ………… 47
3.5.2 编译工程 ………… 48
3.6 生成和输出各种报表文件 …… 51
3.6.1 生成网络表 ………… 51
3.6.2 生成元件清单报表 …… 52

第4章 原理图元件库的创建 …… 54
4.1 原理图元件库编辑器 …… 54
4.1.1 元件库文件的创建与命名 … 54
4.1.2 元件库编辑器界面 …… 56
4.2 原理图库元件的创建 …… 59
4.2.1 新建绘制原理图库元件 … 59
4.2.2 复制绘制原理图库元件 … 69
4.3 生成原理图库元件报表 …… 76
4.3.1 生成库元件信息报表 …… 77
4.3.2 生成库元件规则检测报表 … 77
4.3.3 生成元件库列表 ……… 78
4.3.4 生成元件库报告 ……… 79

第三篇 PCB 设计与输出

第5章 PCB 设计基础 ………… 85
5.1 PCB 的构成和功能 ………… 85
5.1.1 PCB 的构成 ………… 85
5.1.2 PCB 的功能 ………… 86
5.2 PCB 的布线层次和制造工艺 … 87
5.2.1 PCB 的布线层次 ……… 87

5.2.2 PCB 的制造工艺 …………… 88
5.3 元器件的封装 …………………… 89
5.3.1 元器件封装的实体形式 …… 89
5.3.2 Altium Designer 中的元件封装 …… 91
5.4 PCB 设计的一般原则 …………… 95

第6章 元件封装库和集成库的创建 …… 98
6.1 元件封装库编辑器 ……………… 98
6.1.1 元件封装库文件的创建与命名 … 98
6.1.2 元件封装库编辑器界面 …… 100
6.2 元件封装的创建 ……………… 102
6.2.1 利用元件封装向导制作元件
封装 ………………………… 102
6.2.2 新建绘制元件封装 ……… 107
6.2.3 复制绘制元件封装 ……… 111
6.3 元件集成库的创建 …………… 116
6.3.1 元件集成库工程的创建与
命名 ………………………… 116
6.3.2 元件集成库工程添加源文件 … 118
6.3.3 元件集成库工程的编译 …… 120

第7章 PCB 设计 …………………… 122
7.1 PCB 编辑器 …………………… 122
7.1.1 PCB 编辑器界面 ……… 122
7.1.2 PCB 编辑器参数的设置 … 124
7.2 PCB 图纸规划 ………………… 140
7.2.1 PCB 图纸栅格的设置 …… 140
7.2.2 PCB 边界规划 ………… 142
7.2.3 PCB 编辑区域规划 …… 144
7.2.4 其他设置 ……………… 147
7.3 导入电路原理图数据 ………… 147
7.3.1 载入元件封装库 ……… 148
7.3.2 将数据导入电路原理图 … 148
7.3.3 同步更新原理图与 PCB 图 … 151
7.4 元件布局 ……………………… 154
7.4.1 编辑区窗口显示区域设置 … 154
7.4.2 元件布局参数设置 …… 157
7.4.3 元件布局操作 ………… 160
7.5 布线 …………………………… 170
7.5.1 布线设计规则 ………… 170
7.5.2 自动布线 ……………… 181
7.5.3 手动布线 ……………… 185
7.6 PCB 设计的后续操作 ………… 188

7.6.1 补泪滴 ………………… 188
7.6.2 铺铜 …………………… 190
7.6.3 放置文字注释 ………… 191

第8章 PCB 的输出 ………………… 193
8.1 PCB 报表输出 ………………… 193
8.1.1 元件清单报表 ………… 193
8.1.2 网络状态表 …………… 193
8.1.3 测量距离 ……………… 195
8.2 PCB 和原理图的交叉探针 …… 196
8.2.1 PCB 编辑环境中的交叉探针 … 196
8.2.2 原理图编辑环境中的交叉
探针 ………………………… 196
8.3 PCB 图纸的输出与打印 ……… 198
8.3.1 智能 PDF 向导 ……… 198
8.3.2 PCB 图纸的打印输出 … 202
8.4 生产文件的输出 ……………… 207
8.4.1 Gerber 文件的输出 …… 207
8.4.2 钻孔文件的输出 ……… 210

第四篇 应 用 实 例

第9章 PCB 工程设计实例 ………… 215
9.1 热释电红外报警器的设计 …… 215
9.1.1 原理图的绘制 ………… 215
9.1.2 PCB 设计 …………… 222
9.2 助听器的设计 ………………… 227
9.2.1 原理图的绘制 ………… 228
9.2.2 PCB 设计 …………… 234
9.3 可燃气体检测仪的设计 ……… 237
9.3.1 原理图绘制 …………… 237
9.3.2 PCB 设计 …………… 242
9.4 超声波多普勒报警器的设计 … 246
9.4.1 原理图的绘制 ………… 247
9.4.2 PCB 设计 …………… 252

附录A Altium Designer 常用命令
快捷键 …………………… 257
A.1 通用快捷键 …………………… 257
A.2 原理图设计快捷键 …………… 257
A.3 PCB 图设计快捷键 …………… 258
附录B 小贴士索引 ……………… 259
参考文献 …………………………… 261

第一篇

入门基础

本篇介绍了 Altium Designer 的发展历史和功能，Altium Designer 23 版本软件的安装、激活和操作界面，使读者初步认识 Altium Designer 软件。然后介绍 Altium Designer 软件的文件系统和完整 PCB 工程的创建与管理，为读者开始利用 Altium Designer 软件进行 PCB 工程设计打下入门基础。

第 1 章

Altium Designer 概述

通常使用的集成电路芯片以及分立电子元件电阻、电容、晶体管等,都是封装好的产品。如果说这类电子元件是一级封装,那么印制电路板(Printed Circuit Board,PCB)就是二级封装,各种整机电子产品手机、计算机、收音机等等则是三级封装。在电路板上对封装好的电子器件进行第二次封装的自动化要求,推动了人们对 PCB 设计软件的开发和利用。其中,Altium Designer 软件是一款典型的 PCB 设计软件。

1.1　Altium Designer 简介

Altium Designer 软件是 Altium 公司开发的产品,从问世以来,它就在不断地更新和完善中。Altium Designer 23 是目前 Altium Designer 系列软件中的最新版本。

1.1.1　Altium Designer 发展概述

早在 1985 年,Nick Martin 在澳大利亚创建 Altium 公司,并推出了为印制电路板提供辅助设计的软件 Protel PCB,开始了自己独特的 PCB 电子设计自动化(Electronic Design Automation,EDA)软件的研发历程。随着 20 世纪 80 年代末期 Windows 的逐渐普及,Altium 于 1991 年发行了世界上首款基于 Microsoft Windows 运行的 PCB 设计系统 Protel,并从此开始逐步推出了基于 Windows 平台的 Protel 系列软件,包括 2000 年发布的经典的 Protel 99 SE 软件和 2004 年发布的最后一版 Protel DXP 2004。在此期间,Altium 公司整合了多家 EDA 公司,包括一家在业内有一定影响力的美国的设计工具公司 ACCEL Technologies Inc. ,进一步扩大了用户群体。

2006 年起,Altium 公司继 Protel 系列软件之后,推出了更高端的 EDA 软件 Altium Designer 6.0。该软件是世界上第一个原生 3D PCB 设计软件,它全面继承了 Protel 99 SE、Protel 2004 等之前一系列版本的功能和优点,并拓展了新功能,实现了电路原理图设计、仿真、PCB 绘制编辑、拓扑逻辑自动布线、信号完整性分析,以及设计输出等技术的整合,形成了一体化的电子产品开发系统。

此后,Altium 不断更新和改进自己的 EDA 软件,形成 Altium Designer 系列产品。每一个 Altium Designer 新版本的出现,既有结构的变化,又有功能的完善,逐步使电子设计工程师的工作更加便捷、轻松和有效。

2021 年年底,Altium 公司发布 Altium Designer 22 版。相比于前一个版本,该版软件新增了很多功能,改善了一些性能,主要包括:

- 改进的"原理图交叉引用"工程选项设置。

- 全新的跟踪修线与线路回溯功能面板。
- 通孔支持 IPC-4761 类型属性。
- 自动添加 IPC-4761 通孔机械层到 PCB。
- 设计规则中的位号自动更新。
- 支持沉孔设计。
- 焊盘进出功能增强。
- 项目支持自动增加虚拟 BOM。
- 评论面板支持显示"已分离"图纸的注释。
- 改进电路仿真分析仿真测量结果。
- 平台稳定性及性能优化与提升。
- 全新的图纸打印预览配置窗口。

1.1.2　Altium Designer 23 新功能

Altium Designer 23 是 Altium Designer 系列软件的最新版本。它与 Altium Designer 22 相比，又增加了一些功能，提升了性能，进一步提高了用户的体验和设计效率。这些新功能和改善的性能主要包括以下方面：

- 支持原理图比较。
- 原理图符号支持为引脚选择功能。
- 添加了对二维 PCB 上层特定注释的支持。
- 添加了"新库"对话框。
- 支持定制圆形矩形和新的倒角矩形焊盘形状。
- 设计规则中标识符的自动更新。
- 支持 PCB 比较。
- 支持在 BOM 文档中添加和编辑注释。
- 新增 PCB 健康检查功能。
- 等长匹配时直观显示长度差异的大小和符号。
- 支持 Gerber 比较。
- 支持多板设计工程机电协同。

1.2　Altium Designer 23 的安装

Altium Designer 23 安装后的文件大小约为 5.3GB。和之前的版本相比，其功能更强大，对计算机的配置要求更高。

1.2.1　系统配置要求

Altium 公司推荐的系统配置要求如下：

1. 操作系统

Windows 10 或 Windows 11，只支持 64 位的操作系统。最低要求是 Windows 7 SP1，但不推荐。

2. 硬件配置

- Intel Core i7 以及以上处理器或同等产品。

- 16GB RAM 或者更大。
- 10GB 以上的硬盘空间(安装+用户文件)。
- 显卡(支持 DirectX 10 或更高版本),例如 GeForce GTX1060/Radeon RX470。
- 显示器:2560×1440px(或更高)屏幕分辨率的双显示器。

1.2.2 Altium Designer 23 的安装

Altium Designer 23 软件是基于 Windows 操作系统开发的应用程序,安装过程只需要根据向导提示进行相应的操作即可,十分简单。安装程序包为用户在安装过程中提供了一些安装选项,供用户根据自己的需求选择性地安装。具体的安装步骤如下:

(1) 在安装文件夹中找到 Installer.exe 应用程序文件,双击运行该文件,系统弹出 Altium Designer 23 安装向导对话框,如图 1-1 所示。

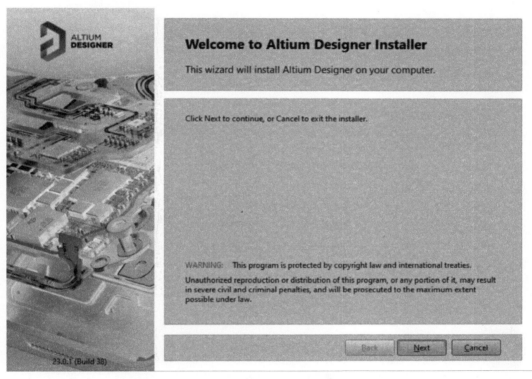

图 1-1 Altium Designer 23 安装向导启用界面

(2) 单击 Next 按钮,进入 License Agreement(安装协议)对话框。选择需要的协议文本语言 Chinese,并选中 I accept the agreement,如图 1-2 所示。

(3) 单击 Next 按钮,进入 Select Design Functionality(功能选项)对话框,如图 1-3 所示。对话框中给出了 4 种类型的功能模块,用户可以根据自己的需要,灵活地选择需要的功能模块。本例采用系统默认的选择设置。

(4) 单击 Next 按钮,进入 Destination Folders(安装路径)对话框,如图 1-4 所示。对话框中显示系统默认的软件安装路径为 C:\Program Files\Altium\AD23,共享文档等的存放路径为 C:\Users\Public\Documents\Altium\AD23。用户可以通过单击路径右边的文件夹图标来自定义软件和共享文档的安装路径。本例采用系统默认的安装路径。

(5) 单击 Next 按钮,进入 Ready To Install(准备安装)对话框,如图 1-5 所示。

图 1-2　License Agreement(安装协议)对话框

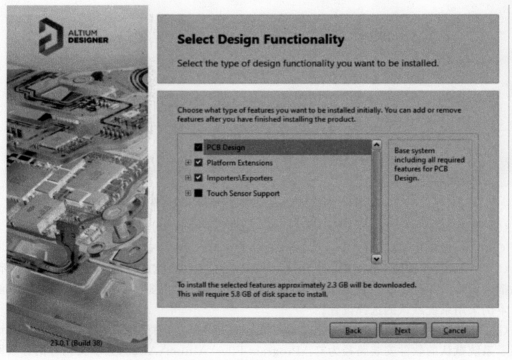

图 1-3　Select Design Functionality(功能选择)对话框

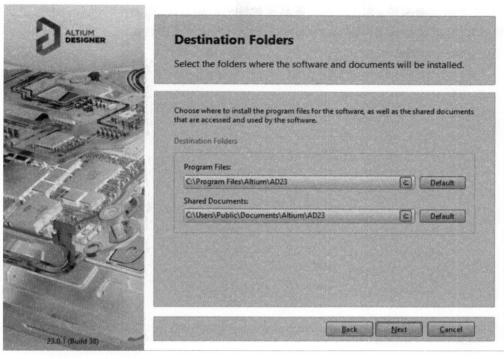

图 1-4　Destination Folders(目标文件夹)对话框

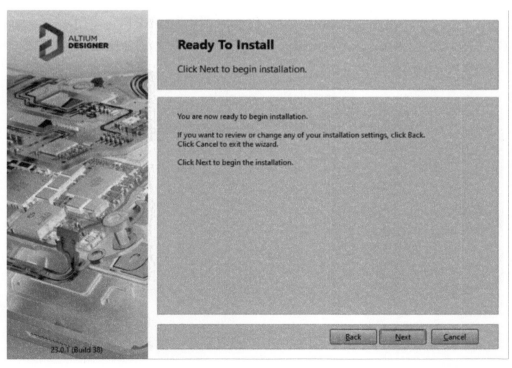

图 1-5　Ready To Install(准备安装)对话框

（6）确认安装信息无误后，单击 Next 按钮，进入 Installing Altium Designer（正在安装）对话框，系统开始复制文件，并且以滚动条显示软件的安装进度，如图 1-6 所示。由于系统要复制大量的文件，安装过程需要数分钟，具体时长由用户计算机的性能决定。

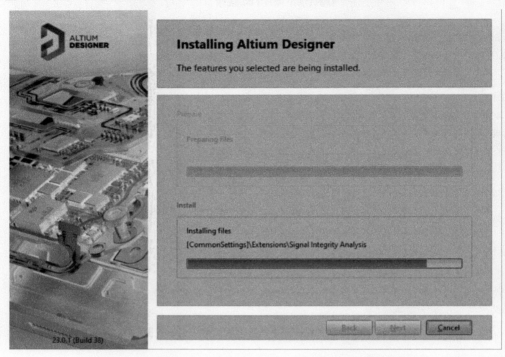

图 1-6　Installing Altium Designer（正在安装）对话框

（7）安装结束后，系统进入 Installation Complete（安装完成）对话框，如图 1-7 所示。

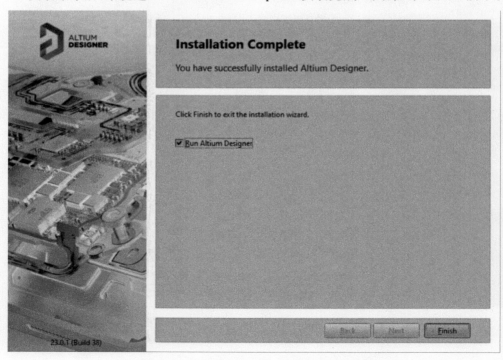

图 1-7　Installation Complete（安装完成）对话框

1.2.3　Altium Designer 23 的激活

Altium Designer 23 软件安装完成后,需要 Altium 官方授权的 License 激活,才可以正常使用。

在如图 1-7 所示的对话框中,选中 Run Altium Designer,单击 Finish 按钮;或单独启动 Altium Designer 23 软件。

如果安装 Altium Designer 20 版本的软件,那么系统会弹出 Altium Product Improvement Program(Altium 产品改进计划)对话框,如图 1-8 所示。用户在 3 个单选按钮中自行决定选择其中一个即可。

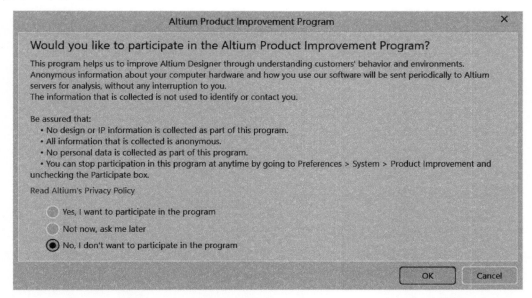

图 1-8　Altium Product Improvement Program(Altium 产品改进计划)对话框

在系统弹出的如图 1-9 所示的 License Management(许可管理)对话框中,有两种激活软件的方法。

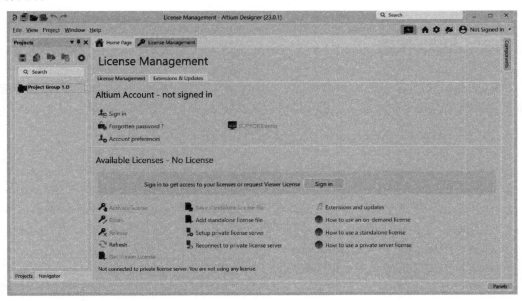

图 1-9　License Management(许可管理)对话框

　　如果用户的计算机连接互联网，则单击 Altium Account 区的 Sign in 按钮，登录 Altium 账户激活软件。

　　如果用户的计算机没连接互联网，则单击 Available Licenses 区域的 Add standalone license file 按钮，通过如图 1-10 所示的对话框，添加 Altium 官方授权的一个 License 文件" ∗∗ . alf"文件来激活。如图 1-11 所示，Activated 栏的状态显示 Used by me，表明软件激活成功。

图 1-10　添加授权 License 文件

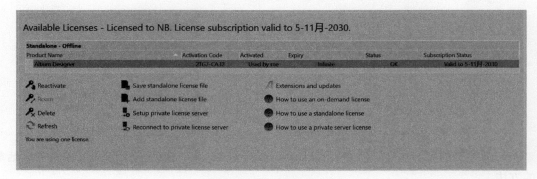

图 1-11　完成软件激活

1.3　操作界面

Altium Designer 23 软件为用户提供了一个十分人性化、集成化的操作界面环境，全新而直观的界面环境有利于完美实现可视化的设计工作。

1.3.1　Altium Designer 23 的操作界面

启用运行 Altium Designer 23 软件后，出现如图 1-12 所示的软件操作界面。
操作界面主要包括用户工作区、工作面板、面板标签、面板控制按钮、菜单栏等。其中，
- 用户工作区供用户用于设计电路原理图和 PCB 图、编辑库元件和封装图形等；
- 工作面板用于对用户在工作区的操作进行管理；
- 面板标签用于切换面板显示；
- 面板控制按钮用来设置工作面板的显示或关闭；
- 菜单栏及菜单的下拉子菜单项目会随用户启用文件编辑环境的变化而变化，方便用户的设计工作。

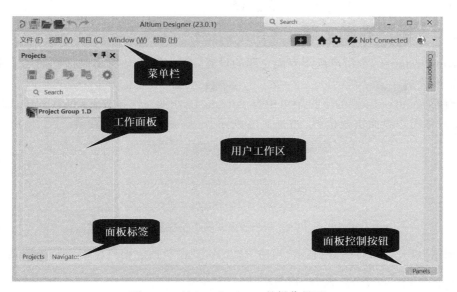

图 1-12 Altium Designer 的操作界面

1.3.2 桌面布局的维护

Altium Designer 23 用户操作界面中工作面板的位置是活动的,可以由用户自定义位置。如果要移动某个显示的面板,则可以将光标移至面板上部的面板名称上,按住鼠标左键后随意移动。

如果软件操作界面比较凌乱,恢复默认桌面布局的方法是:

(1)鼠标左键单击操作界面右上角"设置系统参数"(Setup system preferences)图标按钮
![icon],进入系统参数设置对话框"优选项"(Preferences)。

(2)在如图 1-13 所示的 System 项目下的 View 选项卡中,单击"桌面"(Desktop)区域的"重置"(Reset)按钮,即可恢复系统默认的桌面布局。

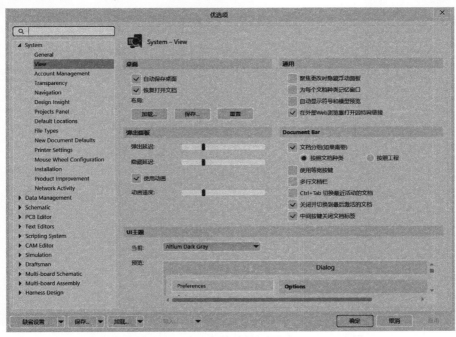

图 1-13 "优选项"对话框的 System-View 选项卡

1.3.3 用户界面主题

Altium Designer 23 用户操作界面主题的设置，在如图 1-13 所示对话框的"UI 主题"(UI Theme)区域完成。

在"当前"(Current)栏的下拉菜单中有 Altium Dark Gray(深灰色)和 Altium Light Gray (浅灰色)两种用户界面主题选项，如图 1-14 所示。

图 1-14 用户界面主题下拉菜单选项

在"预览"(Previews)栏，则显示"当前"(Current)栏所选定用户界面主题的效果示例。

1.3.4 中英文版本的切换

Altium Designer 23 用户操作界面环境的中英文版本的设置方法如下：

（1）单击操作界面右上角"设置系统参数"(Setup system preferences)图标按钮 ⚙，进入系统参数设置对话框"优选项"(Preferences)。

（2）在如图 1-15 所示的 System 项目下的 General 子选项卡中，选中"本地化"(Localization)区的"使用本地资源"(Use localized resources)选项。如图 1-16 警示框所示，重启软件即可切换到中文版本。

图 1-15 "优选项"对话框的 System-General 选项卡

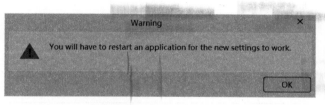

图 1-16　软件中英文版本切换重启生效警示框

（3）步骤（2）中，取消选中"本地化"（Localization）区的"使用本地资源"（Use localized resources）复选框，重启软件即可切换到英文版本。

第 2 章 PCB 工程的创建与管理

CHAPTER 2

利用 Altium Designer 进行 PCB 设计,一般过程是绘制原理图、创建原理图库、创建封装库、创建集成库、设计 PCB。这个过程涉及多种类型的文件,其中一个重要的文件是 PCB 工程文件。

2.1 Altium Designer 的文件系统与 PCB 工程

2.1.1 Altium Designer 的文件系统

微课视频

Altium Designer 的文件系统分为 3 个层次。

进行一个 PCB 设计时,将会涉及多种类型的文件,如原理图(文件扩展名为 .SchDoc)、PCB 图(文件扩展名为 .PcbDoc)、库文件、各种报表文件等,它们属于 Altium Designer 的三级文件,也是 Altium Designer 的基本文件。

Altium Designer 的基本文件均可以包含在一个工程项目中,即 PCB 工程文件(文件扩展名为 .PrjPcb)中。PCB 工程文件属于 Altium Designer 的二级文件,它包括 PCB 设计中生成的一切文件。

多个 PCB 工程又可以包含在一个工作空间中,即工作空间文件(文件扩展名为 .DsnWrk)中。工作空间文件属于 Altium Designer 的一级文件。

工作空间文件和 PCB 工程文件在 Altium Designer 中的作用类似于文件的目录。保存文件时,Altium Designer 的各文件是以单个文件形式分立保存的。用户可以将工作空间文件、不同的 PCB 工程文件、同一 PCB 工程的各种设计文件分别放到不同的文件夹中,通过工作空间文件将各个 PCB 工程文件关联到一个空间,通过 PCB 工程文件将各基本文件关联到一个工程。但为了管理方便,建议将相关的 Altium Designer 文件存放到用户计算机中的一个设计文件夹中。

2.1.2 PCB 工程的组成

用户利用 Altium Designer 进行 PCB 设计,通常是以 PCB 工程项目为单元进行的。一个完整的 PCB 工程至少应包括 3 个文件:PCB 工程文件、原理图文件和 PCB 文件。另外,通常还会涉及原理图库文件、PCB 封装库文件以及集成库文件。PCB 工程的文件组成如图 2-1 所示。

需要查看文件时,可以通过打开计算机中保存的一个 PCB 工程文件的方式,看到与该工程项目相关联的所有文件。如果只打开某个 PCB 工程项目下的单个三级文件,则该三级文件将以自由文件的形式单独打开。

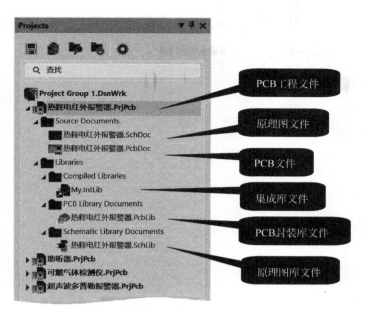

图 2-1　PCB 工程的文件组成

2.2　完整 PCB 工程的创建

微课视频

完整 PCB 工程的创建,包括 PCB 工程文件的创建,以及组成工程的 Altium Designer 基本文件的创建。

2.2.1　PCB 工程文件的创建

打开 Altium Designer 软件。新建 PCB 工程文件的步骤如下:

(1) 执行菜单命令"文件"(File)→"新的"(New)→"项目"(Project),如图 2-2 所示;或者在 Projects 面板上右击工作区间文件名 Project Group 1. DsnWrk,通过右键快捷菜单选择"添加新的工程"(Add New Project)命令,如图 2-3 所示。

图 2-2　创建 PCB 工程"文件"菜单命令

图 2-3　创建 PCB 工程文件右键快捷菜单命令

(2) 在弹出的 Create Project 对话框中选择 Local Projects 选项卡;在 Project Type 列表框中选择 PCB 区域的< Empty >类型;在 Project Name 文本框输入新建工程文件名 Model;

在Folder栏单击"…"按钮弹出对话框,设定新建工程文件的保存路径为"D:\QD work\师大教学\教材建设",如图2-4所示。

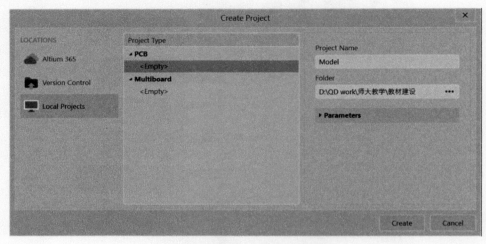

图2-4　创建PCB工程文件对话框

（3）单击Create按钮,即新建一个名为Model.PrjPcb的PCB工程文件,显示于Projects面板列表区,但是它没有任何子文件。同时,在用户计算机的相应位置,生成一个名为Model的文件夹,里面存放了新建的Model.PrjPcb工程文件,如图2-5所示。

图2-5　新建PCB工程文件Model.PrjPcb在计算机中的位置

如果想要改变PCB工程文件的名称,则右击Projects面板上的工程文件名,在弹出的快捷菜单中选择"重命名"Rename命令,如图2-6所示。在随后弹出的Rename对话框中,即可以重新定义工程文件的名称,如图2-7所示。

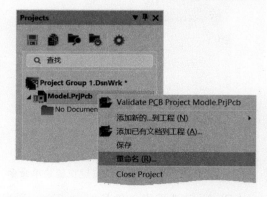

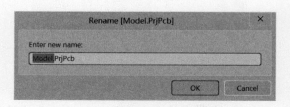

图2-6　PCB工程文件重新命名右键快捷菜单命令　　　图2-7　PCB工程文件重新命名对话框

2.2.2 PCB 工程组成文件的创建

本节针对 PCB 工程组成文件的创建,只介绍最基本的原理图文件和 PCB 文件的创建。PCB 设计中可能会涉及的原理图库文件、PCB 封装库文件和集成库文件的创建,会在本书后面的有关章节中详细介绍。

1. 原理图文件的创建

PCB 工程组成文件原理图文件的创建步骤如下:

(1) 执行菜单命令"文件"(File)→"新的"(New)→"原理图"(Schematic),如图 2-8 所示;或者在 Projects 面板上右击 PCB 工程文件名 Model.PrjPcb,通过右键快捷菜单选择"添加新的…到工程"(Add New to Project)→Schematic 命令,如图 2-9 所示。系统随即新建一个原理图文件,默认名为 Sheet1.SchDoc,显示于 Projects 面板列表区,并在用户工作区打开新建的原理图文件。

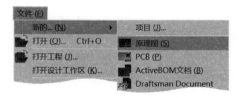

图 2-8 创建原理图文件菜单命令

图 2-9 创建原理图文件右键快捷菜单命令

(2) 右击 Projects 面板上的新建原理图文件名,在弹出的快捷菜单中选择"保存"(Save)命令,如图 2-10 所示。系统随即弹出保存原理图文件对话框,在"文件名"文本框输入新的文件名 Model,并采用系统默认的新建原理图文件的保存路径,也即原理图文件所关联的 PCB 工程文件所在路径(D:\QD work\师大教学\教材建设\Model),如图 2-11 所示。单击"保存"按钮,新建的原理图文件即以 Model.SchDoc 名称保存到指定的文件夹中。同时,Projects 面板上新建的原理图文件名称和编辑窗口的原理图文件标签名也自动做相应的改动。

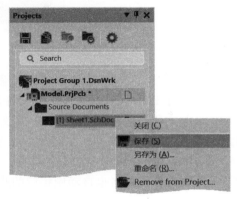

图 2-10 原理图文件保存右键快捷菜单命令

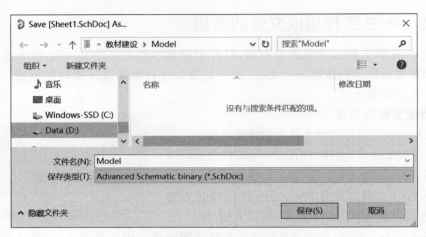

图 2-11　原理图文件 Save As 对话框

2. PCB 文件的创建

PCB 工程组成文件 PCB 文件的创建步骤如下：

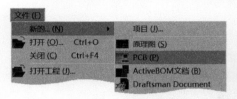

图 2-12　创建 PCB 文件菜单命令

（1）执行菜单命令"文件"（File）→"新的"（New）→PCB，如图 2-12 所示；或者在 Projects 面板上右击 PCB 工程文件名 Model. PrjPcb，通过右键快捷菜单选择"添加新的…到工程"（Add New to Project）→PCB 命令，如图 2-13 所示。系统随即新建一个 PCB 文件，默认名为 PCB1. PcbDoc，显示于 Projects 面板列表区，并在用户工作区打开新建的 PCB 文件。

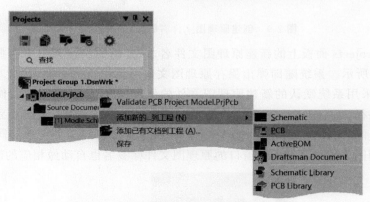

图 2-13　创建 PCB 文件右键快捷菜单命令

（2）右击 Projects 面板上的新建 PCB 文件名，在弹出的快捷菜单中选择"保存"（Save）命令，如图 2-14 所示。系统随即弹出保存 PCB 文件对话框，在"文件名"文本框输入新的文件名 Model，并采用系统默认的新建 PCB 文件的保存路径，也即 PCB 文件所关联的 PCB 工程文件所在路径（D:\QD work\师大教学\教材建设\Model），如图 2-15 所示。单击"保存"按钮，新建的 PCB 文件即以 Model. PcbDoc 名称保存到指定的文件夹中。同时，Projects 面板上新建的 PCB 文件名称和编辑窗口的 PCB 文件标签名也自动做相应的改动。

图 2-14　保存 PCB 文件右键快捷菜单命令

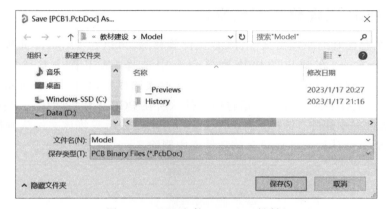

图 2-15　PCB 文件 Save As 对话框

2.3　PCB 工程的管理

微课视频

PCB 工程的管理涉及工程组成文件的添加和移除。

2.3.1　PCB 工程添加已有文件

要将已存在的原理图文件、PCB 文件等添加到 PCB 工程中，即加入到 PCB 工程关联文件体系中，以方便 PCB 工程设计过程中的调用，可以在 Projects 面板列表框中的 PCB 工程文件名上右击，在弹出的快捷菜单中选择"添加已有文档到工程"（Add Existing to Project）命令，如图 2-16 所示。

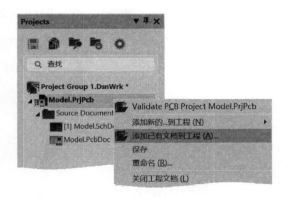

系统随即弹出 PCB 工程添加已有文档对话框 Choose Documents to Add to Project，如图 2-17 所示。在对话框中选择要添加到工程的文件即可。

图 2-16　PCB 工程添加已有文档右键快捷菜单命令

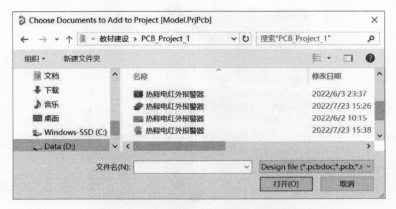

图 2-17　PCB 工程添加已有文件对话框

2.3.2　PCB 工程移除组成文件

要将 PCB 工程已有的原理图文件、PCB 文件等移除，可以在 Projects 面板列表框中需要移除的文件名上右击，在弹出的快捷菜单命令中选择"从工程中移除"（Remove from Project），如图 2-18 所示。系统随即弹出移除文件方式选择框，如图 2-19 所示。系统提供的移除方式有 2 种：选择 Delete file，表示将该文件从所在 PCB 工程关联体系中移除，并且从用户计算机存放文件夹中删除；选择 Exclude from project，表示只将该文件从所在 PCB 工程关联体系中移除，而不会从用户计算机存放文件夹中删除。

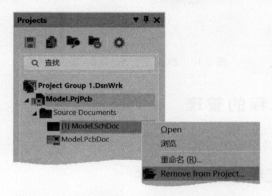

图 2-18　PCB 工程移除文件右键快捷菜单命令

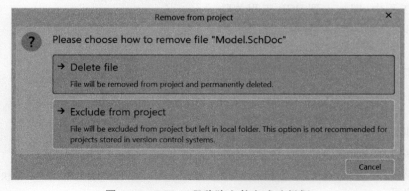

图 2-19　PCB 工程移除文件方式选择框

☺**小贴士 1　PCB 工程管理的生效**

PCB 工程不论是新创建、添加已有或移除一个组成文件,都意味着工程的关联文件体系有所改变,即工程文件本身有所改变。这时,Projects 面板列表中的 PCB 工程文件名后右上角会出现一个"＊"符号,表示工程文件存在变化(PCB 工程关联的基本文件的内容发生改变时,不意味着工程文件本身有所改变)。右击 Projects 面板列表中的工程文件名,在弹出的快捷菜单中选择"保存"(Save)命令,工程文件名后右上角的"＊"消失,上述工程文件的改变才会生效。

☺**小贴士 2　PCB 工程相关文件保存路径的快速查询**

在 Projects 面板列表中的 PCB 工程相关文件名上右击,在弹出的快捷菜单中选择"浏览"(Explore)命令,如图 2-20 所示,即可快速找到该文件的存放位置。或者将光标移到 Projects 面板列表中的 PCB 工程相关文件名上停住,会弹出浮动信息条,给出该文件的保存路径,如图 2-21 所示。

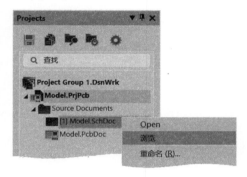

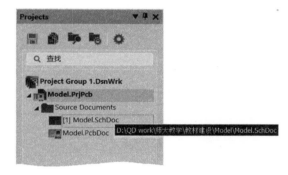

图 2-20　工程相关文件保存路径查询右键菜单命令　　图 2-21　工程相关文件保存路径浮动信息条

第二篇

原理图设计

原理图设计是 PCB 工程设计的前半部分工作。本篇结合实例,介绍利用 Altium Designer 软件进行电路原理图设计的一般步骤:原理图图纸设置、放置元件、元件布局和连线、元件属性编辑与调整、编译检查与修改、报表输出等,并介绍了原理图库文件和库元件的创建方法。本篇内容是进行 PCB 设计的基础。

第3章
CHAPTER 3

绘制电路原理图

图纸是工程师进行工作交流和沟通的重要工具手段。电路原理图的设计,是电子工程师进行电子产品设计与制作的基础。原理图的设计过程即根据需要选择合适的元器件,并用导线将元器件互相连接形成具有一定电学功能的逻辑结构。电路原理图主要由元器件符号、连线、节点和注释4部分组成。Altium Designer 原理图设计步骤一般包括图纸设置、在图纸上放置元器件、元器件布局和连线、编辑与调整、检查修改、报表输出、存盘打印等。

3.1 原理图编辑器

绘制电路原理图要在原理图编辑环境下,即在原理图编辑器中进行。在原理图编辑环境中,系统会给出默认的一系列图纸相关参数。用户可以根据所设计的电路规模、复杂程度以及自己的偏好,来对图纸的相关参数进行重新设置,以创造更合适的设计环境。

3.1.1 原理图编辑器界面

按照 2.2.2 节第 1 部分所述的方法,新创建空白的原理图文件(Sheet1. SchDoc),系统同时打开原理图的编辑环境,即启用原理图编辑器。原理图编辑器的工作界面如图 3-1 所示,包括菜单栏、常用工具栏、Components 面板、原理图编辑区等部分。

微课视频

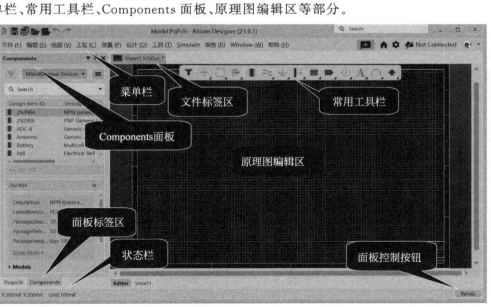

图 3-1   原理图编辑工作界面

1. 菜单栏

菜单栏给出了原理图编辑器所有操作的对应命令，少量常用的菜单命令在常用工具栏中有对应的图标按钮。

2. 常用工具栏

该工具栏的图标按钮对应了部分菜单命令，是对应菜单命令的快捷方式。

3. Components 面板

Components 面板即元件面板，提供加载的元件库信息，用于向原理图编辑区放置库中存在的各种电子元器件，以绘制电路原理图。

4. 面板标签区

面板标签区汇集了打开的各种工作面板的名称标签。单击某个工作面板的标签名称，即可激活其对应的工作面板。

5. 面板控制按钮

面板控制按钮用于开启或关闭各种工作面板。

6. 原理图编辑区

原理图编辑区即原理图图纸区，是用于绘制电路原理图的区域。用户需要在此区域放置元件，对元件进行电气连接，并编辑设置元件的属性，完成电路原理图的设计绘制。该编辑区有横竖交错的栅格，可以帮助用户对电路元件进行排布定位。

7. 文件标签区

文件标签区汇集了打开的各种文件的名称标签。单击某个文件的标签名称，即激活其对应的文件。

8. 状态栏

X 参数和 Y 参数给出了光标在原理图编辑区的实时位置信息，Grid 参数给出了捕捉栅格的距离。

3.1.2　原理图图纸的设置

微课视频

双击原理图图纸的边框位置，系统将会弹出 Document Options（文档选项）对话框，其中有 General 和 Parameters 两个选项卡，可分别用于原理图图纸常规参数和图纸设计信息参数的设置。

1. 原理图图纸常规参数设置

原理图图纸的尺寸单位、大小、方向、颜色、栅格等参数在 General 选项卡中设置，如图 3-2 和图 3-3 所示。

其中，

- Units：长度尺寸单位，mm 为公制"毫米"，mils 为英制"密耳"，1mil＝0.0254mm。
- Visible Grid：可视栅格，数值用于定义栅格间距。栅格类似于作业本上的格线，以方便元件布局和对齐。单击后边的标记◙，即关闭图纸栅格显示，再单击此标记则开启图纸栅格显示。
- Snap Grid：捕捉栅格，数值用于定义光标及在图纸上移动操作对象的最小单位。选中时有效，不选时可以任意距离进行移动。Snap to Electrical Object 表示捕捉电气目标，选中此项后，进行画导线、放置电气节点等操作时，系统会以光标所在位置为中心，以 Snap Distance 中设置的数值为半径，向周围搜索电气节点，并将光标自动移动到搜索到的电气节点上。

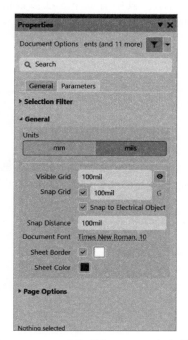

图 3-2　General 选项卡—General 选项区

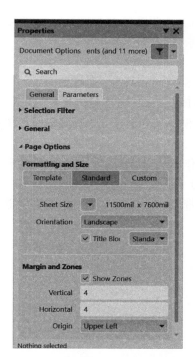

图 3-3　General 选项卡—Page Options 选项区

- Document Font：设置文档文字的字体、大小和字形。单击有下画线的文字，在弹出的对话框中（见图 3-4）进行操作。

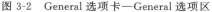

图 3-4　字体设置对话框

- Sheet Border：设置图纸边框颜色，选中时有效，未选中时则不显示边框。
- Sheet Color：设置图纸颜色。

Formatting and Size 区块用于设置图纸样式及尺寸。

- Template、Standard、Custom：分别为模板图纸、标准图纸和用户自定义图纸。
- Orientation：设置图纸的放置方向，Landscape 为横向，Portrait 为纵向。
- Title Block：设置标题栏模式，未选中时不显示标题栏，选中时有两种选项，其中 Standard 为标准模式，ANSI 为美国国家标准协会模式。

Margin and Zones 区块用于设置图纸边幅，Show Zones 选中时有效，不选则不显示边幅。

☺小贴士 3　图纸栅格的设置

（1）建议将可视栅格与捕捉栅格的间距设为一致，都为 100mil，此数值为原理图中设置元件符号上引脚端点间距的基本单位，方便原理图绘制中对齐元件引脚及连线。

（2）如果想使原理图栅格的显示更为清晰醒目，除了用上面提到的方法改变图纸颜色，还可以改变栅格的颜色。改变栅格颜色的方法是：

① 执行菜单命令“工具”（Tools）→“原理图优先项”（Preferences），系统弹出“优选项”（Preferences）对话框。

② 在对话框中的 Schematic 下拉列表框中选择 Grids 命令，单击打开 Schematic-Grids 选项卡，在其中的“栅格选项”（Grid Options）栏可以进行栅格形状和颜色的设置。

2. 原理图图纸设计信息设置

原理图图纸信息提供关于图纸设计的一些信息，如工程名称、设计者姓名、设计者地址、日期等信息，这些参数在Parameters选项卡中设置，如图3-5所示。其中有如下5项参数信息可直接显示于图纸标题栏中。

- Title：原理图标题；
- SheetNumber：图纸编号；
- Revision：图纸版本号；
- SheetTotal：同一项目中原理图总数；
- DrawnBy：绘图者姓名。

操作方法以Title项为例说明如下：

（1）执行菜单命令"放置"（Place）→"文本字符串"（Text String），随即光标变为灰色"十"字形并带着一个名为Text的字符串，进入放置字符串状态，如图3-6所示。

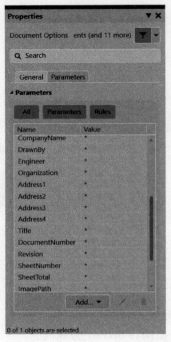

图3-5　Parameters选项卡—Parameters选项区

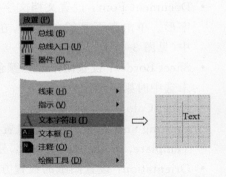

图3-6　放置文本字符串菜单命令

（2）将光标移至标题栏的Title栏内，单击放置Text字符串，如图3-7所示。右键或者按键盘的Esc键，则退出放置字符串状态。

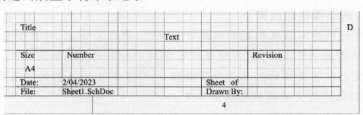

图3-7　标题栏信息设置

（3）双击刚放置的字符串，系统弹出文本设置对话框，如图3-8所示。

（4）单击文本设置对话框中Text栏右侧的下三角按钮，在下拉列表框中选择"=Title"确认，如图3-9所示。标题栏中的相应位置文本即变为前面图纸信息设置中自己定义的原理图标题内容。

图 3-8　文本设置对话框

图 3-9　文本参数下拉列表

在文本设置对话框中,还可以通过 Font 区块设置文字的字体、大小和字形,通过"(X/Y)"区块精确设置文本的位置。

3.2　元件的放置

元件是构成电路的基础,电路图就是以元件为中心用导线相互连接而形成的。在图纸上动手绘制电路图的第一步就是将需要的元件放置到图纸上。图纸上放置元件,实际上放置的是元件符号。元件符号表示实际电路中的元件,其形状与实际的元件不一定相似,但其引脚数目一般和实际的元件的引脚数目是相符的。

3.2.1　元件库

由于元件种类繁多,系统对众多的元件根据不同的生产厂商和不同的功能进行分类,并且存放在不同的文件内,形成元件库文件。在向图纸上放置元件前,应先将该元件所在的元件库载入编辑系统,或者说是启用该元件库。

微课视频

在元件面板中可以看到已启用元件库的情况。如果原理图编辑界面没有默认显示元件面板,则要先使系统弹出元件面板。在原理图编辑界面弹出元件面板的途径有 4 个:

- 执行菜单命令"视图"(View)→"面板"(Panels)→"元件"(Components),如图 3-10 所示。
- 执行菜单命令"放置"(Place)→"器件"(Part),如图 3-11 所示。
- 单击图纸上端快捷工具栏中的"放置器件"(Place Part)图标按钮 ▮ 。
- 单击屏幕右下角的"面板"(Panels)按钮,在弹出的列表中选择"元件"(Components)确认,如图 3-12 所示。

执行上述 4 个操作方法中的任一个之后,即可在屏幕上弹出元件面板,如图 3-13 所示。

图 3-10　"视图"菜单命令

图 3-11　"放置"菜单命令

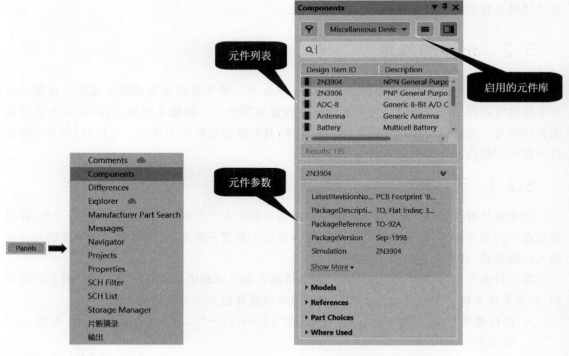

图 3-12　单击 Panels 按钮
弹出列表

图 3-13　元件面板

　　元件面板中最上面的下拉列表框内显示默认启用系统自带的元件库，其中的两个集成元件库 Miscellaneous Devices.IntLib 和 Miscellaneous Connectors.IntLib 是原理图设计过程中放置元件时常用的两个元件库。元件库中每个元件带有元件符号、封装等信息。元件列表窗口中则给出了启用库窗口中对应元件库中包含的所有元件。Miscellaneous Devices. IntLib 库内含有普通电阻(Res1)、可调电阻(Res Adj1)、电位器(RPot)、电容(Cap)、电感(Inductor)、普通二极管(Diode)、发光二极管(LED0)、数码管(Dpy 16-Seg)、稳压二极管(D Zener)、三极管(NPN)、光耦合三极管(Optoisolator)、电铃(Bell)、电池(Battery)、按键开关(SW-PB)、运算放大器(Op Amp)、跳线(Jumper)等。插口/连接器、插座等则在 Miscellaneous Connectors. IntLib 库中。

如果上述两个元件库中没有自己需要的元件,就要启用新的元件库,即加载元件库。加载元件库的操作步骤如下:

(1) 在原理图编辑界面的右上角,单击"设置系统参数"(Setup system preferences)图标按钮 ⚙,系统弹出"优选项"(Preferences)对话框。

(2) 在"优选项"(Preferences)对话框左侧的菜单列表中,单击打开 Data Management 菜单,在子菜单中选中 File-based Libraries,对话框右侧显示相应的内容,如图 3-14 所示。

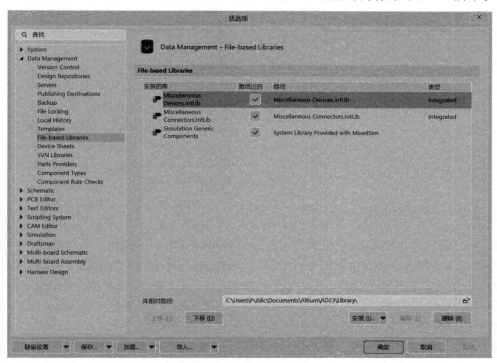

图 3-14 "优选项"对话框的 Data Management-File-based Libraries 选项卡

(3) 在 File-based Libraries 选项卡中,单击"安装"(Install)按钮,在弹出的下拉列表框中给出"从文件安装"(Install from file)和"从服务器安装"(Install from server)两个途径,如图 3-15 所示。一般选用"从文件安装"(Install from file)方法,在弹出的"打开"对话框中,找到自己的计算机中存放的元件库,如图 3-16 所示。

图 3-15 可用库安装列表

(4) 单击"打开"按钮进行添加。此时元件面板中显示已成功添加启用的元件库,如图 3-17 所示。

需要说明的是,启用元件库就是将元件库载入内存。但内存中载入过多的元件库又会占用较多的系统资源,降低程序的执行效率,所以暂时不用的元件库要及时从内存中移除。在如图 3-14 所示的 File-based Libraries 选项卡中,选中要移除的元件库,单击"删除"(Remove)按钮,即完成元件库的移除。

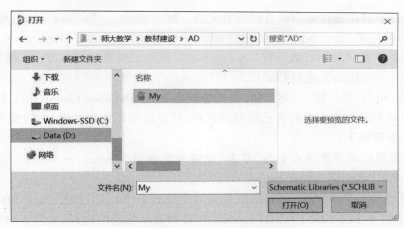

图 3-16　"打开"对话框

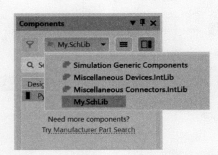

图 3-17　元件面板中启用新元件库效果

微课视频

3.2.2　元件放置

打开元件面板，在如图 3-13 所示的元件面板上端启用的元件库窗口中，确认需要的元件库。然后在元件列表中选择所需要放置的元件，例如 Miscellaneous Devices.IntLib 元件库中的 2N3904 晶体管。右击此元件，在弹出的菜单中选择 Place 命令，或者双击选中的元件，光标自动移到编辑区并变为灰色的"十"字形状，处于待放置元件状态，同时在光标处浮现待放置元件的符号，元件引脚上的电气节点处呈现灰色的"×"形标记，如图 3-18(a)所示。将光标移动到放置位置后，单击即可放置一个元件，放置好的元件上指示电气节点的灰色"×"消失，如图 3-18(b)所示。多次单击可连续放置相同的元件，右击或者按键盘的 Esc 键，退出放置元件状态，停止放置元件。

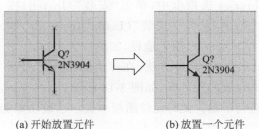

(a) 开始放置元件　　　　(b) 放置一个元件

图 3-18　放置元件示意图

光标处于待放置元件状态时：每按下一次键盘的空格键，待放置的元件逆时针方向旋转90°；按下键盘的 X 键元件左右翻转；按下键盘的 Y 键元件上下翻转。此方法也适用于本书后面提到的放置电源和接地符号操作。

对于元件面板上元件列表框中选定的元件,元件面板上的"模型"(Models)区块给出了对应元件的符号图形和封装形式图形,如图 3-19 所示。单击封装图形中的 2D 按钮,封装图形的三维视图将会转换为二维视图,如图 3-20 所示。从元件列表中选择所需要放置的元件时,建议启用显示"模型"(Models)区块,以便确认选择的元件。

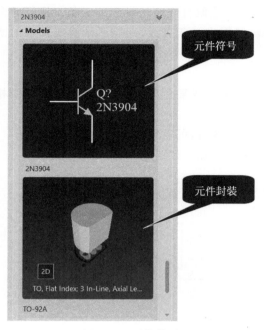

图 3-19　元件模型

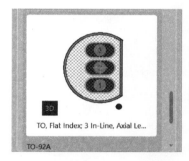

图 3-20　元件模型的 2D 封装视图

☺ 小贴士 4　集中批量放置元件的建议

用元件面板上的元件库放置元件时,元件的编号默认为元件类别名加一个问号,其他属性参数也都为系统给定的默认值。对元件属性参数的修改,以及元件的空间位置布局,建议在放置元件时暂不考虑,先集中批量放置元件,这将有利于提高绘制电路原理图的效率。

3.2.3　元件调整

微课视频

对于放置后的元件,一般还要做一些必要的调整操作,例如位置调整、数量增减等。

1. 选取元件

要对元件进行调整,首先要选取相应的元件。具体方法有如下两种:

(1)用鼠标直接选取。将光标移至目标元件上,单击选取;或者拖动鼠标在图纸上画出矩形,该区域内的元件即被选取;或者按住 Shift 键不松开,连续单击多个元件,可以一次性选中多个元件。

(2)执行菜单命令"编辑"(Edit)→"选择"(Select),如图 3-21 所示。这时用图中所示的三级菜单命令可以实现多种选取方式,各命令的选取功能如下:

- "以 Lasso 方式选择"(Lasso Select)——执行此命令后,按住鼠标左键拖动,在 PCB 编辑区光标滑动范围之内的图元将被选中。
- "区域内部"(Inside Area)——表示选取矩形区域内的对象。执行此命令后,按住鼠标左键,拖动光标在 PCB 编辑区画出矩形区域,则该矩形区域内的所有图元均被选取。
- "区域外部"(Outside Area)——表示选取矩形区域外的对象。执行此命令后,按住鼠标左键,拖动光标在 PCB 编辑区画出矩形区域,则该矩形区域外的所有图元均被选取。

- "矩形接触到对象"（Touching Rectangle）——表示选取矩形所接触到的对象。执行此命令后，按住鼠标左键，拖动光标在 PCB 编辑区画出矩形区域，则该矩形区域内部及矩形区域边框线所接触到的图元均被选取。
- "直线接触到对象"（Touching Line）——表示选取直线所接触到的对象。执行此命令后，按住鼠标左键，拖动光标在 PCB 编辑区画出一条直线，则与所画直线接触的所有图元均被选取。
- "全部"（All）——表示选取图纸上的所有图元。
- "连接"（Connection）——执行此命令后，光标移至某个导线上单击，则与该导线相连接的所有导线均被选取。
- "切换选择"（Toggle Selection）——执行此命令后，可以单击逐个添加选取对象。

要选取的目标元件周围出现绿色的虚线框，表明该元件被选中，如图 3-22 所示。

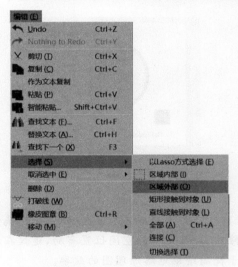

图 3-21 选取元件菜单命令

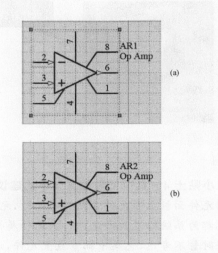

图 3-22 元件的选中(a)与非选中状态(b)

如果要取消元件的选中状态，则在选中的元件上再次单击即可；或在图纸上的任何空白位置单击，即取消所有已被选取元件的选中状态。使用键盘的 X＋A 组合键，也可以取消元件的选中状态。

2. 位置调整

将光标移至目标元件上，按下鼠标左键不松开，按下一次键盘的空格键元件逆时针方向旋转 90°、按 X 键元件左右翻转、按 Y 键元件上下翻转。

光标在目标元件上时，按下鼠标可拖动元件至目标位置。

对批量元件进行排列与对齐，按如下操作步骤进行：

（1）选取要进行排列与对齐的多个元件。

（2）执行菜单命令"编辑"（Edit）→"对齐"（Align），如图 3-23 所示。这时用图中所示的三级菜单命令可以实现多种排列与对齐方式。例如，执行"顶对齐"（Align Top）命令，可使所有选取的元件以最上边的元件的顶端为基准对齐；再执行"水平分布"（Distribute Horizontally）命令，可使所有选取的元件在水平方向上以两侧元件位置为基准均匀分布。操作结果如图 3-24 所示。

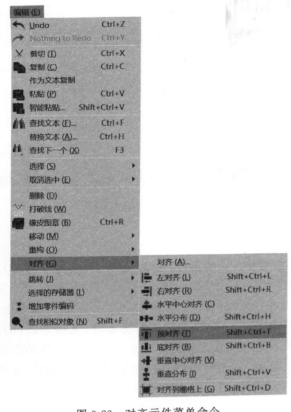

图 3-23 对齐元件菜单命令

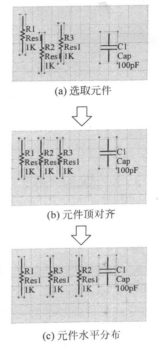

(a) 选取元件

(b) 元件顶对齐

(c) 元件水平分布

图 3-24 元件排列与对齐示意图

3. 数量增减

当元件处于选中状态时,按 Delete 键即可直接将元件删除。

利用键盘的 Ctrl＋X、Ctrl＋C、Ctrl＋V 快捷键可以分别实现选中元件的剪切、复制和粘贴,此功能也可以通过执行菜单命令来实现,参见图 3-23 所示的二级菜单。

3.3 原理图的绘制

微课视频

在图纸上放置完所需要的元件后,一般需要再将元件做适当的位置调整,以使原理图空间布局合理;然后就可以将各元件连接起来,实现它们在电气意义上的连接关系,从而形成具有一定电学功能的有机结构。实现元件之间的电气连接,是指元件引脚上电气节点之间的连接,主要的方法是通过导线完成。有时也需要用到其他一些电路符号,可以使电路原理图看起来更为清晰、简洁。

要对元件进行电气连接操作,一般有 3 种方法:

- 使用菜单命令,参见图 3-11 的"放置"(Place)菜单,包括放置线、手工节点、网络标签、电源端口、总线、端口等。
- 使用布线工具栏。如果原理图编辑界面上没有显示布线工具栏,可执行菜单命令"视图"(View)→"工具栏"(Toolbars)→"布线"(Wiring),如图 3-25 所示。随即弹出布线工具栏,如图 3-26 所示。
- 使用快捷键。

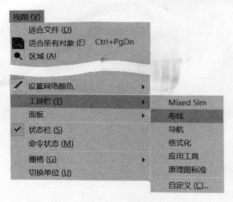

图 3-25　显示布线工具栏菜单命令

图 3-26　布线工具栏

3.3.1　绘制导线

单击布线工具栏中的放置线图标按钮，或者执行菜单命令"放置"（Place）→"线"（Wire），或者使用键盘快捷键 Ctrl＋W，光标变为灰色"十"字形状，进入绘制导线状态。将光标移至靠近待连接元件的引脚时，该引脚位置会自动出现一个红色"米"字形标志（见图 3-27（a）），单击，然后移动光标至待连接的另一个引脚，在此引脚出现一个红色"×"形标志时（见图 3-27（b））单击，即可完成一段连线（见图 3-27（c））。接下来可以移动光标靠近新的待连接元件的引脚（也可以是刚完成连线的终点引脚），开始新的连线。在连线过程中，如果需要导线转折，在需要转折的位置单击，则留下灰色"×"形标志，即可沿新的方向移动光标。

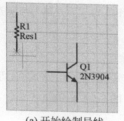

(a) 开始绘制导线

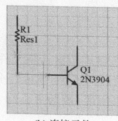

(b) 连接元件

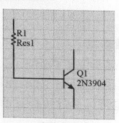

(c) 完成导线连接

图 3-27　元件连线示意图

右击或者按键盘的 Esc 键，则退出绘制导线状态。

☺**小贴士 5　Wire 与 Line 的区别**

对于初学者来说，可能会犯的错误是执行菜单命令"放置"（Place）→"绘图工具"（Drawing Tools)→"线"（Line）来连接元件。在 Altium Designer 中，Wire 与 Line 在电学功能上是不同的，前者具有电气特性而后者不具有电气特性。用 Line 连接元件不能实现真正的元件间的电气连接。

3.3.2　放置节点

节点是电路原理图中两条导线相连时电气上相通的符号标志，没有则导线不相通。在绘制导线时，在两条导线的"T"形相接处系统会自动放置节点，如图 3-28 所示。而当两条导线出现"十"字形交叉情况时，在交叉点处系统不会自动放置节点，如图 3-29 所示，因为系统无法判别导线在该交叉点处是否需要电气连通。

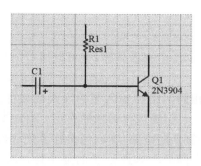

图 3-28　导线"T"字形相接

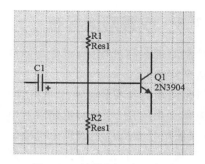

图 3-29　导线"十"字形相接

如果需要两条导线在"十"字形交叉点处电气连通，有两种方法：一是在绘制交叉的第二条导线时，先形成如图 3-28 所示的"T"字形相接，由系统自动放置节点，再延长第二条导线至待连接元件的引脚上；二是在已形成的如图 3-29 所示的结构上，由用户自己来添加放置节点。用户自己放置节点的方法是：单击布线工具栏中的放置手工节点图标按钮 ，或者执行菜单命令"放置"（Place）→"手工节点"（Manual Junction），或者使用组合键 Ctrl＋J，光标变成灰色"十"字形并带着一个红色的节点符号，进入放置节点状态（见图 3-30（a）），移动光标至待电气连通处，单击即完成放置节点操作（见图 3-30（b））。

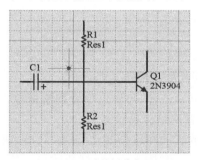

(a) 开始放置节点

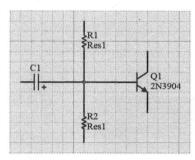

(b) 完成放置节点

图 3-30　放置节点示意图

移动光标至其他位置，可继续放置节点。右击或者按 Esc 键，则退出放置节点状态。

☺小贴士 6　添加菜单命令

如果原理图编辑界面中的"放置"（Place）下拉菜单中没有"手工节点"（Manual Junction）命令，那么用户可以手动操作将其添加到菜单中。方法如下：

（1）在菜单栏的空白位置处双击，弹出 Customizing Sch Editor 对话框，打开"命令"（Commands）选项卡，在"种类"（Categories）栏找到"放置"（Place）菜单，单击"新的"（New）按钮。

（2）在弹出的"编辑命令"（Edit Command）对话框的"处理"栏填写"Sch：Place Junction"；"标题"栏填写"手工节点"；在"位图文件"栏单击"…"按钮，在弹出的对话框中找到自己计算机中安装 Altium Designer 软件的位置，在文件夹 System\Buttons 中找到电气节点图片打开，单击"确定"（OK）按钮完成命令的编辑。

（3）在 Customizing Sch Editor 编辑对话框中的"命令"（Command）栏中找到新添加的命令，按住鼠标左键，拖动命令移到原理图编辑界面下的"放置"（Place）下拉菜单中，完成"手工节点"（Manual Junction）命令的添加。

3.3.3　放置网络标签

在绘制原理图的过程中，元件之间的电气连接除了使用有形导线，也可以通过放置网络标签的方法来实现。

可以将网络标签看作是一个电气连接点。具有相同网络标签名字的导线或元件引脚，其在电气关系上是连在一起的，也起着对电气相连的导线、引脚进行标号的作用。对于简单的电路，通常仅使用导线即可完成整个电路的连接。对于复杂的电路，辅以网络标签代替部分导线连接，可以减少距离较远的电气节点连线的困难，大大降低原理图绘制的复杂性，使原理图变得更为清晰、简洁。

单击布线工具栏中的放置网络标签图标按钮▦，或者执行菜单命令"放置"（Place）→"网络标签"（Net Label），光标变成灰色"十"字形并带着一个名为 Net Label1 的网络标签，进入放置网络标签状态（见图 3-31(a)）。移动光标至待放置网络标签的电气节点，当待放置网络标签的电气节点处出现一个红色"米"字标志时（见图 3-31(b)），单击完成网络标签的放置（见图 3-31(c)）。

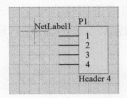
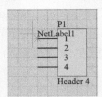
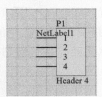

(a) 开始放置网络标签　　　(b) 移动到待放置网络标签点　　　(c) 完成放置网络标签

图 3-31　放置网络标签示意图

图 3-32　网络标签属性对话框

移动光标至其他位置，可继续放置网络标签。右击或者按 Esc 键，则退出放置网络标签状态。

光标移到已放置的网络标签上，连续双击，或者在光标处于放置网络标签状态时按 Tab 键，打开网络标签属性对话框，如图 3-32 所示。在对话框的"网络名称"（Net Name）栏可以更改网络标签的名称，还可以通过"字体"（Font）区块设置文字的字体、大小、颜色和字形，通过"旋转"（Rotation）栏设置网络名称文字的放置方向。

☺ 小贴士 7　网络标签的放置与命名

（1）在向一些元件引脚上放置网络标签时，为了避免网络标签名与元件图形及引脚编号重叠，可以先在相应的元件引脚处画上一段导线，将网络标签放置在引出的导线端点，实现对引脚的标记。

（2）在网络标签名字上单击，待光标由箭头形状变为"工"字形后，再单击一次，即进入直接改变网络标签名字状态。在如图 3-32 所示的对话框中，单击"网络名称"栏的下三角按钮，在弹出的下拉列表框中显示了原理图纸上已有的全部网络标签名字，选择其中一个确认，即可把现网络标签名称改为该名称。通过此方法可以快速实现不同位置处的网络标签同名化。

（3）网络标签的实质内容是一个点，它的电气连接功能的实现，必须以该点放到导线和引脚的电气节点上为前提。要确认网络标签是否已放到导线和引脚的电气节点上，可以借助网络标签属性对话框中的显示网络标签坐标位置的"(X/Y)"文本框来检查。

3.3.4 放置 I/O 端口

原理图中的电气连接,还可以通过放置端口来实现。具有相同名称的端口,在电气关系上是连接的。

单击布线工具栏中的放置端口图标按钮 ▣,或者执行菜单命令"放置"(Place)→"端口"(Port),光标变成灰色"十"字形并附带着一个端口符号,进入放置端口状态(见图 3-33(a))。移动光标至待放置端口的电气节点,当待放置端口的电气节点处出现一个红色"米"字形标志时,端口符号自动与待放置点接触(见图 3-33(b))。单击确定端口一端的位置,移动鼠标拖动端口的另一端并调整端口的大小至合适,再单击完成端口的放置(见图 3-33(c))。

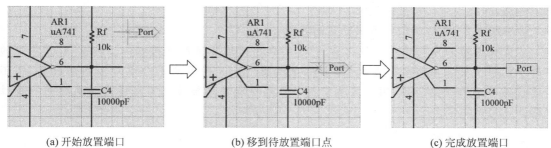

(a) 开始放置端口   (b) 移到待放置端口点   (c) 完成放置端口

图 3-33 放置端口示意图

移动光标至其他位置,可继续放置端口。右击或者按 Esc 键,则退出放置端口状态。

将光标移到已放置的端口上,连续双击或者在光标处于放置端口状态时按下 Tab 键,打开端口属性对话框,如图 3-34 和图 3-35 所示。

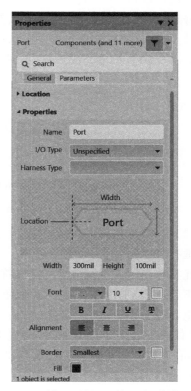

图 3-34 端口属性对话框位置选项区   图 3-35 端口属性对话框属性选项区

图 3-34 给出了端口的位置参数。

在图 3-35 给出的属性选项区中可以进行设置的端口属性有：

- Name——设置端口名称；
- I/O Type——设置端口类型，下拉列表中给出了未确定类型（Unspecified）、输出端口（Output）、输入端口（Input）和双向端口（Bidirectional）4 种类型供选用；
- Font——设置端口名称文字的字体、大小、颜色和字型；
- Alignment——设置端口名称在端口符号中的位置；

等等。

端口更适合于电路模块之间的电气连接，是层次原理图设计中层次之间信号输入输出的联系通道，因此端口又常被称为"I/O 端口"。

☺小贴士 8　I/O 端口与网络标签的区别

从实现电路的电气连接功能上看，I/O 端口和网络标签的作用相似。但是，I/O 端口的名称不能用于定义网络名。因此，在电路原理图中如果同时有 I/O 端口和网络标签，则不必考虑其名称的冲突问题，同一网络中的 I/O 端口和网络标签也不必考虑其名称的一致性问题。

3.3.5　放置电源和接地符号

电源和接地符号是一个完整的电路图不可缺少的组成部分，尽管它们并不会实质地影响电路的功能，但它们的存在会使电路图清晰明了。

单击布线工具栏中的 VCC 电源端口图标按钮 ^{VCC}或 GND 端口图标按钮 ⏚，或者执行菜单命令"放置"（Place）→"电源端口"（Power Port），光标变成灰色"十"字形并带着一个电源或接地符号，进入放置电源或接地符号状态（见图 3-36(a)）。移动光标至待放置电源或接地符号的电气节点，当待放置点处出现一个红色"米"字形标志时，电源或接地符号同时与待放置点接触（见图 3-36(b)），单击完成放置（见图 3-36(c)）。

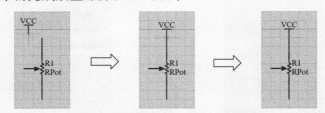

(a) 开始放置电源符号　　(b) 移到待放置电源符号点　　(c) 完成放置电源符号

图 3-36　放置电源符号示意图

移动光标至其他位置，可继续放置电源或接地符号。右击，或者按 Esc 键，则退出放置电源或接地符号状态。

将光标移到已放置的电源或接地符号，连续双击或者在光标处于放置电源或接地符号状态时按下 Tab 键，打开电源端口属性对话框，如图 3-37 所示。

在电源端口对话框的"名称"（Name）文本框可以更改电源或接地符号的名称。还可以通过"字体"（Font）下拉列表框设置名称文字的字体、大小、颜色和字形，通过"旋转"（Rotation）下拉列表框设置名称文字的放置方向。在"样式"（Style）下拉列表框中，给出了电源或接地符号的多种样式选项，选中一个并确认，窗口中会同时显示相应的电源或接地符号样式图形。

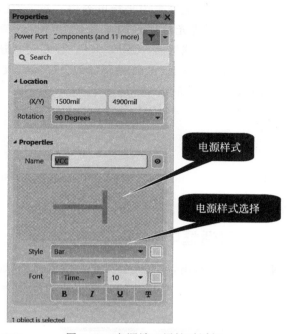

图 3-37 电源端口属性对话框

☺小贴士 9 电源端口的网络标签功能

电源端口的属性,关键的参数是电源和接地符号的名称。原理图中不同位置的电源和接地符号无论样式如何,只要名称一致,它们在电气上就是连通的(即便是没有有形导线连接)。如果其名称与网络标签符号的名称一致,则也会与相同名称的网络标签在电气上连通。从这个角度来看,电源和接地符号可以看作是具有特殊符号形状的网络标签。

3.4 元件属性编辑

从元件库中调用放置到原理图上的元件,都有特定的属性,如标号、标称值、所在库名、封装等。在图纸上放置好元件后,应根据需要对其属性进行合适的编辑设置。

微课视频

☺小贴士 10 元件属性编辑的建议

元件属性的编辑也可以在放置元件后、连线绘图前进行。但建议在连线绘图后进行集中批量编辑,这样便于按一定的空间位置对元件进行有规律的标号设置,方便设计管理。

要编辑元件的属性,有 3 种途径:

(1)在原理图纸上直接编辑修改。

(2)通过元件属性对话框进行编辑修改。

(3)自动添加标注。

3.4.1 在图纸上直接编辑

放置到原理图纸上的元件,通常会在元件旁边显示元件的"标号"(Designator)和"注释"(Comment)两部分,有"标称值"(Value)参数的元件还会显示系统给出的一个默认的标称值。"标号"即元件的编号,系统给出的是字符加问号的格式,对标号的修改一般是将问号改为数字进行编号。"注释"说明了元件种类/型号,也即元件面板上元件列表中显示的元件类别名称。

标称值对于电阻来说是指电阻值，对于电容来说是指电容值。对于"注释"一般不用更改。要对另两项属性参数进行修改，只需要将光标移到相应参数上，单击，待光标由箭头形状变为"工"字形，同时该参数周围出现绿色虚线框后（见图3-38(a)），再次单击，该参数周围的绿色虚线框变为灰色的实线，即进入参数编辑状态（见图3-38(b)）；编辑完成后，将鼠标指针移出实线框并单击，确认参数的编辑修改（见图3-38(c)）。

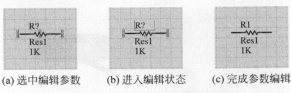

(a) 选中编辑参数　　　(b) 进入编辑状态　　　(c) 完成参数编辑

图 3-38　元件属性编辑示意图

3.4.2　在元件属性对话框中编辑

将光标移到待编辑属性元件上，双击，或在光标处于待放置元件状态时按 Tab 键，弹出元件属性对话框，如图3-39～图3-41所示。在打开的对话框相应的参数项目栏中，可以对该参数进行编辑。

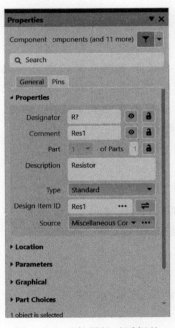

图 3-39　元件属性对话框的
General 选项卡

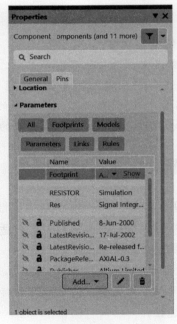

图 3-40　元件属性对话框的
Parameters 选项区

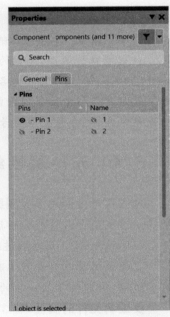

图 3-41　元件属性对话框的
Pins 选项区

其中，元件的"标号"（Designator）和"注释"（Comment）参数在 General 选项卡中的"属性"（Properties）选项区，"标称值"（Value）参数在 General 选项卡的"参数"（Parameters）选项区。参数栏旁边若有 ⊙ 标记，单击此标记，则标记变为 ◧，可关闭该参数在图纸上的显示；单击标记 ◧，标记变为 ⊙，开启该参数在图纸上的显示。

在 Pins 选项卡的"引脚"（Pins）选项区，给出了元件的引脚信息："引脚"（Pins）编号栏和"引脚名称"（Name）栏。可以通过双击它们，在弹出的元件引脚编辑器对话框进行编辑，但是元件的引脚编号与元件封装中的焊盘编号存在对应关系，不宜随意更改。元件封装的概念请参见 5.3 节的内容。

在元件属性对话框的"参数"（Parameters）选项区，单击"封装"（Footprint）项目后的（Show）按钮，即可显示元件的封装信息，包括封装名称、封装图形、封装来源等，如图 3-42 所示。单击封装图形中的 3D 按钮，封装图形的二维视图将会转换为三维视图。

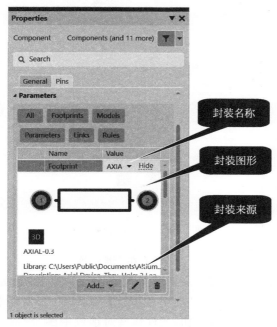

图 3-42 元件属性对话框的封装信息

要改变元件关联的封装，操作步骤如下：

（1）单击"添加"（Add）按钮，在弹出的菜单中选择 Footprint 命令，即弹出"PCB 模型"（PCB Model）对话框，如图 3-43 所示。

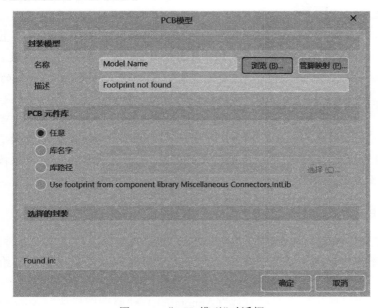

图 3-43 "PCB 模型"对话框

（2）单击"PCB 模型"（PCB Model）对话框中的"浏览"（Browse）按钮，弹出"浏览库"（Browse Libraries）对话框，如图 3-44 所示。"浏览库"（Browse Libraries）对话框给出了可用封装库、对应封装库的元件封装列表、对应选中封装的图形等信息。

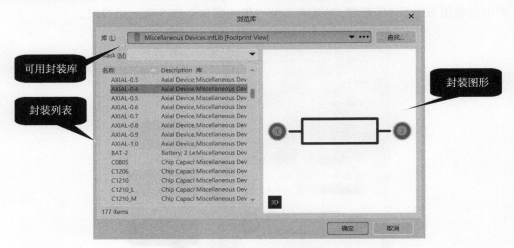

图 3-44　"浏览库"对话框

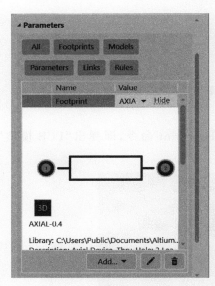

图 3-45　元件封装的添加

（3）在"浏览库"（Browse Libraries）对话框中选定需要的封装形式后，单击"确定"（OK）按钮，再单击"PCB 模型"（PCB Model）对话框中的"确定"（OK）按钮，元件属性对话框中的"参数"（Parameters）选项区中就会显示新添加的封装信息，如图 3-45 所示。

原有的元件关联的封装形式可以选中后单击 🗑 按钮删除，也可以留存备用。

☺小贴士 11　元件关联封装的匹配

与 Protel 99SE 软件不同的是，Altium Designer 软件将 PCB 封装模型集成于原理图元件上。在原理图设计中引用的元件，会自动关联一个封装，这样可以减少设计流程中对元件进行关联模型操作的工作。但是在编辑元件属性时，常会被使用者，尤其是初学者忽略的是，有时元件自动关联，即默认的封装，可能与自己使用的元件实物并不相符，不适合实际需要，这时就必须由用户手动更改封装形式，例如电阻的焊盘间距的改变、运算放大器由圆形封装改为双列直插封装、由插件封装改为贴片封装等。

3.4.3　自动添加标注

对于由较多元件构成的较复杂的电路原理图，如果用上述方法逐个对元件进行编辑，容易出现遗漏、编号不连续或编号重复的现象。解决这个问题的方法是使用系统给元件自动添加标注的功能。

执行菜单命令"工具"（Tools）→"标注"（Annotation）→"原理图标注"（Annotate Schematics），如图 3-46 所示。系统随即弹出"标注"（Annotate）对话框，如图 3-47 所示。其中：

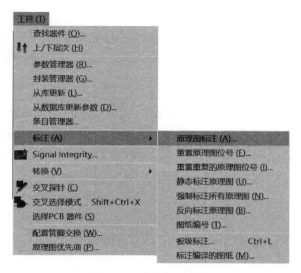

图 3-46 添加标注命令

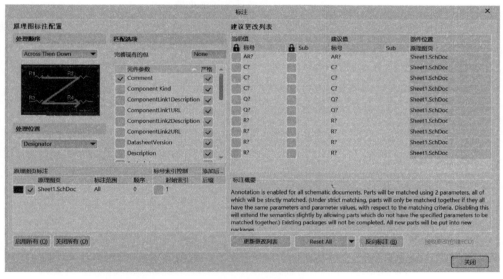

图 3-47 "标注"对话框

（1）"处理顺序"（Order of Processing）选项区，用于设置按照元件在原理图纸中的空间位置，对元件进行自动标注的顺序，下拉列表框中给出了 4 种方式（见图 3-48）。

- Up Then Across：先按从下到上、再按从左到右的顺序。
- Down Then Across：先按从上到下、再按从左到右的顺序。
- Across Then Up：先按从左到右、再按从下到上的顺序。
- Across Then Down：先按从左到右、再按从上到下的顺序。

选中其中一个，窗口中会给出对应的以图片显示的自动标注顺序方式。

（2）"原理图页标注"（Schematic Sheets To Annotate）选项区，用于选择要标注的原理图文件、标注范围等。对于元件标注范围的确定，下拉列表框中给出了 3 种方式（见图 3-49）。

- All：原理图上的所有元件。
- Ignore Selected Parts：忽略原理图纸上选中的元件。
- Only Selected Parts：原理图纸上选中的元件。

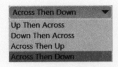

图 3-48 "处理顺序"下拉列表框 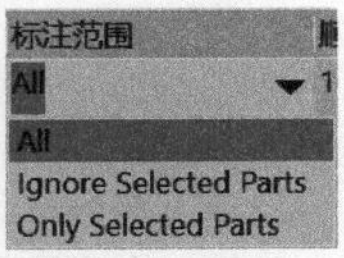　　　　　图 3-49 "标注范围"下拉列表框

（3）"建议更改列表"（Proposed Change List）选项区，用于显示将要进行标注的元件列表。

在"标注"（Annotate）对话框中完成相关设置后，单击"更新更改列表"（Update Changes List）按钮，弹出一个信息提示框，如图 3-50 所示，提醒用户元件属性将要发生变化。

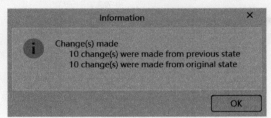

图 3-50 元件属性变化提示框

单击提示框中的 OK 按钮，系统随即更新要标注元件的标号，并显示在"建议更改列表"（Proposed Change List）的"建议值"（Proposed）列中，如图 3-51 所示。系统对元件标号的拟更改，自动按照元件类别分类顺序编号。"标注"（Annotate）对话框右下角的"接受更改（创建ECO）"（Accept Changes(Create ECO)）按钮同时变为激活状态。

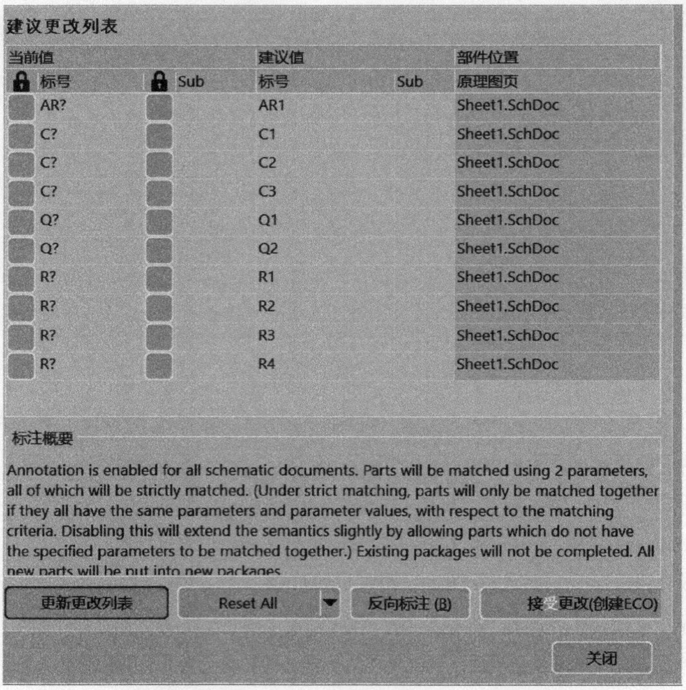

建议更改列表					
当前值			建议值		部件位置
🔒 标号		🔒 Sub	标号	Sub	原理图页
	AR?		AR1		Sheet1.SchDoc
	C?		C1		Sheet1.SchDoc
	C?		C2		Sheet1.SchDoc
	C?		C3		Sheet1.SchDoc
	Q?		Q1		Sheet1.SchDoc
	Q?		Q2		Sheet1.SchDoc
	R?		R1		Sheet1.SchDoc
	R?		R2		Sheet1.SchDoc
	R?		R3		Sheet1.SchDoc
	R?		R4		Sheet1.SchDoc

标注概要

Annotation is enabled for all schematic documents. Parts will be matched using 2 parameters, all of which will be strictly matched. (Under strict matching, parts will only be matched together if they all have the same parameters and parameter values, with respect to the matching criteria. Disabling this will extend the semantics slightly by allowing parts which do not have the specified parameters to be matched together.) Existing packages will not be completed. All new parts will be put into new packages.

更新更改列表	Reset All	反向标注 (B)	接受更改(创建ECO)

关闭

图 3-51 元件标号拟更改

单击"接受更改（创建 ECO）"（Accept Changes(Create ECO)）按钮，弹出"工程变更指令"（Engineering Change Order）对话框，如图 3-52 所示。

单击"执行变更"（Execute Changes）按钮，完成元件的自动标注。

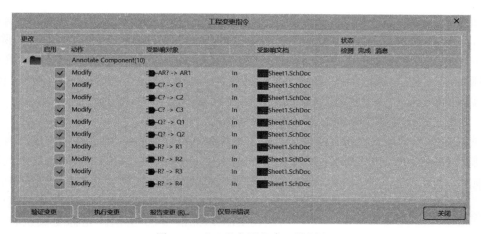

图 3-52 "工程变更指令"对话框

3.5 编译工程与查错

在电路原理图初步绘制完毕,并且各元件属性也全部设置结束后,接下来的一个重要工作是检查用户设计的文件是否符合电气规则,Altium Designer 软件中的此项工作即编译工程。

3.5.1 编译屏蔽

对文件进行编译时,有些文件内容是不希望被编译的,这时需要将不希望被编译的内容屏蔽掉,让系统忽略对此部分的电气规划检查,以避免额外的错误信息提示。

1. 对于尚未完成的一些电路设计

可通过放置"编译屏蔽"来实现,避免产生出错信息。执行菜单命令"放置"(Place)→"指示"(Directives)→"编译屏蔽"(Compile Mask),如图 3-53 所示,光标变成灰色"十"字形,进入放置"编译屏蔽"状态。用鼠标在原理图上画出一个矩形框,将需要屏蔽的对象包围起来(见图 3-54(a)),单击确认,所围区域左上角出现红色三角形标记(见图 3-54(b))。

将光标移至其他位置,可以继续放置"编译屏蔽"。右击,或者按 Esc 键,则退出放置"编译屏蔽"状态。此时"编译屏蔽"内的元件(引脚)呈现出灰色的被屏蔽的状态(见图 3-54(c))。

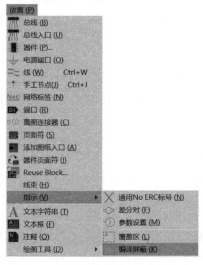

图 3-53 放置"编译屏蔽"菜单命令

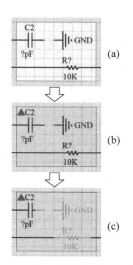

图 3-54 放置"编译屏蔽"示意图

取消"编译屏蔽"的方法是：将光标移到"编译屏蔽"区域，单击，使"编译屏蔽"区域处于激活状态，此时"编译屏蔽"区域四周呈现一些绿色的小三角符号，按 Delete 键，即可删除"编译屏蔽"。对于处于激活状态的"编译屏蔽"区域，光标在"编译屏蔽"区域内呈现"✥"图形时也可以用鼠标拖动整个"编译屏蔽"区域移向别的位置；光标在绿色小三角符号上呈现"⇕"图形时还可以用鼠标拖动"编译屏蔽"区域的边线以改变"编译屏蔽"区域的大小。

2. 对于一些元件的个别输入引脚被悬空的情况

有些元件的个别输入引脚不需要连接输入导线，Altium Designer 软件在进行编译时会默认输入引脚要连接而出现错误提示。要避免编译过程中出现错误提示可通过放置忽略电气规则检

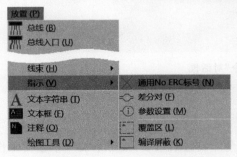

图 3-55　放置"通用 No ERC 标号"菜单命令

查(ERC)标号实现。执行菜单命令"放置"(Place)→"指示"(Directives)→"通用 No ECR 标号"(Generic No ERC)，如图 3-55 所示。光标变成灰色"十"字形，并带着一个红色的"×"形"通用 No ERC 标号"，进入放置忽略 ERC 标号状态（见图 3-56(a)）。移动光标至待放置标号的电气节点，当待放置点处出现一个红色"米"字标志时（见图 3-56(b)），单击，红色"米"字标志变成红色"×"形标志，完成放置（见图 3-56(c)）。

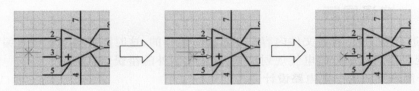

(a) 开始放置忽略ECR标号　　(b) 移到待放置忽略ECR标号点　　(c) 完成放置忽略ECR标号

图 3-56　放置忽略 ECR 标号示意图

移动光标至其他位置，可继续放置忽略 ERC 标号。右击，或者按 Esc 键，则退出放置忽略 ERC 标号状态。

取消忽略 ERC 标号的方法是：光标移到忽略 ERC 标号上单击，使忽略 ECR 标号处于激活状态，此时忽略 ERC 标号四周呈现绿色的虚线方框，按 Delete 键，即可删除忽略 ECR 标号。对于处于激活状态的忽略 ERC 标号，光标在忽略 ERC 标号上呈现"✥"图形时，也可以用鼠标拖动忽略 ERC 标号移向别的位置。

3.5.2　编译工程

编译工程会输出编译报告，供用户查阅。输出报告的类型，可以根据用户的个性需求，在进行编译前自行设置。

1. 设置编译工程选项

以一个正弦波产生电路设计为例，其原理图如图 3-57 所示。

执行菜单命令"工程"(Project)→"工程选项"(Project Options)，如图 3-58 所示。随即弹出 Options for PCB Sine_wave. PrjPCB 对话框，其中 Connection Matrix 选项卡用于显示电气规则检查报告类型的设置，如图 3-59 所示。

这是一个彩色小方块组成的矩阵，每个小方块显示对应的纵向和横向各种引脚、输入输出端口、原理图纸出入端口之间的连接状态是否已形成警告或错误的电气冲突。小方块的颜色定义显示于对话框的左下角，分别是：

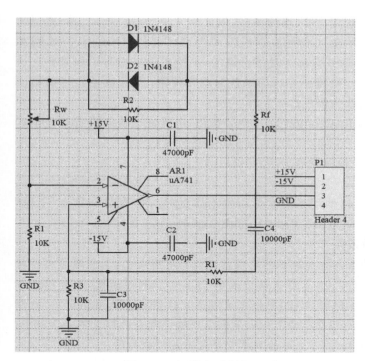

图 3-57 电路原理图例

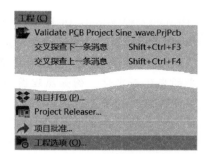

图 3-58 设置工程选项菜单命令

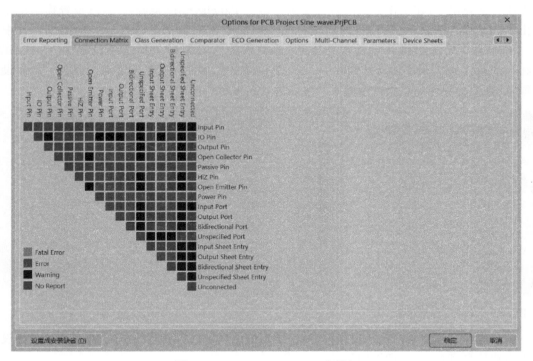

图 3-59 Connection Matrix 选项卡

- 红色——致命错误。
- 橙色——错误。
- 黄色——警告。
- 绿色——正确,不报告。

将光标移至某一小方块处，光标变成手形，连续单击，该处小方块的颜色依绿、黄、橙、红、绿……顺序循环变化，可以改变产生电气规则检查报告的类型。例如，Unconnected 列和 Passive Pin 行交点处的绿色，表示无源引脚悬空时是正确的，不给出检查报告。如果要让这种无源引脚悬空状态下系统给出警告，要将小方块的绿色的改为黄色；如果要给出提醒错误的检查报告，则要将小方块的绿色的改为橙色。

单击"设置成安装缺省"（Set To Installation Defaults）按钮，电气规则检查报告类型设置矩阵将恢复到系统默认的设置状态。

单击"确定"（OK）按钮，确认相关设置并退出该对话框。

2. 编译工程与查错

完成编译工程选项设置后（也可以使用系统默认设置不做更改），执行菜单命令"工程"（Project）→Validate PCB Project Sine_Wave. PrjPCB，如图 3-60 所示。

☺**小贴士 12　编译命令的应用条件**

Altium Designer 软件的菜单项目不仅会随编辑环境的变化而有所变化，也会随着文件状态的变化而变化。例如原理图的编译命令，只有从属于某个 PCB 工程的原理图，才可以进行编译操作。如果原理图不从属于某个 PCB 工程，则称之为游离文件（Free Document）。打开游离状态的原理文件时，"工程"（Project）菜单的下拉菜单命令中编译命令的形式不是 Validat PCB Project ×××. PrjPCB，而是 Compile，这时的编译命令是不能被执行的。

系统随即生成并弹出一个编译信息报告提示框，如图 3-61 所示。如果编译信息报告提示框不能自动弹出，可在工作界面的右下角执行命令 Panels→Messages。信息报告提示框中共给出了 9 条报告信息，每条报告的前端也用不同的颜色标示出了电气冲突的类别。其中第 6~9 条是悬浮无源引脚状态错误的提示，这是因为前面编译工程选项设置中，Connection Matrix 选项卡里 Unconnected 列和 Passive Pin 行交点处的小方块设置为了橙色。如果设置为绿色，则此处编译信息报告中就不会显示这 4 条提示。

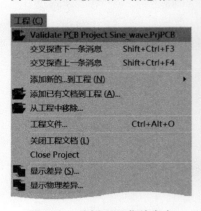

图 3-60　编译工程菜单命令　　　　　　图 3-61　编译信息报告框

根据编译工程报告给出的出错信息，对绘制的原理图进行相应的修改，直至再次编译没有给出出错信息，即完成原理图的设计。

☺**小贴士 13　一些编译错误/警告提示的解决方法**

Net ××× has no driving source：×××网络中无驱动源。网络中与属性为 output 或 input 的引脚相连的引脚属性为 passive，就会出现警告提示。如果更改网络中属性为 passive 的引脚属性，使网络中同时有属性为 output 和 input 的两种引脚，就不会出现警告提示。不过若不进行仿真，则此类错误不影响后面的 PCB 设计，可忽略。

3.6 生成和输出各种报表文件

编译通过的电路原理图设计,还需要生成和输出相关信息的报表文件,以便保存和后续工作使用。

3.6.1 生成网络表

网络表是对设计电路的构成元件及其电气连接关系的完整文字描述。在准备生成网络表的原理图处于打开状态时,执行菜单命令"设计"(Design)→"文件的网络表"(Netlist For Document)→Protel,如图 3-62 所示。随即在该工程中生成一个与原理图同名、扩展名为 .NET 的网络表文件。在工程面板中找到该文件,它在所属的工程名录下,位置为 Generated\Netlist Files\Sheet1.NET,如图 3-63 所示。

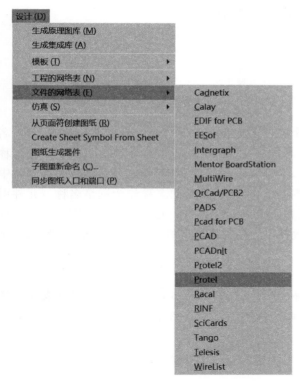

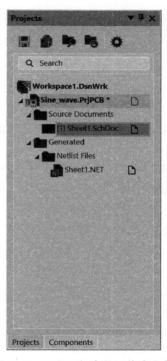

图 3-62 生成文件网络表菜单命令　　　　图 3-63 工程面板中的网络表文件

☺小贴士 14 工程的网络表

如果在准备生成网络表的原理图处于打开状态时,执行菜单命令"设计"(Design)→"工程的网络表"(Netlist For Project)→Protel,则随即在该工程中生成一个与打开的原理图同名、扩展名为 .NET 的网络表文件,网络表信息包含打开原理图所在工程包含的所有原理图信息,无论这些原理图是否全部打开。

双击打开生成的网络表,如图 3-64 所示。

网络表文件描述内容包括两方面:

(1)原理图中所有元件的信息,包括元件标号、元件封装形式、元件注释 3 个属性参数。每个元件信息的描述由一对中括号定义,格式为:

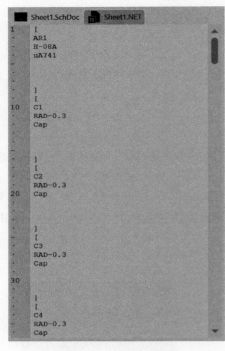

图 3-64　网络表文件

[
元件标号
元件封装
元件注释
空白行
空白行
空白行
]

各元件信息的描述按元件标号的字母顺序依次列出，构成网络表文件的前一部分。

（2）各元件之间的电气连接网络信息，包括网络名称、网络节点。电气相连的所有引脚构成一个网络，网络节点即网络中的所有引脚。每个网络信息的描述由一对小括号定义，里面包括网络名称和该网络中的所有引脚，格式为：

(
网络名称
元件引脚 1
元件引脚 2
…
)

网络名称由字符串"Net"、网络中的一个元件名称及对应的引脚编号 3 部分构成，元件名称取该网络中所有引脚所在的元件按字母顺序排第一的元件的名称。例如，网络名称 NetAR1_6，其中的字符串 AR1 即为元件名，字符 6 表示元件 AR1 的 6 号引脚。如果网络中有网络标签或电源/接地符号，则由网络标签或电源/接地符号的名称作为网络名称。元件引脚的描述格式为元件名称加上引脚编号，例如，AR1-6 表示 AR1 元件的 6 号引脚。所有元件引脚的描述按对应元件标号的字母顺序依次列出。各网络信息的描述按网络名称的字母顺序依次列出，构成网络表文件的后一部分。

◎小贴士 15　网络表的记事本格式

在个人计算机中找到保存的网络表文件，可以以记事本的格式打开。由于网络表文件是纯文本文件，因此用户可以利用记事本格式修改已存在的网络表文件，或新建一个网络表文件。

3.6.2　生成元件清单报表

元件清单报表（Bill of Materials）简称 BOM 表，是对原理图元件信息的汇总，包括元件的名称类别（注释）、标号、封装等内容。

在准备生成 BOM 表的原理图处于打开状态时，执行菜单命令"报告"（Reports）→Bill of Materials，如图 3-65 所示。随即弹出 Bill of Materials for Project 对话框，如图 3-66 所示。

Bill of Materials for Project 对话框左侧给出了工程项目的元件清单，上面的 Preview 按钮用于预览要输出的 BOM 表；右侧的 Export Options 区块定义了输出 BOM 表文件的格式：File Format 栏显示了选定的 BOM 表文件

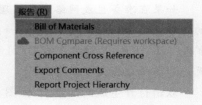

图 3-65　生成 BOM 表菜单命令

格式，可通过下拉列表改换文件格式；Template 栏则是对应文件格式的模板选项。选定

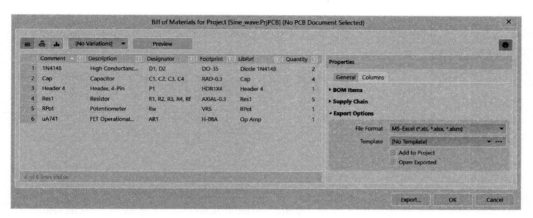

图 3-66 Bill of Materials for Project 对话框

BOM 表输出文件的格式后，单击 Export 按钮，弹出文件保存对话框，如图 3-67 所示。确定保存的文件名和保存地址后，单击"保存"按钮，完成 BOM 表的输出保存。也可以将预览的文件直接保存。

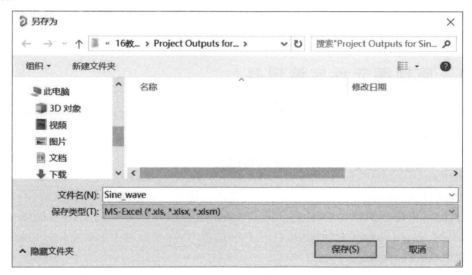

图 3-67 BOM 表文件保存对话框

图 3-68 给出了使用图 3-66 中显示的 BOM 表文件输出设定格式得到的 BOM 表文件。

	A	B	C	D	E	F
1	Comment	Description	Designator	Footprint	LibRef	Quantity
2	1N4148	High Conductance	D1, D2	DO-35	Diode 1N4148	2
3	Cap	Capacitor	C1, C2, C3, C4	RAD-0.3	Cap	4
4	Header 4	Header, 4-Pin	P1	HDR1X4	Header 4	1
5	Res1	Resistor	R1, R2, R3, R4, Rf	AXIAL-0.3	Res1	5
6	RPot	Potentiometer	Rw	VR5	RPot	1
7	uA741	FET Operational Am	AR1	H-08A	Op Amp	1

图 3-68 Excel 格式的 BOM 表

<table>
<tr><td>

第 4 章

CHAPTER 4

</td><td>

原理图元件库的创建

</td></tr>
</table>

Altium Designer 的原理图元件库,为用户提供了众多的元件供选用。但是,随着电子技术的迅速发展进步,许多电子元件不断更新、新型元件不断出现,Altium Designer 的原理图元件库有时不能包含用户需要的所有元件。如果用户在绘制电路原理图时不能在原理图元件库中找到自己需要的元件,就需要自己创建合适的原理图元件。Altium Designer 软件中,原理图元件是不能单独存在的,需要原理图元件库来管理新建的原理图元件。因此,要创建原理图元件,要先创建一个原理图元件库文件,再在新建的元件库中设计创建元件。这个过程简称为建元件库,或称为造库。

微课视频

4.1 原理图元件库编辑器

创建原理图元件的环境,即原理图元件库编辑器。要启用原理图元件库编辑器,需要建立一个元件库文件。

4.1.1 元件库文件的创建与命名

元件库文件在 Altium Designer 中属于 3 级文件。建立一个原理图元件库文件,有 3 个途径。

(1) 执行菜单命令创建:"文件"(File)→"新的"(New)→"库"(Library),如图 4-1 所示。然后在弹出的 New Library 对话框中,打开 File 选项卡,在里面选中 Schematic Library 项,并选择"创建"(Create)命令。

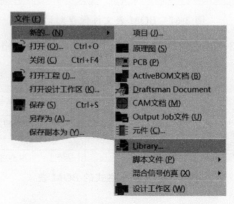

图 4-1 创建原理图库"文件"菜单命令

(2) 执行菜单命令创建:"工程"(Project)→"添加新的…到工程"(Add New To Project)→Schematic Library,如图 4-2 所示。

图 4-2　创建原理图库"工程"菜单命令

（3）从 Projects 面板上创建：将光标移到 Projects 面板中的扩展名为.PrjPCB 的工程名上，右击，在弹出的快捷菜单上依次选择"添加新的…到工程"（Add New To Project）→ Schematic Library，如图 4-3 所示。

图 4-3　从 Projects 面板上创建原理图库

执行上述 3 个操作方法中的任一个之后，即创建了一个默认名为 Schlib1. SchLib 的原理图元件库文件。

要保存新建的元件库文件，操作步骤如下：

（1）在 Projects 面板上的文件目录中找到该文件，它在当前启用的工程名录下，位置为 Libraries\ Schematic Library Documents\ Schlib1 .SchLib。

（2）将光标移到 Projects 面板中新建的元件库文件名上右击，在弹出的快捷菜单中选择"保存"（Save）命令，如图 4-4 所示。

（3）在弹出的保存对话框中，在"文件名"文本框内，可以对元件库元件重命名，选定保存地址后，单击"保存"按钮确认，如图 4-5 所示。

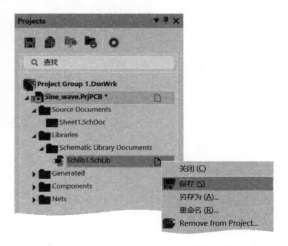

图 4-4　元件库文件"保存"右键快捷菜单命令

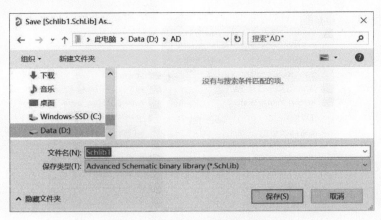

图 4-5　元件库文件保存对话框

☺**小贴士 16　元件库文件的重命名**

如果要对保存过的元件库文件再重新命名，可以在如图 4-4 所示的二级菜单中选择"重命名"命令，在随后弹出的对话框中进行修改。也可以在计算机硬盘保存文件的地方对文件进行重命名，但要将新命名的文件重新添加进工程项目中。

4.1.2　元件库编辑器界面

在原理图元件库文件被创建的同时，即启用了原理图元件库编辑器。从 Projects 面板中打开一个既有的元件库文件，也会启用元件库编辑器。元件库编辑器的工作界面，如图 4-6 所示。该界面除包括与 3.1.1 节介绍过的菜单栏、面板标签区、面板控制按钮、文件标签区、状态栏类似的部分外，还包括 SCH Library 面板、元件符号编辑区、元件模型编辑区、封装模型预览区、常用工具栏等部分。

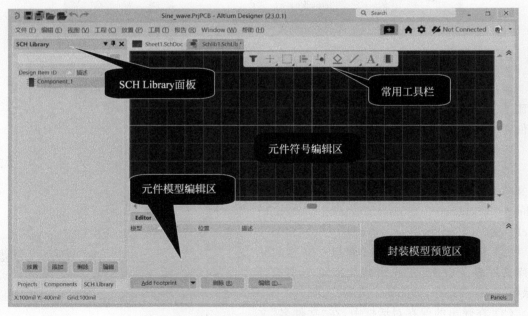

图 4-6　元件库编辑工作界面

☺**小贴士 17　元件库编辑界面无元件库面板显示的解决方法**

如果元件库编辑器界面中没有元件库面板显示，或在无意中关闭了元件库面板，那么可在元件库编辑环境,参照图 3-10 或图 3-12 给出的方法,在菜单列表中选择 SCH Library,来打开元件库面板。

1. SCH Library 面板

SCH Library 面板即原理图(元件)库面板,如图 4-7 所示。该面板用于对原理图元件进行管理。

1) 元件列表区

元件列表区给出了当前所打开的原理图元件库文件中的所有元件,包括元件的名称(Design Item ID)以及相应的元件描述。新建的元件库在元件列表区会有一个系统自动生成的、默认名称为 Component_1 的元件。

2) 元件操作按钮区

此区域有 4 个按钮,用于对元件列表区的元件进行操作。具体如下:

- "放置"(Place)按钮——用于将选中的某一元件放置到原理图中。单击该按钮,系统自动切换到原理图设计界面,进入将选定元件放置于打开的原理图纸状态。
- "添加"(Add)按钮——用于向该库文件中加入新的元件,并显示于元件列表区。此功能也可以通过执行菜单命令实现:"工具"(Tools)→"新器件"(New Component)*,如图 4-8 所示。随即弹出新元件对话框,如图 4-9 所示。在对话框中可以给新元件重新命名,单击"确定"(OK)按钮完成添加新元件。

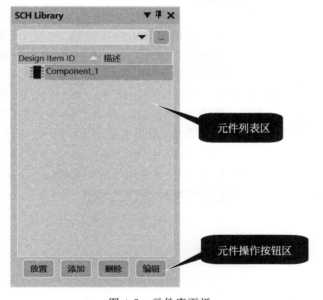

图 4-7 元件库面板

图 4-8 添加新元件菜单命令

- "删除"(Delete)按钮——用于将选中的元件从该库文件中删除。
- "编辑"(Edit)按钮——用于打开选中元件的属性对话框。单击该按钮,或直接双击选中的元件,系统弹出元件属性对话框,如图 3-39~图 3-41 所示。此时可以对元件属性进行设置编辑,包括对元件的重命名。

2. 元件符号编辑区

元件符号编辑区由一个十字坐标轴划分为 4 个象限,坐标轴的交点即是编辑区的原点。

---

* 因软件汉化术语不一致,为保持与软件界面的统一,本书文字部分术语也无法做到上下文统一。

一般在制作元件符号时，在第四象限进行元件符号的绘制编辑工作。

3. 元件模型编辑区

用于元件其他模型的编辑，中间窗口用以显示添加的元件其他模型列表。

- Add Footprint 按钮：用于添加元件的其他模型。单击此按钮右侧的下三角按钮，弹出可添加模型的菜单列表，包括 PCB 封装模型（Footprint）、仿真模型（Simulation）等，如图 4-10 所示。添加的元件模型显示于中间窗口区。

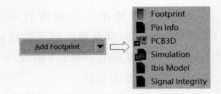

| 图 4-9　新元件对话框 | 图 4-10　添加元件模型的按钮与列表 |

- "删除"（Delete）按钮：用于将中间窗口区选中的元件模型删除。
- "编辑"（Edit）按钮：用于编辑中间窗口区选中的元件模型。单击该按钮，或直接双击选中的元件模型，系统即弹出元件模型对话框。此时可以利用该对话框对元件模型进行设置编辑。

4. 封装模型预览区

封装模型预览区用于显示当前选中库元件的封装模型视图。

5. 常用工具栏

常用工具栏中给出了部分绘图功能图标按钮，分别是元件的放置引脚按钮 ![icon]、放置 IEEE 符号按钮 ![icon]、放置线按钮 ![icon]、放置文本字符串按钮 ![A] 和添加元件的部件按钮 ![icon]。这 5 个图标按钮的前 4 个均可以在"放置"（Place）菜单的下拉菜单中找到对应的命令，如图 4-11 所示。

单击常用工具栏中的按钮 ![icon]，当光标处于放置 IEEE 符号状态时，按 Tab 键，弹出 IEEE Symbol 属性对话框，如图 4-12 所示。在该对话框中，单击 Symbol 栏，弹出下拉列表框，如图 4-13 所示。下拉列表框中给出了 34 个常用 IEEE 符号的命令，用于放置 IEEE 符号。这些命令与执行如图 4-14 所示的菜单命令"放置"（Place）→"IEEE 符号"（IEEE Symbols）弹出的子菜单中的各项命令有一一对应的关系。这些常用的 IEEE 符号主要用于逻辑电路。

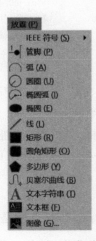

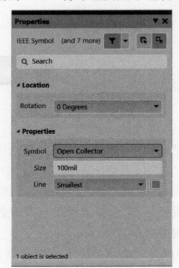

| 图 4-11　绘制元件菜单命令 | 图 4-12　IEEE Symbol 属性对话框 |

相比于常用工具栏的绘图图标按钮,如图 4-11 所示的"放置"(Place)下拉菜单中还有更多几何图形的绘制命令,例如"弧"(Arc)、"圆圈"(Full Circle)、"矩形"(Rectangle)等。

常用工具栏中的添加部件按钮 ▌,对应的菜单命令在"工具"(Tools)菜单的下拉菜单中,命令为"新部件"(New Part),如图 4-15 所示。

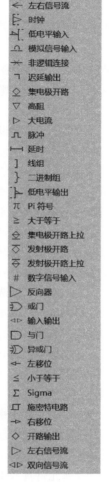

图 4-13　Symbol 栏下拉菜单列表　　图 4-14　"IEEE 符号"子菜单命令　　图 4-15　添加新部件菜单命令

4.2　原理图库元件的创建

创建原理图库元件,有两种方法:一种是新建绘制,另一种是复制绘制。

4.2.1　新建绘制原理图库元件

新建绘制原理图库元件的一般步骤是:启用元件库编辑器、新建库元件、绘制元件符号边框、添加引脚、编辑元件属性。

下面以如图 4-16 所示的热释电红外传感器为例,详细介绍新建绘制原理图库元件的方法。

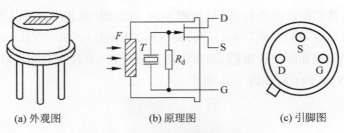

(a) 外观图　　　　　　　(b) 原理图　　　　　　　(c) 引脚图

图 4-16　热释电红外传感器

1. 启用元件库编辑器

新创建一个原理图元件库文件，即启用了元件库编辑器，文件重命名为 My. SchLib。方法在 4.1 节已有详细叙述。从 Projects 面板打开一个既有的元件库文件，也可以启用元件库编辑器。

图 4-17　库选项对话框

如同可以重新设置原理图编辑环境一样，原理图库编辑环境也可以重新设置。

执行菜单命令"工具"（Tools）→"文档选项"（Document Options），参见图 4-8 所示。随即弹出 Library Options（库选项）对话框，如图 4-17 所示。

在该对话框中，Visible Grid、Snap Grid、Sheet Border 和 Sheet Color 选项栏的含义同 3.1.1 节介绍的原理图编辑环境中文档选项对话框中的相关内容一样。

另外有两个复选框。

（1）Show Hidden Pins：用于设置是否显示元件隐藏的引脚。选中时，元件隐藏的引脚将被显示出来；

（2）Show Comment/Designator：用于设置是否显示元件的注释/标号。选中时，元件的注释和标号将被显示出来。

此处将该对话中的 Snap Grid 项设为 100mil，其他参数采用系统默认的设置。

2. 新建库元件

如果是新创建一个原理图元件库文件，则元件库文件建成后，系统自动在 SCH Library 面板元件列表区中添加一个名为 Component_1 的元件。此时，显示此新建库元件符号的编辑区是空白的，如图 4-6 所示。

3. 绘制元件符号边框

1）绘制边框

执行菜单命令"放置"（Place）→"矩形"（Rectangle），参见图 4-11。光标变成灰色"十"字形并带着一个矩形框，进入放置矩形框状态（见图 4-18(a)）。移动光标拖动矩形框的一角至元件符号编辑区纵轴－50mil 处，单击，光标自动移至矩形框的对角处（见图 4-18(b)）。移动光标拖动矩形框的对角至（200mil，－350mil）位置，再次单击，完成在元件符号编辑区第四象限内绘制一个矩形框的操作（见图 4-18(c)）。

移动光标至（200mil，0mil）位置，继续绘制另一个矩形框，其对角坐标为（300mil，－400mil）。右击，或者按 Esc 键，退出绘制矩形框状态。

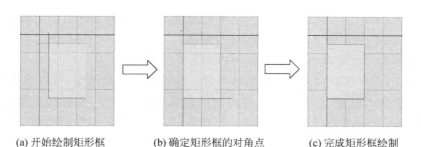

(a) 开始绘制矩形框　　(b) 确定矩形框的对角点　　(c) 完成矩形框绘制

图 4-18　绘制矩形框示意图

这样就绘制出类似热释电传感器本体的侧视图形,作为元件符号的边框,如图 4-19 所示。

2) 边框属性设置

将光标移到矩形框上,双击,矩形框显示为边线上分布绿色小方块的选中状态,如图 4-20 所示。同时系统弹出矩形框属性对话框,如图 4-21 所示。

图 4-19　传感器元件边框

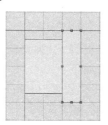

图 4-20　选中矩形框

在该对话框中:

- "(X/Y)"文本框为矩形框的位置,以矩形框的左下角坐标为准;Width 和 Height 分别为矩形的宽和高。
- Border 栏:用于设置矩形框边线的宽度和颜色。单击 Border 后的下三角按钮,在弹出的下拉列表框中有 4 种尺寸供选用,如图 4-22 所示。

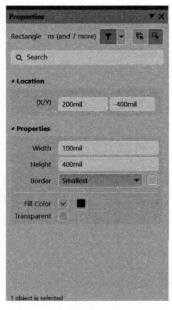

图 4-21　矩形框属性对话框

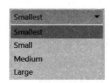

图 4-22　矩形框边线下拉列表

- Fill Color 栏：用于设置矩形框内的填充颜色。选中时将显示设置的颜色。
- Transparent 栏：用于设定矩形区是否透明。

以上参数每做一次更改，在编辑区都可以预览更改效果。

以上参数中，后 3 项通常采用系统默认设置。位置和大小的改变，可以在符号编辑区，直接用鼠标拖动实现，即：对于如图 4-20 所示的选中状态的矩形框，光标在矩形框区域内呈现"✥"图形时，可以用鼠标拖动整个矩形框移至别的位置；光标在矩形框边线上的绿色小方块上呈现"⇕"图形时，可以用鼠标拖动矩形框边线以改变矩形框的大小。

◎小贴士 18　元件符号边框绘制的建议

元件符号边框的绘制，一要在形状上宜与实物类似。尽管边框轮廓只是元件符号，与元件实际形状并无必然联系，但其形状设计成与实物类似，将便于在原理图上区别辨认。二要在尺寸上有合适的大小。边框尺寸首先要以满足放置元件引脚的数量为基本要求，但也不宜过大，否则在原理图上会与其他元件不协调，影响原理图的美观。

4. 添加引脚

1）添加引脚

给元件符号添加引脚，引脚要依附于元件符号的边框上。

添加引脚的步骤如下：

（1）执行菜单命令"放置"（Place）→"引脚"（Pin），参见图 4-11，或者单击常用工具栏中的放置引脚按钮 ，光标变成灰色"十"字形并附带着一个悬浮引脚符号，进入放置引脚状态，如图 4-23（a）所示。

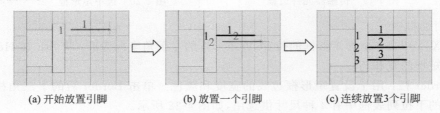

(a) 开始放置引脚　　　　(b) 放置一个引脚　　　　(c) 连续放置3个引脚

图 4-23　放置引脚示意图

（2）移动光标，带动悬浮引脚至与矩形边框线的适当处接触，单击完成一个引脚的放置，同时光标处于待放置下一个引脚的状态，如图 4-23（b）所示。

（3）重复步骤（2），继续放置第二个、第三个引脚，引脚间距为 100mil。

（4）右击，或者按 Esc 键，退出放置引脚状态。放置完毕所有引脚的元件符号如图 4-23（c）所示。

◎小贴士 19　元件引脚上的电气节点

在放置引脚过程中，元件待放置的引脚其中一端有灰色的"×"形标记，这样的端头即为有电气特性的一端，也即引脚上的电气节点。放置引脚接触元件符号边框时，应确保引脚有电气特性的一端朝外，即远离元件边框方向。这可以通过引脚在处于待放置的悬浮状态时，按下空格键改变引脚方向来确保实现。放置好的引脚，其有电气特性的一端有四个白色小点标记，以方便用户确认。

2）引脚属性设置

双击放置好的引脚，或者在放置引脚过程中按 Tab 键，系统会弹出 Pin（引脚）属性对话框，如图 4-24 所示。在对话框的 General 选项卡中，有 4 个选项组：Location（位置）、Properties（属性）、Symbols（符号）和 Font Settings（字体设置）。在这里，Location 选项组已经展开。

（1）Location（位置）选项组。

· "（X/Y）"文本框：用于设置引脚的位置。

· Rotation栏：用于设置引脚的旋转角度。

本组参数的改变效果，也可以在符号编辑区直接操作实现：按住鼠左键于引脚上，或拖动改变引脚的位置，或按空格键改变引脚的方向。

（2）Properties（属性）选项组。

单击如图4-24所示对话框的Properties选项，展开该组选项内容，如图4-25所示。主要选项如下：

图4-24 引脚属性对话框

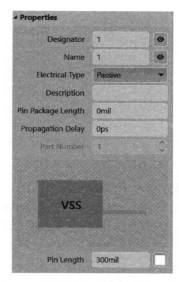
图4-25 引脚属性对话框属性选项组

· Designator文本框——引脚标号，用于给引脚编号。该编号将与封装焊盘的编号一一对应，因此不能随意设置编号。

· Name文本框——引脚名字，用于给引脚命名。通常在此输入引脚的功能作为名字，并且为了元件符号的整体美观，常以缩写的形式命名。

以上两项属性后面，均有一个⊙标记，表示该参数将会在图纸上显示出来。单击此标记，标记变为🚫，关闭该参数在图纸上的显示；再单击标记🚫，标记变为⊙，开启该参数在图纸上的显示。

· Electrical Type栏——引脚电气类型。单击此栏右侧的下三角按钮，弹出下拉列表框如图4-26所示。

其中：

Input——输入引脚，用于输入信号；

I/O——输入输出引脚，用于既有输入信号又有输出信号；

Output——输出引脚，用于输出信号；

Open Collector——集电极开路引脚；

Passive——无源引脚；

HiZ——高阻抗引脚；

Open Emitter——发射极开路引脚；

Power——电源引脚，用于接电源或接地。

图4-26 引脚电气类型列表

- Pin Length 文本框：用于设置引脚长度。后面的颜色选择框用来改变引脚的颜色。

（3）Symbols（符号）选项组。

单击如图 4-24 所示对话框的 Symbols 选项,展开该组选项内容,如图 4-27 所示。该选项组的各选项作用如下:

- Inside 栏——用于设置引脚内部符号。单击此栏右侧的下三角按钮,弹出下拉列表框如图 4-28 所示。

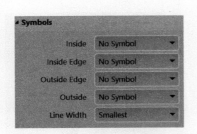

图 4-27　引脚属性对话框符号选项组

图 4-28　引脚内部符号列表

其中:

No Symbol——无符号设置;

Postponed Output——暂缓输出符号;

Open Collector——集电极开路符号;

Hiz——高阻抗符号;

High Current——高电流符号;

Pulse——脉冲符号;

Schmitt——施密特触发输入符号;

Open Collector Pull Up——集电极开路上拉符号;

Open Emitter——发射极开路符号;

Open Emitter Pull Up——发射极开路上拉符号;

Shift Left——移位输出符号;

Open Output——开路输出符号。

- Inside Edge 栏——用于设置引脚内部边沿符号。单击此栏右侧的下三角按钮,弹出下拉列表框如图 4-29 所示。

其中:

No Symbol——无符号设置;

Clock——时钟符号。

- Outside Edge 栏——用于设置引脚外部边沿符号。单击此栏右侧的下三角按钮,弹出下拉列表框如图 4-30 所示。

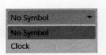

图 4-29　引脚内部边沿符号列表

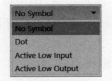

图 4-30　引脚外部边沿符号列表

其中：

　　No Symbol——无符号设置；

　　Dot——圆点符号，用于低电平工作场合；

　　Active Low Input——低电平有效输入符号；

　　Active Low Output——低电平有效输出符号。

- Outside 栏——用于设置引脚外部符号。单击此栏右侧的下三角按钮，弹出下拉列表框如图 4-31 所示。

其中：

　　No Symbol——无符号设置；

　　Right Left Signal Flow——从右至左信号流向的符号；

　　Analog Signal In——模拟信号输入的符号；

　　Not Logic Connection——逻辑无连接符号；

　　Digital Signal In——数字信号输入的符号；

　　Left Right Signal Flow——从左至右信号流向的符号；

　　Bidirectional Signal Flow——双向信号流向的符号。

- Line Width 栏——用于设置引脚符号的线宽。单击此栏右侧的下三角按钮，弹出下拉列表框如图 4-32 所示。

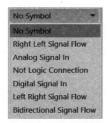

图 4-31　引脚外部符号列表

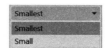

图 4-32　引脚符号线宽列表

列表中给出了引脚符号线宽的 Smallest 和 Small 两种选项。

（4）字体设置选项组。

单击如图 4-24 所示对话框的 Font Settings 选项，展开该组选项内容，如图 4-33 所示。

该选项组分为两个区块，分别用于对引脚的标号和名字的字符属性进行设置，设置内容均包括以下选项：

- Custom Settings 栏——用于自定义设置。选中，下面对字符的字体、大小、颜色和字形等参数设置有效；不选中，下面的相关属性设置采用系统默认参数。
- Custom Position 栏——用于自定义位置。选中，下面对字符的位置（Margin）和方向（Orientation）的参数设置有效；不选中，下面的相关属性设置采用系统默认参数。

☺小贴士 20　元件引脚名称上画线的实现

引脚标号和名称的字符，在引脚属性对话框中的字体设置选项组中，可以设置下画线。但是，如果引脚名上带有上画线以

图 4-33　引脚属性对话框
字体选项组

表示低电平有效,例如,复位输入端引脚名为 $\overline{RESET}$,其设置在引脚属性对话框中的属性选项组中实现。在 Name 文本框输入引脚的名字时,每个字母后面添加一个反斜杠,即输入内容为"R\E\S\E\T\",就能在编辑区得到有上画线的元件引脚名。

在这里,对图 4-23(c)所示放置的 3 个引脚,设置属性如下:

(1) 位置选项组——各项参数不做改动;

(2) 属性选项组——Name 文本框分别输入字符 D、S 和 G;定义引脚长度的 Pin Length
文本框,均输入 200mil;其他参数采用系统默认值,不做改动;

(3) 符号选项组——各项参数采用系统默认值,不做改动;

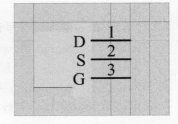

(4) 字体设置选项组——Name 区块的 Custom Position
选中,Margin 文本框中 3 个引脚均输入 15mil,其他参数采用
系统默认值,不做改动。

完成引脚属性设置后,热释电传感器的原理图符号如
图 4-34 所示。

图 4-34 完成引脚属性设置

5. 编辑元件属性

1) 添加封装模型

如 4.1.2 节所述,Altium Designer 中的原理图库元件,可以集成有封装模型、仿真模型
等。给新建库元件添加封装模型,是编辑元件属性的主要工作内容,也是 PCB 设计的基本
要求。

给新建库元件添加封装模型的步骤如下:

(1) 在元件模型编辑区,单击 Add Footprint 按钮,弹出"PCB 模型"(PCB Model)对话框,
如图 4-35 所示。

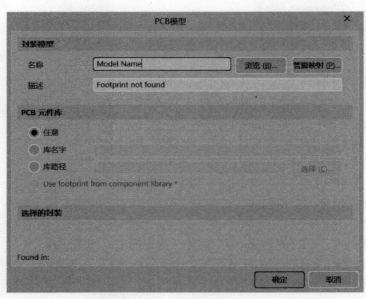

图 4-35 "PCB 模型"对话框

(2) 在"PCB 模型"对话框的"名称"(Name)文本框输入"TO-39";选中"库路径"(Library
path)后,单击"选择"(Choose)按钮,弹出"打开"对话框,如图 4-36 所示。

(3) 在"打开"对话框中,从 Altium Designer 安装文件夹中找到集成库文件 Miscellaneous
Devices. IntLib,选中。然后单击"打开"按钮,"打开"对话框随即自行关闭,返回到"PCB 模

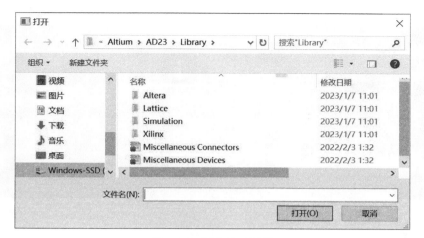

图 4-36 "打开"对话框

型"对话框。"PCB 模型"对话框的"选择的封装"(Selected Footprint)栏显示了选中的封装模型视图,"描述"(Description)文本框也给出了选中封装的一些文字信息包括尺寸等,如图 4-37 所示。

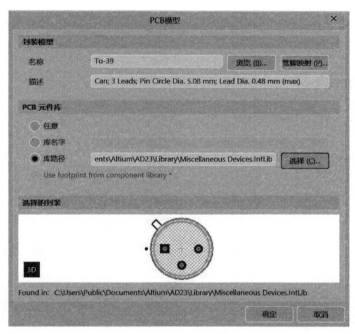

图 4-37 添加封装模型的"PCB 模型"对话框

(4) 单击添加封装模型的"PCB 模型"对话框中的"确定"(OK)按钮,"PCB 模型"对话框随即自行关闭,完成给自建库元件添加封装模型的工作。最后结果如图 4-38 所示。

2) 编辑元件其他属性

在元件库面板中双击元件列表内的新建库元件 Component_1,弹出库元件属性对话框,如图 4-39 所示。该对话框内容与图 3-39 所示的元件属性对话框内容类似,只少了 Location 选项组。下面只对部分属性进行说明。

(1) 常规(General)选项组。

单击 General 选项,展开该组选项内容,如图 4-40 所示。

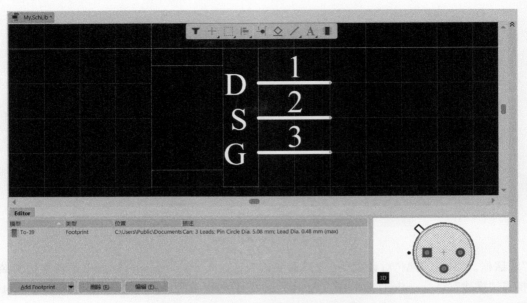

图 4-38 自建库元件成功添加封装模型

- Design Item ID 文本框：改变系统默认的元件名，重新输入元件名为 Pyroelectric；
- Designator 文本框：输入"PY?"；
- Comment 文本框：输入 Sensor。

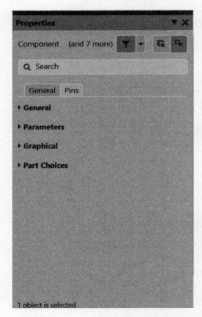

图 4-39 库元件属性对话框

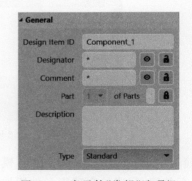

图 4-40 库元件"常规"选项组

（2）参数（Parameters）选项组。

单击 Parameters 选项，展开该组选项内容，如图 4-41 所示。选项组包含封装（Footprint）等 5 个选项。

该区域第一个选项即封装的预览窗口。单击该预览窗口，显示出"TO-39"封装的模型视图，如图 4-42 所示。

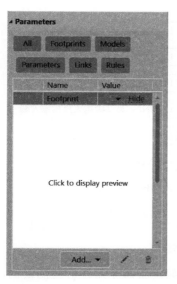

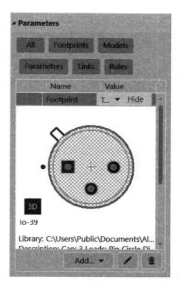

图 4-41　库元件"参数"选项组　　　　图 4-42　显示封装模型图的"参数"选项组

单击 Add 按钮,添加新的封装模型,此功能与元件模型编辑区的 Add Footprint 按钮功能相同。

在元件库面板中,选中库元件列表内的新建库元件 Pyroelectric,单击"放置"(Place)按钮,元件放置到原理图中,效果如图 4-43 所示。

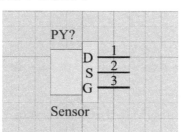

图 4-43　自建热释电传感器库元件效果

4.2.2　复制绘制原理图库元件

复制绘制原理图库元件,即在 Altium Designer 软件系统提供的原理图库中已有的某个元件基础上,通过适当修改,进行新的原理图库元件的制作。这样不仅易于使新制作的元件,在尺寸上与其他已有的元件相协调,还可以提高设计效率。

复制绘制原理图库元件的一般步骤是:启用元件库编辑器、解压源文件、复制库元件、修改元件符号、修改引脚属性和修改元件属性共 6 步。

下面以如图 4-44 所示的传感器信号处理集成电路芯片 BISS0001 为例,详细介绍复制绘制原理图元件的方法。

1. 启用元件库编辑器

启用元件库编辑器的方法同 4.2.1 节中的第 1 步,此处不再赘述。这里以打开元件库文件 My. SchLib 为例。

2. 解压源文件

根据 BISS0001 芯片的外观(见图 4-45),在集成库文件 Miscellaneous Connectors. IntLib

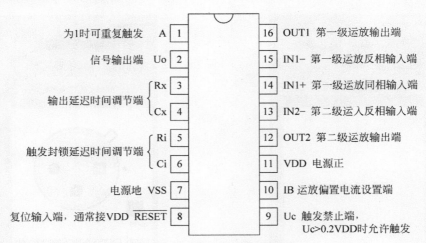

为1时可重复触发　A　1　｜　16　OUT1　第一级运放输出端

信号输出端　Uo　2　｜　15　IN1−　第一级运放反相输入端

输出延时时间调节端 { Rx　3　｜　14　IN1+　第一级运放同相输入端

Cx　4　｜　13　IN2−　第二级运入反相输入端

触发封锁延迟时间调节端 { Ri　5　｜　12　OUT2　第二级运放输出端

Ci　6　｜　11　VDD　电源正

电源地　VSS　7　｜　10　IB　运放偏置电流设置端

复位输入端，通常接VDD $\overline{RESET}$　8　｜　9　Uc　触发禁止端，Uc>0.2VDD时允许触发

图 4-44　BISS0001 引脚定义

中，元件 Header 8X2A 的符号外形（见图 4-46）与其相似。新的库元件的复制绘制，将以既有的元件 Header 8X2A 为基础。

图 4-45　BISS0001 芯片外观

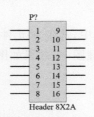

图 4-46　库元件 Header 8X2A 符号外形

解压源文件的步骤如下：

（1）执行菜单命令"文件"（File）→"打开"（Open），弹出 Choose Document to Open（选择文件打开）对话框，从计算机的 Altium Designer 安装文件夹中找到集成库文件 Miscellaneous Connectors.IntLib 并选中，如图 4-47 所示。

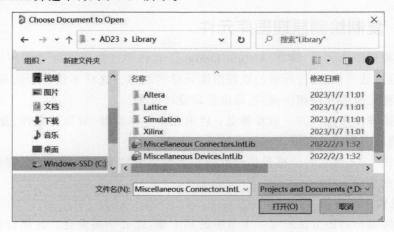

图 4-47　Choose Document to Open 对话框

（2）在选中了文件的 Choose Document to Open 对话框中，单击"打开"按钮，系统弹出 Open Integrated Library 提示框，如图 4-48 所示。

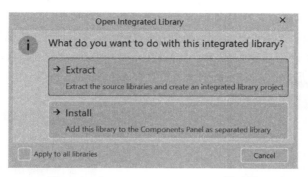

图 4-48 Open Integrated Library 提示框

（3）在"解压源文件或安装"（Open Integrated Library）提示框中，单击 Extract 按钮，系统弹出"文件格式"（File Format）对话框，如图 4-49 所示。

（4）在"文件格式"（File Format）对话框中，默认系统选择，单击"确定"（OK）按钮。系统把解压源文件 Miscellaneous Connectors. IntLib 得到的库文件夹，即元件集成库工程文件 Miscellaneous Connectors. LibPkg，添加到 Projects 面板上，如图 4-50 所示。该工程文件中包含原理图库文件 Miscellaneous Connectors. SchLib。

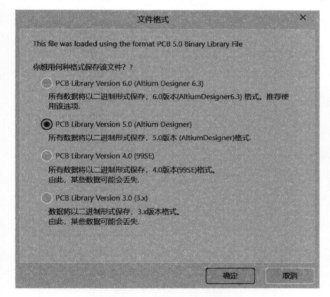

图 4-49 "文件格式"对话框

图 4-50 Projects 面板上添加的解压文件

☺小贴士 21 解压源文件的重复使用

再次使用复制绘制法制作库元件时，此处提到的"解压源文件"步骤就不用操作了，直接将第一次解压源文件操作得到并保存于 Altium Designer 安装文件夹中的原理图库文件 Miscellaneous Connectors. SchLib 添加到 Projects 面板上即可。

3. 复制库元件

复制库元件又包括以下步骤：

（1）在 Projects 面板上，双击原理图库文件名 Miscellaneous Connectors. SchLib，打开此文件。

（2）激活 SCH Library 面板，在 Miscellaneous Connectors. SchLib 文件的库元件列表中，找到元件 Header 8X2A，选中。右击，在弹出的快捷菜单中选中"复制"（Copy），单击确认，如图 4-51 所示。

（3）激活元件库文件 My.SchLib，SCH Library 面板转为 My.SchLib 文件的库元件列表。将光标移至库元件列表框内，右击，在弹出的快捷菜单中选中"粘贴"（Paste），单击确认，如图 4-52 所示。库元件列表框内即显示复制过来的元件 Header 8X2A，同时元件符号编辑区显示该元件的符号图形，如图 4-53 所示。

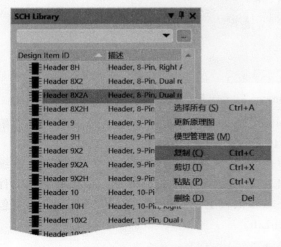

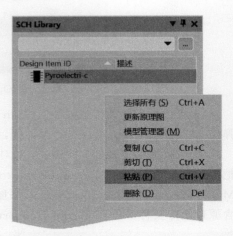

图 4-51　在 SCH Library 面板上复制元件　　　　图 4-52　在 SCH Library 面板上粘贴元件

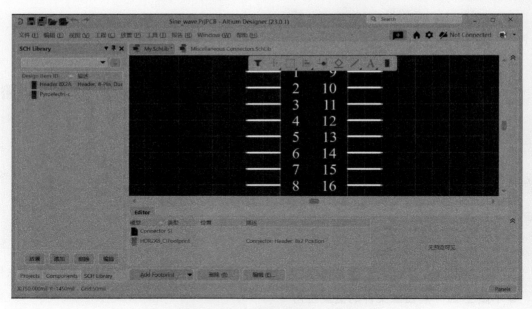

图 4-53　完成原理图库元件的复制

4. 修改元件符号

元件符号的修改包括引脚位置的改变和矩形边框的改变。

（1）选取引脚并移动位置：在按 Shift 键的同时，依次单击元件右侧的 8 个引脚，选中的每一个引脚周围呈现绿色的虚线框；光标移至任一绿色虚线框内，光标形状变为"⇔"图形时，按住鼠标左键，拖动选中的引脚右移 200mil，如图 4-54 所示。

（2）选取矩形框并改变大小：光标移到矩形框内，单击，矩形框显示为边线上分布绿色小方块的选中状态；光标在矩形框右边线上的绿色小方块上呈现"⇔"图形时，按住鼠标左键，拖动矩形框边线右移 200mil，如图 4-55 所示。

图 4-54　改变引脚位置

图 4-55　改变矩形框大小

5. 修改引脚属性

双击 16 引脚，在弹出的引脚属性对话框中，单击 Properties 选项，展开该组选项内容，如图 4-56 所示。

Designator 栏参数修改为 1，并且单击后面的 标记，改变为 标记，使该参数在图纸上显示出来。

Name 文本框参数修改为 A。

引脚属性参数修改结果如图 4-57 所示。

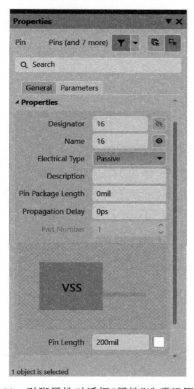

图 4-56　引脚属性对话框"属性"选项组原状态

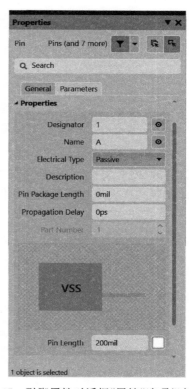

图 4-57　引脚属性对话框"属性"选项组新状态

单击 15 引脚，引脚属性对话框显示为 15 引脚的属性。

按照上述方法，参照图 4-44，依次修改 15 引脚及其他引脚的属性参数。

修改后的效果如图 4-58 所示。

6. 修改元件属性

1) 修改封装模型

在元件模型编辑区的模型列表框内分别选中已存在的模型

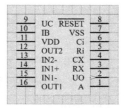

图 4-58　修改完引脚属性的元件

Connector 和 HDR2X8_CEN，单击"删除"（Remove）按钮将其删除。

然后给元件添加新的封装模型，步骤如下：

（1）在元件模型编辑区，单击 Add Footprint 按钮，弹出"PCB 模型"（PCB Model）对话框。在对话框的"名称"（Name）栏输入 DIP-16；选中"库路径"（Library path）单选按钮，如图 4-59 所示。

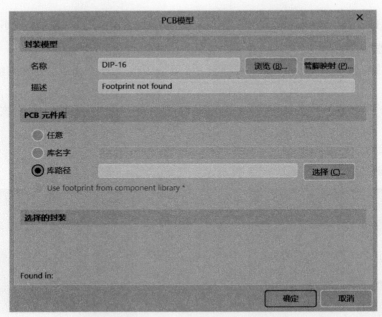

图 4-59 "PCB 模型"对话框中准备改变封装模型

（2）单击"PCB 模型"对话框中的"选择"（Choose）按钮，弹出"打开"对话框。从 Altium Designer 安装文件夹中找到集成库文件 Miscellaneous Devices. IntLib，选中，如图 4-60 所示。

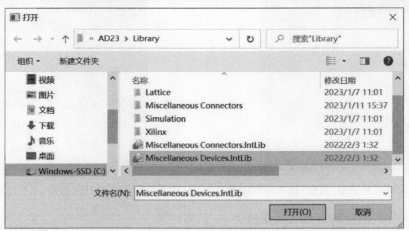

图 4-60 "打开"对话框中找到待打开的库文件

（3）单击"打开"对话框中"打开"按钮，返回到 "PCB 模型"对话框，其中显示出添加的 DIP-16 封装模型信息，如图 4-61 所示。

（4）单击添加 DIP-16 封装模型的"PCB 模型"对话框中的"确定"（OK）按钮，完成给复制绘制库元件修改封装模型的工作。最后结果如图 4-62 所示。

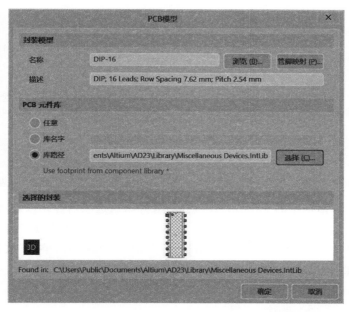

图 4-61　添加 DIP-16 封装模型的"PCB 模型"对话框

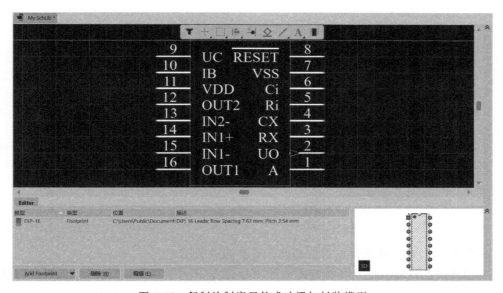

图 4-62　复制绘制库元件成功添加封装模型

2）编辑元件的其他属性

在元件库面板中，双击库中元件列表内的复制库元件 Header 8X2A。在弹出库元件属性对话框中单击 General 选项，展开该组选项内容，如图 4-63 所示。

修改内容如下：

- Design Item ID 文本框——改变系统默认的元件名，重新输入元件名为 BISS0001；
- Designator 文本框——重新输入"U?"；
- Comment 文本框——输入"BISS0001"；
- Description 文本框——将 Header 改为 IC。

属性参数修改后的结果如图 4-64 所示。

图 4-63　复制库元件"常规"选项组

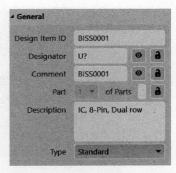

图 4-64　复制库元件"常规"参数修改

　　单击元件属性对话框中的 Parameters 选项，展开该组选项内容。该选项组给出了复制元件更改后的封装信息，包括封装名字 DIP-16 和对应的封装模型视图，如图 4-65 所示。

　　在元件库面板中，选中库元件列表内的新建库元件 BISS0001，单击"放置"（Place）按钮，将元件放置到原理图中，效果如图 4-66 所示。

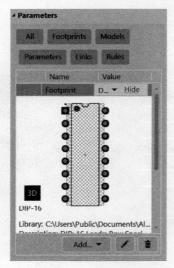

图 4-65　复制库元件"参数"选项组新信息

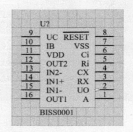

图 4-66　复制绘制库元件 BISS0001 符号外形

☺ **小贴士 22　自建库元件修改信息同步更新到原理图**

　　对于原理图已经放置使用的自建库元件，如果自建库元件又有编辑修改，将修改信息更新到原理图上的快速方法是：在元件库编辑环境下执行菜单命令"工具"（Tools）→"更新到原理图"（Update Schematics），参见图 4-8。

4.3　生成原理图库元件报表

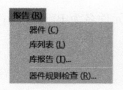

图 4-67　元件库编辑界面
"报告"下拉菜单

　　在原理图元件库编辑界面中，"报告"（Reports）下拉菜单命令内容如图 4-67 所示，对应生成库元件的一系列报表。从这些报表中，可以了解相关库元件的信息，也可以根据报表信息检查库元件，对有错误的库元件进行修改完善。

　　下面以创建的原理图库文件 My.SchLib 为例，说明原理图库元件报表的生成及其作用。

4.3.1 生成库元件信息报表

库元件信息报表主要给出了库元件的引脚信息。打开原理图库文件 My. SchLib。在 SCH Library 面板上,选择库元件列表中的 BISS0001 元件。执行菜单命令"报告"(Reports)→"器件"(Component),系统生成与库文件主名相同、扩展名为. cmp 的该库元件的信息报表,如图 4-68 所示。

元件信息报表给出了库元件的引脚数量、引脚的名称以及编号和电气类型、隐藏引脚等信息,以方便用户检查确认。

该报表文件同时被添加到 Projects 面板上相应库文件所在的工程名录下,位置为 Generated\Text Documents\My. cmp,如图 4-69 所示。并且该报表文件也自动被保存在计算机硬盘存放对应原理图库文件的文件夹中。

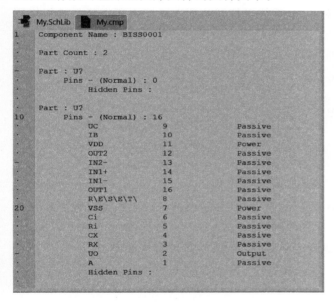

图 4-68 库元件信息报表

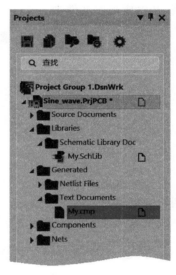

图 4-69 Projects 面板中的库元件
信息报表文件

4.3.2 生成库元件规则检测报表

Altium Designer 软件具有检查库元件错误的功能。打开原理图库文件 My. SchLib,执行菜单命令"报告"(Reports)→"器件规则检查"(Component Rule Check),系统弹出"库元件规则检测"(Library Component Rule Check)对话框,如图 4-70 所示。

该对话框用来设置对库元件错误进行检查的规则内容。

1."重复"(Duplicate)选项组

"元件名称"(Component Names):元件库中是否有重名的元件。

"引脚"(Pins):每一个库元件是否有重名的引脚。

图 4-70 "库元件规则检测"对话框

2. "丢失的"（Missing）选项组

"描述"（Description）：每一个库元件的属性中"描述"栏是否空缺；

"封装"（Footprint）：每一个库元件的属性中"封装"栏是否空缺；

"默认标识"（Default Designator）：每一个库元件是否缺少默认标号；

"引脚名"（Pin Name）：每一个库元件的引脚是否缺少引脚名；

"引脚号"（Pin Number）：每一个库元件的引脚编号是否空缺；

"序列中丢失引脚"（Missing Pins in Sequence）：每一个库元件引脚编号是否存在不连续的情况。

如果选中以上各复选框，则将会把被选中的项目作为规则进行检查。如果存在"是"的情况，系统会视为规则错误，相应的错误信息将显示在检查报告中。

在如图 4-70 所示的"库元件规则检测"对话框中，在默认选中的项目基础上，再选中"描述"复选框。然后单击"确定"按钮，关闭对话框，系统对打开的原理图库中所有元件进行规则检测，并生成与库文件主名相同、扩展名为.ERR 的规则检测报表文件，如图 4-71 所示。

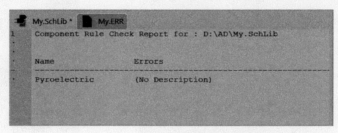

图 4-71　库元件规则检测报表

报表中给出了库元件 Pyroelectric 缺少属性"描述"栏的错误信息。用户可以根据库元件规则检测报表给出的错误信息，对相应的库元件进行修改。

该报表文件自动被保存在计算机硬盘存放对应原理图库文件的文件夹中。

4.3.3　生成元件库列表

元件库列表提供了原理图元件库中的元件清单。打开原理图库文件 My.SchLib，执行菜单命令"报告"（Reports）→"库列表"（Library List），参见图 4-67。系统随即生成与库文件主名相同、扩展名为.rep 的元件库列表，如图 4-72 所示。

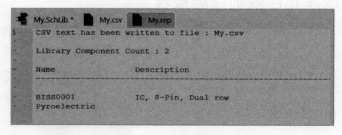

图 4-72　元件库列表

该列表文件给出了打开的原理图库 My.SchLib 文件中所有库元件的名称，以及库元件属性中的"描述"信息。

该列表文件同时被添加到 Projects 面板上相应库文件所在的工程名录下，位置为Generated\Text Documents\My.rep，如图 4-73 所示。并且该列表文件也自动被保存在计算机硬盘存放对应原理图库文件的文件夹中。

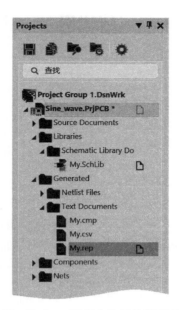

图 4-73　Projects 面板中的元件库列表文件

4.3.4　生成元件库报告

元件库报告给出了原理图元件库中所有元件的详细信息。打开原理图库文件 My.SchLib,执行菜单命令"报告"(Reports)→"库报告"(Library Report),参见图 4-67。系统随即弹出"库报告设置"(Library Report Settings)对话框,如图 4-74 所示。

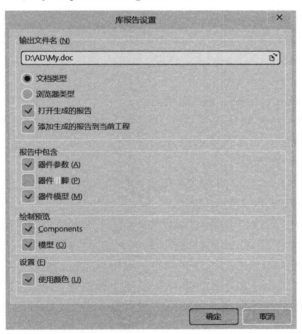

图 4-74　"库报告设置"对话框

1. "输出文件名"(Output File Name)选项组

窗口区给出了系统默认的将要生成的报告文件名字与计算机硬盘的保存位置。默认报告文件名字与库文件主名相同,默认保存位置为计算机硬盘存放对应原理图库文件的文件夹中。

默认名字与保存位置都可以通过单击窗口右侧的 ▣ 按钮,在弹出的"报告另存为"对话框中进行修改,如图 4-75 所示。

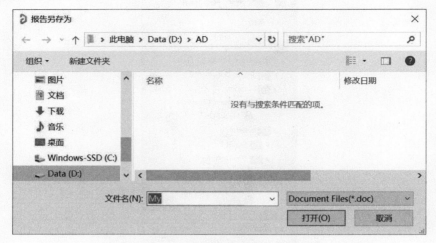

图 4-75 "报告另存为"对话框

"文档类型"Document Files 和"浏览器类型"HTML Files 选择其中一个,定义输出报告文件的类型,前者为 Word 文档(.doc 格式),后者为网页文档(.htm 或.html 格式)。

"打开生成的报告"(Open generated report)的含义是生成报告文件后自动打开报告文件;"添加生成的报告到当前工程"(Add generated report to current project)的含义是将生成的报告添加到 Projects 面板上相应库文件所在的工程名录下。这两项在选中时其功能生效,但不会影响生成报告的内容格式。

2. "报告中包含"(Include in report)选项组

本选项组给出了"器件参数"(Component's Parameters)、"器件引脚"(Component's Pins)和"器件模型"(Component's Models)3 个选项,被选中选项对应的信息将显示在生成的报告文件中。

3. "绘制预览"(Draw previews for)选项组

Components 选项是指元件的符号图形,"模型"(Models)选项是指元件的封装模型图。被选中选项对应的信息将显示在生成的报告文件中。

4. "设置"(Settings)选项组

"使用颜色"(Use Color)选项的含义是指给元件符号图形填充颜色。选中此项,其功能生效,生成的报告中元件符号图形将填充颜色。

在如图 4-74 所示的"库报告设置"对话框中,在默认选中项目的基础上,取消选中"器件参数"选项。然后单击"确定"按钮,关闭对话框,系统生成元件库报告文件并打开。

元件库报告文件开头部分给出了元件库的一般信息,包括库文件名、按元件名首字母顺序排列的库中元件名单。接下来按库元件名单顺序逐个给出库元件的具体信息,包括元件符号和封装模型。其中元件符号图形和封装模型的图形是分别在绘制原理图和 PCB 图时的样式,元件符号图形在元件库编辑界面和原理图编辑界面中显示的形式是有区别的。图 4-76 是生成的元件库报告中的部分内容,包括元件库的一般信息和第一个库元件 BISS0001 的具体信息。

元件库报告文件同时被添加到 Projects 面板相应库文件所在的工程名录下,位置为 Generated\Text Documents\My.doc,如图 4-77 所示。并且该报告文件也自动被保存在计算机硬盘存放对应原理图库文件的文件夹中。随同生成有元件库中所有元件的符号图形、封装模型视图的.wmf 格式的分立图元文件，也保存在上述文件夹中。

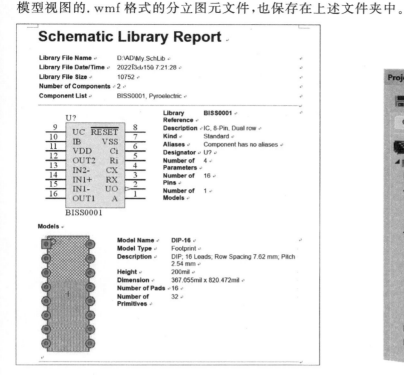

图 4-76　生成的元件库报告

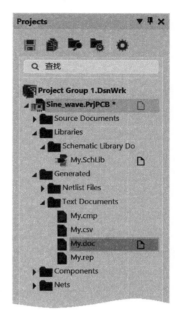

图 4-77　Projects 面板中的元件库报告文件

第三篇

PCB 设计与输出

PCB 设计与输出,是 PCB 工程设计的后半部分工作。本篇先介绍有关 PCB 的一些知识,以及元件封装库和集成库的创建。然后,继续结合实例,以第二篇的原理图设计为基础,介绍利用 Altium Designer 软件进行 PCB 设计的一般步骤:PCB 图纸规划、导入原理图数据、元件布局和布线、检查与调整、放置泪滴与铺铜,以及打印输出和生产文件输出等。读者学完本篇内容后,将会初步具备利用 Altium Designer 软件进行 PCB 工程设计的能力。

第 5 章

PCB 设计基础

电子线路系统从设计图走向具有一定功能的实用电子产品,需要借助于印制电路板 (Printed Circuit Board,PCB)这个载体。印制电路板又称印刷电路板,简称电路板,它是由表面覆有铜膜的绝缘板,借用印制的方法刻蚀掉部分铜膜,以留下的网状线路图形作导线形成的。PCB 是电子元件的载体,PCB 上的导线则提供了安装到电路板上的电子元件实体之间的电气连接。电子设计通常在完成原理图设计的基础上,设计一块 PCB,以便按照原理图上显示的各元件的电气连接示意图,实现安装于 PCB 上的实体元件的电气连接,经过调试,进而实现原理图设计的预定功能。

在进行 PCB 设计之前,我们先来认识下 PCB,了解关于封装的概念,以及 PCB 设计要考虑的一些基本的原则。

5.1 PCB 的构成和功能

PCB 是在耐高温、绝缘的基板上,辅以铜膜导线、焊盘、过孔等物理结构及一些字符注释等形成的一种重要的电子部件。

5.1.1 PCB 的构成

PCB 的构成,可以从层次结构和功能组成两个角度进行认识。

1. PCB 的层次结构

从层次上看,PCB 主要由以下 5 部分构成。

1) 绝缘基板

绝缘基板是 PCB 的基体,一般由酚醛棉纸,或玻璃布加环氧树脂,或特殊材料如陶瓷等高温压制而成。

2) 铜箔层

铜箔层也称走线层,主要由裸露的焊盘和被防焊油墨覆盖的铜箔导线组成。焊盘用于焊接电子元件,导线则主要用于连接焊接的电子元件。有些 PCB 上还会在某些区域内填充铜箔,确切地说,是在选择刻蚀铜箔层时在 PCB 上的某些区域内集中保留一部分,称为铺铜,以改善电路性能。铜箔层是 PCB 实现电路系统功能的核心部分。

3) 阻焊层

由耐高温的阻焊剂制成,用于保护铜箔电路,也防止焊接时的短路现象。

4) 助焊层

与阻焊层概念相对,一般在焊盘上面,用于保护焊盘防止氧化,并有助于元件引脚的焊接。

5）丝印层

PCB 的最外层，非 PCB 的必要构成，用于标注元件的标号、符号图形、一些注释说明等，以方便安装焊接元件，以及组装后的辨识和维修。

2. PCB 按功能划分的组成结构

从功能组成上看，PCB 主要包括以下 3 部分功能单元。

1）铜箔导线

铜箔导线是 PCB 基板上覆盖的铜箔，根据 PCB 设计时的布线，经过选择刻蚀留下来的部分形成的导电线路，或称铜箔走线。为防氧化和防焊锡随意流淌，铜箔导线由一层防焊油墨覆盖，油墨通常为绿色，如图 5-1 所示。铜箔导线用于连接 PCB 上的封装（确切地说，是封装上的焊盘）和过孔。

2）元件封装

元件封装由焊盘和丝印层上的元件符号图形、标号、标称值等组成，用于指示安装元件于 PCB 基板上，如图 5-2 所示。元件封装的相关概念在 5.3 节有详细的介绍。

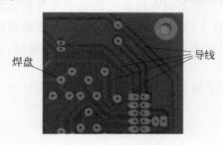

图 5-1　PCB 的底层

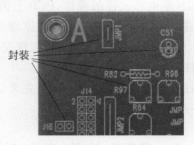

图 5-2　PCB 的顶层

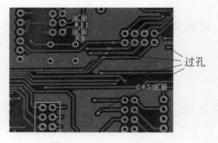

图 5-3　PCB 上的过孔

3）过孔

过孔是在不同导电层间需要电气连通的导线的交汇处，钻一个公用的小孔，小孔的圆柱形侧壁上镀有一层金属，以便实现不同导电层上导线的电气连通，如图 5-3 所示。因此，过孔又称金属化孔。过孔又分为穿通式过孔、盲孔和埋孔 3 种类型。

- 穿通式过孔：从 PCB 的顶层穿透到底层，可以连接所有层上的导线；
- 盲孔：从 PCB 的表层连通到内层的半隐藏式过孔；
- 埋孔：从 PCB 的一个内层连接到另一个内层的全隐藏式过孔。

5.1.2　PCB 的功能

作为一种重要的电子部件，PCB 在电子设备中具有如下功能。

1. 提供机械支撑

PCB 是电子线路系统的载体，为各种电子元件的固定、装配提供机械支撑。

2. 实现电气连接

PCB 也通过布线实现了各种电子元件之间的电气连接。

3. 减少差错，提高效率

PCB 的印制电路避免了人工接线的差错，并可实现电子元件的自动安装、焊锡、检测，提高生产效率，降低制作成本。

4. 其他功能

PCB上的字符和图形不仅便于元件的安装和检查,也方便了维修;在高速、高频电路中,提供电路所需要的电气特性、特征阻抗和电磁兼容;等等。

5.2 PCB 的布线层次和制造工艺

如前所述,PCB上的铜箔层是布线用的,PCB基板上的铜箔层经选择性刻蚀留下的线条部分即形成电路。PCB的布线层数目不一,对应也有不同的工艺流程。

5.2.1 PCB 的布线层次

根据布线的层次数目,PCB可分为单层电路板、双层电路板和多层电路板。

1. 单层电路板(Single-layer PCB)

单层电路板又称单层板或单面板,是一面有铜膜、另一面没有铜膜的 PCB,如图 5-1 和图 5-2 所示。有铜膜的一面称底层,没有铜膜的一面称顶层。元件一般情况下集中放置在没有铜膜的一面,有铜膜的一面用于布线和元件引脚的焊接。贴片元件则焊接在布线所在面上。

单层 PCB 是最基本的 PCB。由于布线只集中在 PCB 的一面上,因此在设计线路上有严格的限制。布线时导线间不能有交叉,为达到此目的,有时需要延长导线的长度以达到绕行的目的,必要时需另做跳线。

2. 双层电路板(Double-layer PCB)

双层电路板又称双层板或双面板,是一种两面都有铜膜的 PCB。双层 PCB 的两面都布置有导线,其中一层称为顶层,通常用于放置电子件;另一层称为底层,一般用于焊接元件引脚。两个面上的导线通过 PCB 上的穿透式过孔实现连接,如图 5-4 和图 5-5 所示。实验室条件下简易的过孔可以借助穿过 PCB 上小洞的金属丝线连通两个面上的导线来实现。

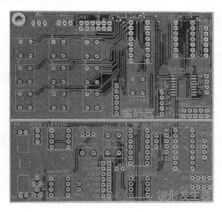 

图 5-4 双层 PCB 的顶层　　　　　　图 5-5 双层 PCB 的底层

双层 PCB 为布线提供了更大的空间,且双面布线可以互相交错而不会短路,解决了单层 PCB 布线交错的难点,比单层 PCB 更适用于复杂的电路布线。

3. 多层电路板(Multi-layer PCB)

为了进一步增加可以布线的面积,解决布线交错、信号干扰等问题,可以用更多布线层的电路板,即多层电路板,又称多层板或多面板。多层 PCB 使用了更多的单层或双层的 PCB,通过定位系统及不同板间放入的绝缘黏结材料黏合到一起。多层 PCB 的层数即表示有几层独立的布线层数,包括最外侧的两层,通常层数都是偶数。且导电线路按设计要求实现互连,就成为多层 PCB 板。

多层 PCB 的不同布线层的导电线路,按设计要求借助过孔实现互连。盲孔和埋孔只连接多层 PCB 中的部分布线层,可以避免浪费其他布线层的线路空间。

5.2.2　PCB 的制造工艺

1. 企业制造工艺流程

企业生产线加工 PCB 的生产工艺流程,会根据加工的 PCB 布线层数的不同而有所不同。

双面板的一般流程是:开料→钻孔→化学沉铜(PTH)和电镀一铜→图形转移(线路)→图形电镀(二铜)和镀助焊材料→蚀刻(SES)→中间检查→阻焊(Solder Mask)→印字符→金属表面处理→成品成型→电测试→外观检查(FQC/OQA)→包装出货。

相比于双面板工艺流程,单面板的简单一些,因为不需要考虑过孔侧壁的金属化,主要省去了化学沉铜和电镀铜步骤。

多层板工艺流程相对于双面板的则复杂一些,增加了内层工序。

2. 实验室制作工艺流程

实验室条件下通常使用的是单面板,必要时也可以采用双面板。例如设计 PCB 时,如果为避免导线交错使得导线绕线过多影响到电路性能,或者单面板使用跳线数量太多,就应该考虑使用双面板。

下面介绍实验室制作 PCB 板的流程。

1) 打印 PCB 图

在计算机中利用印制电路板设计软件设计好电路系统的 PCB 图后,通过激光打印机将 PCB 图按 1∶1 的比例打印输出到专门的转印纸光面上。

2) 覆铜板砂光

根据 PCB 图的大小将覆铜板剪成需要的尺寸,不要过大,以节约材料。用细砂纸打磨铜膜至光亮,去除表面的氧化物和其他黏附物。打磨光亮的铜膜忌用手指触摸。

3) 热转印 PCB 图

将转印纸上印有 PCB 图的一面与砂光过的铜板相对压紧,然后放到热转印机上进行热转印,通过高温作用将转印纸上的 PCB 图墨迹转移黏附到覆铜板上。对于热转印过的覆铜板,要检查 PCB 图是否转印完整。若有缺陷,可以用黑色油性笔修补。

4) 腐蚀覆铜板

调制腐蚀剂,将硫酸和过氧化氢按 3∶1 的比例进行配制,然后将转印有 PCB 图的覆铜板放入其中。等到覆铜板上除黏附有墨迹之外地方的铜膜全部被腐蚀掉之后,即取出覆铜板,用清水清洗干净。

5) 覆铜板打孔

利用凿孔机将覆铜板上需要留孔的地方进行打孔,主要是焊盘、过孔、安装孔等,要根据实际需要选择直径合适的钻头。

根据电路图纸,将各个元器件安装焊接到覆铜板的相应位置处。然后,对整个电路板进行全面的检测与调试工作。如果在检测调试过程中出现问题,就需要根据设计的原理图来确定问题的位置,然后重新进行焊接或者更换元器件,必要时要重新设计 PCB 图。直至检测调试顺利通过,电路板上的系统能够实现预定的功能,电子产品的 PCB 设计工作就完成了。

5.3　元器件的封装

封装的本意是将某物体密封保护起来。对于电子元器件来说,其封装实体和 Altium Designer 中 PCB 设计用到的封装,并不等同。它们既有区别,又有联系,后者更多的是空间的概念。

5.3.1　元器件封装的实体形式

电子元器件的封装(Package),指的是将硅片上的电子元件、电路,用材料密封保护起来,并用导线将其引到外部的引脚处。

电子元器件封装的具体形式不一,其出现与微电子技术的发展水平相对应。早期的封装主要是用于晶体管的有 3 根引线的 TO(Transistor Outline)型封装,即晶体管外壳封装。这种封装在 20 世纪 50 年代占主导地位。图 5-6 为晶体管的 TO 型封装实例。随着微电子技术的进步,电子元器件小型化、集成化的发展要求,推动了新的封装方式不断出现。下面举例说明部分封装形式。

1. 双列直插式封装(Double In-line Package,DIP)

20 世纪 60 年代开始出现的 DIP,增加了引脚数量,其引脚从封装的两侧引出,属于插入式封装。DIP 的封装材料初始使用的是陶瓷,后来又开发出塑封的 DIP。前者气密性好,后者成本低。DIP 用途十分广泛,绝大多数中小规模集成电路均采用这种封装形式,包括标准逻辑 IC、存储器 LSI、微机电路等。图 5-7 为 14 引脚的 DIP 封装实例。

图 5-6　TO-92 封装　　　　　　　　图 5-7　DIP-14 封装

2. 小外形封装(Small Outline Package,SOP)

SOP 是 20 世纪 70—80 年代逐渐出现的表面贴装式封装的一种,由荷兰飞利浦公司开发成功。SOP 的引脚从封装两侧呈海鸥翼状(L 形)引出,使用材料也有陶瓷和塑料两种。以后逐渐衍生出 J 形引脚小外形封装(Small Out-line J-lead Package,SOJ)、薄型小外形封装(Thin Small Outline Package,TSOP)等等。图 5-8 为 16 引脚的 SOP 封装实例。

3. 塑料有引线芯片封装(Plastic Leaded Chip Carrier,PLCC)

PLCC 封装属于表面粘贴式封装,塑料制品。其外形呈正方形,引脚从封装的四边侧面引出,呈 J 字形。PLCC 的外形尺寸比 DIP 封装小得多,具有安装占用空间小、可靠性高的优点。图 5-9 为 32 引脚的 PLCC 封装实例。

图 5-8　SOP16 封装　　　　　　　　　　　　　图 5-9　PLCC32 封装

4. 四边引线扁平封装（Quad Flat Package，QFP）

QFP 封装属于表面粘贴式封装，引脚从封装的四边侧面呈海鸥翼状（L 形）引出。引脚之间距离很小，引脚很细，一般在大规模或超大规模集成电路上采用这种封装形式。其外形尺寸较小，寄生参数小，因而适合高频应用。其操作方便，可靠性也高。封装材料有陶瓷、金属和塑料 3 种，其中塑料封装，即 PQFP 形式，相对应用更多一些。图 5-10 为 44 引脚的 PQFP 封装实例。

5. 薄型小外形封装（Thin Small Outline Package，TSOP）

TSOP 相比于 SOP 的最大区别是其厚度很薄，只有 1mm。其外观轻薄且小的封装特点，很适合高频使用，且有较强的可操作性和较高的可靠性。图 5-11 为 48 引脚的 TSOP 封装实例。

图 5-10　PQFP44 封装　　　　　　　　　　　　图 5-11　TSOP48 封装

6. 球栅阵列封装（Ball Grid Array Package，BGA）

BGA 封装是在封装体的底部制作阵列分布的圆形或柱状焊点，用作电路的 I/O 端，以与 PCB 连接。该封装的优点是虽然引脚数目增加，但引脚间距反而增大，提高了焊接的成品率；比 TSOP 有更小的体积和更好的散热性能；引线短，信号传输延迟小，使用频率高。图 5-12 为 225 引脚的 BGA 封装实例。

7. 芯片尺寸封装（Chip Size Package，CSP）

CSP 封装技术由日本三菱公司于 1994 年提出，其含义是封装尺寸与裸芯片的相同，或前者略大于后者。CSP 的结构与 BGA 基本一样，只是焊点直径和焊点中心间距更小。封装业界把 1mm 的焊接间距作为区分 CSP 和 BGA 的界限，小于 1mm 的为 CSP，大于 1mm 的为 BGA。与 BGA 相比，在相同封装尺寸时，CSP 有更多的 I/O 数量，封装芯片的容量是 BGA 的 3 倍。CSP 适应便携化和小型化的电子设备发展方向，有更好的电性能和热性能，以及更好的焊接、修正、安装等操作的适应性。图 5-13 为 504 引脚的 CSP 封装实例。

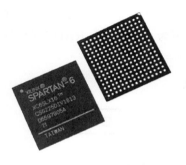
图 5-12 BGA225 封装

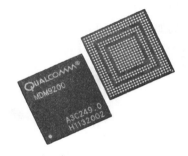
图 5-13 CSP504 封装

5.3.2 Altium Designer 中的元件封装

Altium Designer 中的元件封装(Footprint),与元件实体的封装(Package)不是一个概念。Altium Designer 中的元件封装,是在元件实物焊接到 PCB 上时,用作指示的元件外观图形和焊盘位置,即由元件的几何图形和焊盘两部分组成。封装的几何图形大体上限定了元件实物即将占用的 PCB 上的空间位置,焊盘则对应了元件的引脚,包括引脚的排列方式、引脚间距、引脚直径等。如果说元件符号是原理图构成的基础,那么封装则是 PCB 设计的基石。由于 PCB 设计中用到的封装只是空间的概念,所以不同的元件可以共用相同的封装,同一种元件也可用不同的封装。

电子元器件的 PCB 封装根据元器件在 PCB 上安装方式的不同,分为插入式封装和表面粘贴式封装两种。插入式(Through Hole Technology,THT)封装是安装时将元件的长引脚穿过 PCB 上焊盘中的孔洞,元件在 PCB 一侧,而将引脚焊在另一侧面上。表面粘贴式(Surface Mounted Technology,SMT)封装是安装时元件贴在 PCB 焊盘的表面进行焊接,焊盘中间没有孔洞,元件和引脚焊接在同一侧面。

下面介绍 Altium Designer 软件 PCB 设计中常用的一些基本元件对应的封装情况。如无特别说明均指的是插件封装。

1. 电阻(Resistor)元件

电阻是最常用的电路元件,如图 5-14 所示。Altium Designer 23 软件中其对应的封装形式为 AXIAL 系列,封装名称格式为 AXIAL-XXX。AXIAL 表示"轴状的"。XXX 为尺寸数字系列,包括 0.3、0.4、0.5、0.6、0.7、0.8、0.9 和 1.0,表示焊盘间距,单位为"英寸"(in),一般数值越大则元件形状越大。例如,AXIAL-0.4 表示元件封装为轴状、两焊盘间距 0.4 英寸。AXIAL-XXX 封装的图形样式如图 5-15 所示。

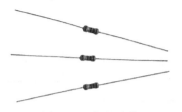
图 5-14 电阻元件

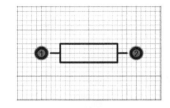
图 5-15 PCB 设计中的电阻封装

2. 电容(Capacitor)元件

电容元件有无极性电容和极性电容两种。

1)无极性电容

小电容值的电容元件一般是无极性的,插入式的无极性电容如图 5-16 所示。Altium Designer 23 软件中其对应的封装形式为 RAD 系列,封装名称格式为 RAD-XXX。XXX 为尺寸数值系列,包括 0.1、0.2、0.3、0.4,表示焊盘间距,单位为"英寸"(in),数值越大则元件电容值越大。例如 RAD-0.1,表示安装电容元件的焊盘间距为 0.1 英寸。RAD-XXX 封装的图形样式如图 5-17 所示。

图 5-16　无极性电容元件

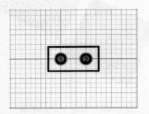

图 5-17　PCB 设计中的无极性电容封装

2) 极性电容

大电容值的电容元件一般是有极性的电解电容,如图 5-18 所示。Altium Designer 23 软件中其对应的封装形式为 RB 系列,封装名称格式为 RBXXX-XXX。中间的"-"前面的 XXX 为表示焊盘间距的数值,单位为"毫米"(mm);中间的"-"后面的 XXX 为表示电容元件本体外径尺寸的数值,单位也为"毫米"(mm)。Altium Designer 23 提供的 RB 系列封装只有 RB5-10.5 和 RB7.6-15 两种规格。RAD-XXX 封装的图形样式如图 5-19 所示。

图 5-18　电解电容元件

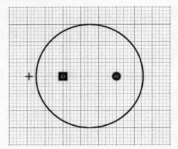

图 5-19　PCB 设计中的电解电容封装

3. 电位器(Potentiometer)元件

电位器实物的 3 个引脚分布有呈三角形的和呈"一"字形的两种,如图 5-20 所示。Altium Designer 23 软件中电位器元件对应的封装形式为 VR 系列,封装名称格式为 VRX。其中 X 为数字编号系列,包括数字 3、4 和 5。VR3 和 VR4 的 3 个焊盘分布呈三角形,VR5 的 3 个焊盘分布呈"一"字形。图 5-21 给出了 VRX 封装的两种图形样式,前者为 VR4,后者为 VR5。

图 5-20　电位器元件

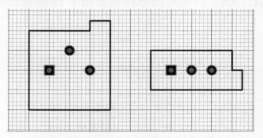

图 5-21　PCB 设计中的电位器封装

4. 二极管(Diode)元件

二极管就应用目的来看种类较多,封装形式也不一。

1) 整流二极管和开关二极管

如图 5-22 所示为常用的整流二极管(体积较大者,以 1N4007 为例)和开关二极管(体积较小者,以 1N4148 为例),在 Altium Designer 23 软件中默认对应的封装形式为 DO 系列。DO 系列封装的名称格式为 DO-XXX,XXX 为数值编号,有的编号中含有字母。图 5-23 给出了 DO 系列封装的图形样式,较粗的边线端和方形焊盘均用于表示二极管的负端。

图 5-22　整流二极管和开关二极管元件

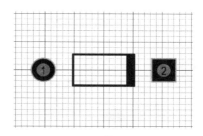

图 5-23　PCB 设计中的 DO 系列封装

2) 隧道二极管和稳压二极管

隧道二极管、稳压二极管(如图 5-24 所示)在 Altium Designer 23 软件中默认对应的封装形式为 DIODE 系列。DIODE 封装系列的名称格式为 DIODE-XXX,XXX 为尺寸数值系列的,包括 0.4、0.7,表示焊盘间距,单位为"英寸"(in)。数值越大则元件功率越大。图 5-25 给出了 DIODE 系列封装的一种图形样式,加竖线的一端为二极管的负端。

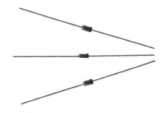

图 5-24　稳压二极管元件

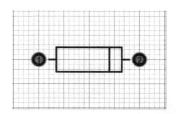

图 5-25　PCB 设计中的 DIODE 系列封装

3) 发光二极管

对于如图 5-26 所示的发光二极管,Altium Designer 23 软件中其对应的封装形式为 LED 系列,封装名称格式为 LED-X。X 为数值编号系列,包括数字 0 和 1。LED 封装系列的图形样式如图 5-27 所示,前者为 LED-0,后者为 LED-1。

图 5-26　发光二极管元件

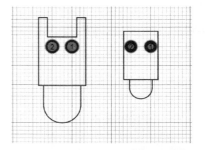

图 5-27　PCB 设计中的 LED 系列封装

5. 三极管(Transistor)元件

三极管有 3 个引脚,分别为 C 脚、B 脚和 E 脚。三极管有 NPN 型和 PNP 型两类,这两类元件在外形上并没有区别。三极管在 Altium Designer 23 软件中对应的封装形式为 TO 系列,封装名称格式为 TO-XXX,XXX 为数值编号,有的编号中含有字母,表示三极管的外形。就功率应用上来说,小功率的三极管与大功率的三极管外形有明显的区别,封装也不一样。

1）小功率三极管

常用的小功率三极管如图 5-28 所示，器件封装形式为 TO-92，器件本体为半圆柱形。在 Altium Designer 23 软件中对应的封装为 TO-92，如图 5-29 所示。

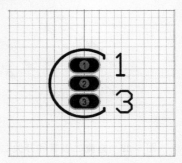

图 5-28　小功率三极管元件　　　　　图 5-29　PCB 设计中的 TO-92 封装

2）大功率三极管

大功率三极管本体较大，外形为长方体外加金属散热片。如图 5-30 所示，是一种常用的大功率三极管，其封装形式为 TO-220。在 Altium Designer 23 软件中提供对应可用的封装为 TO-220AB 和 TO-220-AB，如图 5-31 所示。

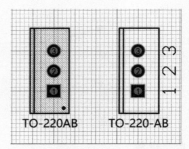

图 5-30　大功率三极管元件　　　图 5-31　PCB 设计中的 TO-220AB 与 TO-220-AB 封装

6. 集成电路（IC）元件

绝大多数的中小规模集成电路元件采用的是双列直插封装形式，只是引脚数目不一，如图 5-32 所示。Altium Designer 23 软件中其对应的封装形式为 DIP 系列，封装名称格式为 DIP-XXX。XXX 为数值系列，包括 4、6、8、12、14、16、18 等，表示引脚数。例如，DIP-14 表示双列直插引脚封装，共有 14 个引脚，引脚分布在芯片两侧，如图 5-33 所示。

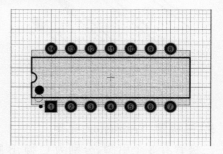

图 5-32　集成电路元件　　　　　图 5-33　PCB 设计中的 DIP-14 封装

7. 数码管（Digital Tube）元件

数码管是一种可以显示数字信息的电子元件。一位数码管有 10 个引脚，有左右两边分布和上下两边分布两种，实物如图 5-34 所示。相应地，在 Altium Designer 23 软件中提供的对应可用的封装分别为 A 和 H,如图 5-35 所示。

图 5-34 数码管元件

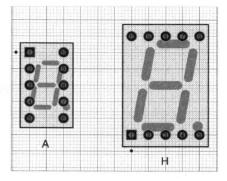

图 5-35 PCB 设计中的 A 与 H 封装

8. 排针(Pin Header)元件

排针是连接器的一种,广泛地用于 PCB 连接中。它在电路内被阻断处或不连通的电路之间起着传输电流、信号的作用,有"万用连接器"的别称。常用的排针有单排和双排两种,如图 5-36 所示。在 Altium Designer 23 软件中,排针对应的封装形式为 Header 系列。其中,单排针的封装名称格式为 Header XX,XX 为数值系列,表示针的数目;双排针的封装名称格式为 Header XX×2,XX 为数值系列,表示每排针的数目。例如,Header 5 表示单排针,针的数目为 5 个;Header 10×2 表示双排针,针的数目为 20 个,如图 5-37 所示。

图 5-36 排针元件

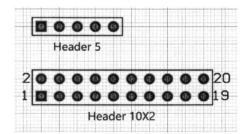

图 5-37 PCB 设计中的排针封装

5.4 PCB 设计的一般原则

PCB 设计是电路原理图设计的目标。好的电路原理图设计,是实现可靠、合格的 PCB 设计的前提。但是实践表明,即使电路原理图设计正确合理,如果 PCB 设计不当,也会对电子产品功能的实现产生不利的影响。因此,在进行 PCB 设计过程中,应遵循设计的一些原则,以确保电子产品功能的可靠性。

1. 合适的 PCB 尺寸

PCB 的大小要恰当,过大或过小均不合适。过大时虽然给元件的布局带来了一些方便,但导线长度加大,阻抗会增加,使电路的抗噪声能力下降,制造成本也会增加。过小时电路元件布局困难,散热性也不好,同时还会存在邻近电路之间相互干扰的问题,从而影响电子产品的性能。

2. 元件布局合理

PCB 设计中会用到众多元件。各元件除了要实现彼此之间的电气连接外,其空间布局还应该满足一定的要求,需要在合适尺寸的 PCB 上统筹考虑。对电路元件的布局,要考虑以下一些原则。

1）便于信号流通

按照电路电流/信号的走向依次安排各个电路功能模块的位置，使电流/信号尽可能保持一致的方向，以便于电路电流/信号的流通。

2）导线连接尽可能短

以每个电路功能模块的核心元件为中心，电气相关联的各个元件围绕核心元件就近进行布局。元件应整齐、紧凑地排列在 PCB 上。但是，对于数字电路系统对时序有严格要求的情况：如果需要信号接收端同步，要找出其中最长的那根走线，将其他相关走线调整到等长；如果需要得到一定的时间延迟，可以有意走出蛇形曲线，即延长走线长度。

3）符合散热要求

电子设备在工作时，总会有一部分电能转化成热能，这将使得电子元件的温度升高，而电子元件的正常工作是有温度上限要求的。因此，PCB 上电子元件的布局要考虑如下散热要求：

- 远离热源——对于热敏感元件的布局，要尽量远离热源，以避免高温影响这些元件的性能；
- 分散热源——尽量不要把发热元件放在一起；
- 利于散热——发热元件长度方向以便于气流流通为原则，即沿自由对流空气流动方向放置；发热元件尽量靠近 PCB 的边缘，以有利于缩短传热路径；给发热元件加装散热器或小风扇；发热元件安装时不紧贴 PCB，宜与 PCB 之间留一段距离；等等。

4）避免干扰

PCB 上的干扰包括多个方面，既有 PCB 内部各元件之间、元件与导线之间、导线与导线之间的干扰，也有外来的电磁干扰。就元件布局涉及的 PCB 内部干扰来说，做好以下几点可以避免一些干扰：

- 晶振、时钟发生器和 CPU 的时钟输入端尽量靠近，且远离其他干扰元件；
- 电流值变化大的电路尽量远离逻辑电路；
- 电位差较大的元件之间、元件和导线之间的距离要适当加大，以免放电引起元件损坏的意外故障。

5）便于安装与调试

考虑方便安装和调试的需要，布局元件还要考虑如下各方面：

- 同类元件尽量放在一起，方向一致，便于批量装配生产；
- PCB 边缘处的元件与 PCB 边缘保持一定的距离，以避免切割时损坏；
- 元件之间保持一定的距离；
- 对于电位器、可变电容、可调电感线圈、微动开关等可调元件，应考虑放置到 PCB 上易于调整操作的地方；
- 留出安装孔的位置用于固定 PCB；
- 在电路中重要的部位放置专门的测试点。

3. 布线合理

PCB 的布线要遵循一定的设计规则，这将在 7.5.1 节中详细介绍。

4. 配置退耦电容

PCB 设计的一个常规做法是在 PCB 的各个关键部位配置适当的退耦电容，以消除电路之间的寄生耦合，防止供电电路中形成的电流波动对电路的正常工作产生影响。退耦电容的一般配置原则是：

（1）电源输入端跨接 $10\sim100\mu\mathrm{F}$ 的电解电容。如有可能，接 $100\mu\mathrm{F}$ 以上的更好。

（2）每个集成电路芯片的电源和地之间配置一个 $0.01\sim0.1\mu\mathrm{F}$ 的瓷片电容，如遇印制电路板空隙不够，可每 $4\sim8$ 个芯片配置一个 $1\sim10\mu\mathrm{F}$ 的钽电容。

（3）对于抗噪声能力弱，但是关断时电流又变化大的器件，如 RAM、ROM 存储器件，应在器件的电源线和地线之间直接接入退耦电容。

（4）退耦电容的引线要尽可能短，尤其是高频旁路电容不能有引线。

5. 配置 RF 抑制电路

- 在继电器接点两端并接 RC 抑制电路，以减小电火花的影响。
- 在晶闸管两端并接 RC 抑制电路，以减小晶闸管产生的噪声。

6. 抑制电磁干扰

- 避免导线之间的寄生耦合。对于高频应用电路，布线应尽可能短；不同回路的信号线，尽量避免平行布设。
- 减小磁性元件对导线的干扰。要考虑扬声器、继电器等磁性元件的磁场方向，以尽量减少导线对磁力线的切割为原则。

（1）……啊啊……。
（2）……啊……。

……。
……。

（3）……啊……。

……。

……。

第6章　元件封装库和集成库的创建

CHAPTER 6

封装是元件在 PCB 设计中的体现形式。为了实现原理图向 PCB 图的转化，Altium Designer 软件在为用户进行原理图设计提供众多的元件供选用的同时，也提供了集成的封装。当用户根据需要自建原理图元件时，可以在软件的元件封装库中匹配相应的封装。由于新的电子元件不断出现伴随了新的元件封装形式不断出现，如果用户自造的原理图元件在 Altium Designer 软件自带的封装库中找不到对应的封装，就需要用户自己创建制作封装。同原理图库元件一样，元件的封装也不能单独存在。用户要制作封装，也要先创建一个封装库文件。元件集成库则是整合了元件的原理图符号、PCB 封装、仿真模型等信息的元件库。

微课视频

6.1　元件封装库编辑器

元件封装的制作，要在 Altium Designer 软件提供的元件封装制作环境，即元件封装库编辑器中进行。启用元件封装库编辑器的一个方法，是建立一个元件封装库文件。

6.1.1　元件封装库文件的创建与命名

元件封装库文件在 Altium Designer 中属于 3 级文件，其扩展名为.PcbLib。建立一个元件封装库文件，有 3 个途径。

（1）执行菜单命令创建："文件"（File）→"新的"（New）→"库"（Library），如图 4-1 所示。然后在弹出的 New Library 对话框的 File 选项卡中，选择 PCB Library 项，如图 6-1 所示。最后鼠标左键单击 Create 按钮。

（2）执行菜单命令创建："工程"（Project）→"添加新的…到工程"（Add New To Project）→PCB Library，如图 6-2 所示。

（3）从 Projects 面板上创建：将光标移到 Projects 面板中的扩展名为".PrjPCB"的工程名上，右击，在弹出的快捷菜单上依次选择"添加新的…到工程"（Add New to Project）→PCB Library，如图 6-3 所示。

执行上述 3 个操作方法中的任一个之后，即创建了一个默认名为 PcbLib1.PcbLib 的元件封装库文件，在 Projects 面板上的文件目录中可以找到该文件，它在当前启用的工程名录下，位置为 Libraries\PCB Library Documents\PcbLib1.PcbLib。如果要重新命名新建的元件封装库文件，其操作方法与原理图库文件的重命名方法类似。这里将新创建的元件封装库文件重命名为 My.PcbLib。

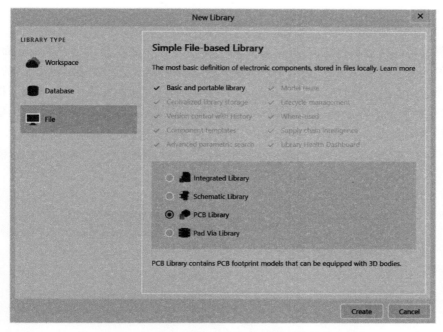

图 6-1　New Library 对话框中选择创建元件封装库文件

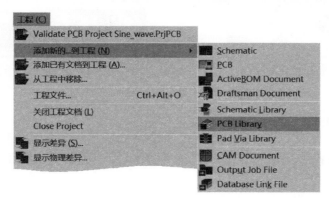

图 6-2　创建元件封装库"工程"菜单

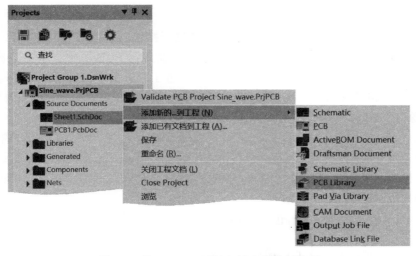

图 6-3　从 Projects 面板上创建元件封装库

6.1.2 元件封装库编辑器界面

在元件封装库文件被创建的同时，即启用了元件封装库编辑器。从 Projects 面板中打开一个既有的元件库封装库文件，也会启用元件封装库编辑器。元件封装库编辑器的工作界面如图 6-4 所示。该界面除包括与 3.1.1 节介绍过的菜单栏、面板标签区、面板控制按钮、文件标签区、状态栏类似的部分外，还包括 PCB Library 面板、元件封装图形编辑区、板层标签区、常用工具栏等部分。

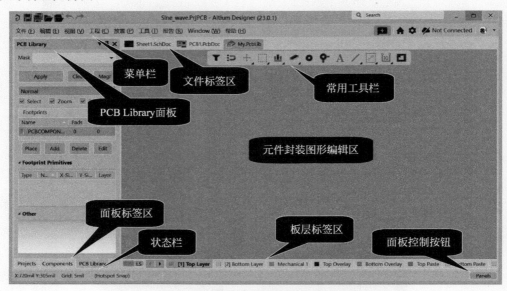

图 6-4　元件封装库编辑器的工作界面

1. PCB Library 面板

PCB Library 面板即 PCB（封装）库面板，如图 6-5 所示。该面板用于对元件封装进行管理，主要包括封装列表区、封装操作按钮区、封装构成列表区和封装预览区。

1）封装列表区

封装列表区给出了当前所打开的元件封装库文件中的所有封装，包括封装的 Name（名称）、Pads（焊盘）数、Primitives（构成组件）数。

2）封装操作按钮区

此区域有 4 个按钮，用于对封装列表区的封装进行操作。具体如下：

- "放置"（Place）按钮——用于将选中的某封装放置到 PCB 图中。单击该按钮，系统自动切换到 PCB 设计界面，进入将选定封装放置于打开的 PCB 编辑区状态。
- "添加"（Add）按钮——用于向该库文件中加入新的封装，并显示于封装列表区。
- "删除"（Delete）按钮——用于将选中的封装从该库文件中删除。
- "编辑"（Edit）按钮——用于打开选中封装的属性对话框。单击该按钮，或直接双击选中的元件，系统弹出"PCB 库封装"（PCB Library Footprint）对话框，如图 6-6 所示。此时可以对封装属性进行设置编辑，包括封装的"名称"（Name）、"高度"（Height）等。

3）封装构成列表区

该区给出了封装的组成列表，包括焊盘、线条及其尺寸和图层参数。

4）封装预览区

该区给出了封装列表区选中封装的图形结构。

图 6-5　PCB Library 面板

图 6-6　"PCB 库封装"对话框

2. 元件封装图形编辑区

元件封装图形编辑区即绘制编辑元件封装图形结构的区域。元件封装图形结构包括元件外形边框、焊盘和一些必要的注释。编辑区有一个坐标原点,通常绘制编辑元件封装图形结构时,会使编辑区原点位于元件封装图形的对称轴或对称中心上。

3. 板层标签区

板层即 PCB 设计中用到的工作图层。封装库的绘制工作中用得较多的是 Top Overlay 层。

4. 常用工具栏

该工具栏给出了绘制元件封装图形结构的部分放置图形命令快捷方式。单击某个图形按钮,即进入放置相应图元的状态,例如,放置焊盘⊙、放置过孔⊡、放置线条╱、放置字符串▲等。常用工具栏中的放置图元的命令,都可以在"放置"(Place)菜单的下拉菜单中找到对应的命令,如图 6-7 所示。但是,绘制封装的"放置"(Place)菜单中还有更多的绘制图元的命令,例如"圆"(Full Circle)和"圆弧"(Arc)。

图 6-7　绘制封装
菜单命令

6.2　元件封装的创建

创建元件封装,有 3 种方法:利用元件封装向导制作、新建绘制和复制绘制。

6.2.1　利用元件封装向导制作元件封装

创建元件封装的一个快捷方法,是在打开的元件封装编辑器中,利用 Altium Designer 软件提供的元件封装向导,按照向导的提示逐步设置封装的规则参数,最后生成元件封装。该方法适用于标准的 PCB 元件封装制作。

下面以制作如图 6-8 所示的超声波传感器的 PCB 封装为例,介绍利用元件封装向导制作元件封装的方法。TT110 超声波传感器的物理尺寸见表 6-1。

图 6-8　超声波传感器

表 6-1　TT110 超声波传感器参数

项目	标称频率	最高电压	高	外径	引脚间距	引脚直径
单位	kHz	V	mm	mm	mm	mm
数值	40 ± 1.0	80	12	16	10	1 ± 0.1

(1) 执行菜单命令"工具"(Tools)→"元器件向导"(Footprint Wizard),如图 6-9 所示;或在 PCB Library 面板的封装列表区右击,在弹出的快捷菜单中选择 Footprint Wizard 命令,如图 6-10 所示。系统随即弹出元件封装向导启用界面,如图 6-11 所示。

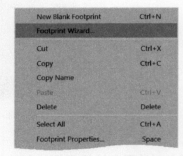

图 6-9　启用封装向导菜单命令　　　　图 6-10　启用封装向导右键菜单命令

图 6-11　封装向导启用界面

（2）单击 Next 按钮，进入封装模型类别和单位选择对话框，如图 6-12 所示。

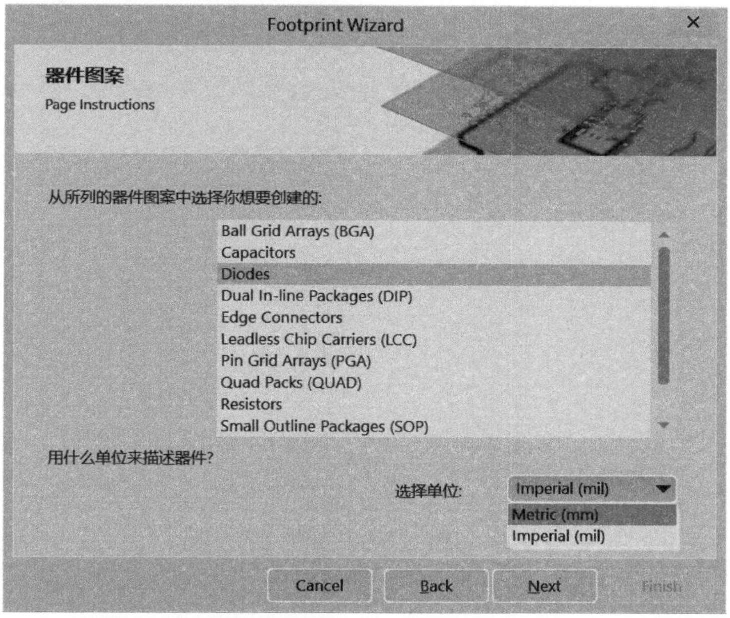

图 6-12　封装模型类别和单位选择对话框

该对话框中给出了 12 种封装模型供选用：

- Ball Grid Arrays（BGA）——球栅阵列型封装。
- Capacitors——电容型封装，有直插式和贴片式两种选项。
- Diodes——二极管型封装，有直插式和贴片式两种选项。
- Dual In-line Packages（DIP）——双列直插型封装。
- Edge Connectors——边缘连接的接插件型封装。
- Leadless Chip Carriers（LCC）——无引线芯片载体型封装，贴片式，引脚紧贴于芯片本体，在芯片底部向内弯曲。
- Pin Grid Arrays（PGA）——插针栅格阵列式封装，直插型，引脚从芯片底部垂直引出，在芯片底部呈阵列状排列。
- Quad Packs（QUAD）——方阵贴片式封装，类同 LCC，但引脚向外伸展。
- Resistors——电阻型封装，有直插式和贴片式两种选项。
- Small Outline Packages（SOP）——小外形封装，贴片式。
- Staggered Ball Grid Arrays（SBGA）——交错的球栅阵列型封装。
- Staggered Pin Grid Arrays（SPGA）——交错的插针栅格阵列式封装。

该对话框的"选择单位"（Select a unit）栏，有 Metric（公制）和 Imperial（英制）两个选项，用于封装尺寸单位的选择。

此处选择电容封装类型，单位选择公制。

（3）单击 Next 按钮，进入封装直插/贴片式选择对话框，如图 6-13 所示。该对话框提供了 Through Hole（直插）和 Surface Mount（贴片）式两种电路板技术供用户选用。此处选择直插式。

（4）单击 Next 按钮，进入焊盘尺寸设置对话框，如图 6-14 所示。此处根据表 6-1 所示的电子元件超声波传感器的参数，将焊盘的孔径由 0.7mm 改为 1.3mm，外径由 1.2mm 改为 2.3mm。

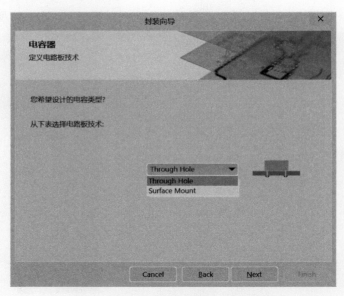

图 6-13　封装直插/贴片式选择对话框

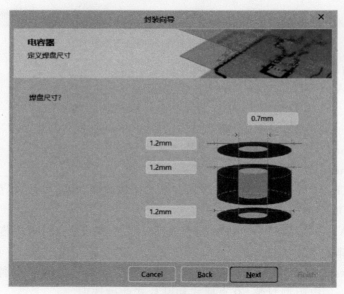

图 6-14　焊盘尺寸设置对话框

（5）单击 Next 按钮，进入焊盘间距设置对话框，如图 6-15 所示。此处根据表 6-1 所示的电子元件超声波传感器的参数，将焊盘间距由 12.6mm 改为 10mm。

（6）单击 Next 按钮，进入封装外框定义对话框，如图 6-16 所示。封装外框定义包括两部分：一是"选择电容极性"（Choose the capacitor's polarity），二是"选择电容的装配样式"（Choose the capacitor's mounting style）。

由于超声波传感器有极性，所以此处"选择电容极性"栏选用 Polarised。

"选择电容的装配样式"栏有 Axial 和 Radial 两个选项，此处选择 Radial，对话框中随即增加"选择电容的几何形状"（Choose the capacitor's geometry）栏，里面给出了电容外框的 3 种形状选项，分别为 Circle（圆形）、Oval（椭圆形）和 Rectangle（矩形），如图 6-17 所示。此处选择 Circle。

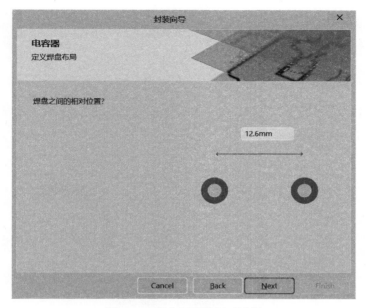

图 6-15 焊盘间距设置对话框

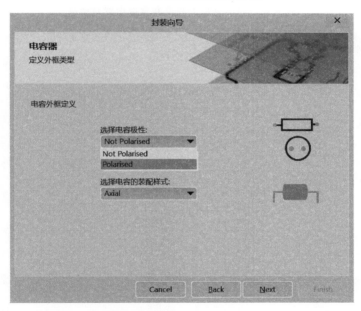

图 6-16 封装外框定义对话框

（7）单击 Next 按钮，进入封装外框的高度和宽度设置对话框，如图 6-18 所示。此处根据表 6-1 所示的电子元件超声波传感器的参数，将封装外框的高度，即圆形半径由系统默认值 15.2mm 改为 8mm，外框线宽度由系统默认值 0.2mm 改为 0.25mm。

（8）单击 Next 按钮，进入封装名称设置对话框，如图 6-19 所示。此处将"电容器名称"（What name should the capacitor have）文本框的内容修改为 ULTRAS。

图 6-17 电容的装配样式和几何形状选择

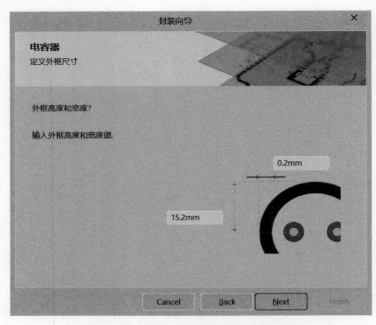

图 6-18　封装外框的高度和宽度设置对话框

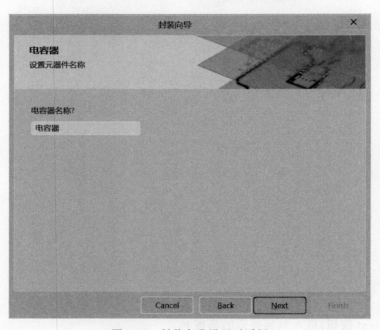

图 6-19　封装名称设置对话框

（9）单击 Next 按钮，进入封装向导结束界面，如图 6-20 所示。

（10）单击 Finish 按钮，结束封装向导，完成电容类封装的制作。随即在元件封装图形编辑区显示刚刚制作的封装，如图 6-21 所示。同时，在 PCB Library 面板的封装列表区会显示新建封装的名字 ULTRAS。

☺小贴士 23　封装焊盘设计的建议

对于插件焊盘，一般用方块形焊盘表示正端。焊盘直径 D_P 与焊盘孔径 D_H 尺寸的设定，一般要与元件引脚直径 D_0 满足如下关系：

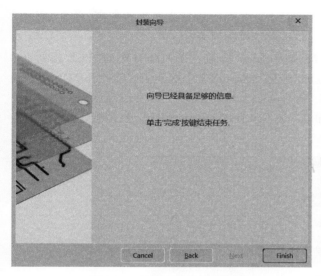

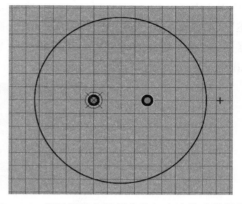

图 6-20　封装向导结束界面　　　　　　图 6-21　利用封装向导制作的超声波传感器封装

D_0	D_H	D_H	D_P
≤40mil	D_0+8mil	≤24mil	≥D_H+16mil
40～80mil	D_0+12mil	24～40mil	≥D_H+32mil
≥80mil	D_0+16mil	≥40mil	≥D_H+40mil

对于贴片元件的焊盘,焊盘尺寸一般要比元件可焊接部分大,以便留有余量。其中:

(1) 对于翼形引脚,焊盘尺寸相比于引脚可焊接部分,内、外侧余量为 12～40mil,侧边余量为 0～8mil;

(2) 对于无引脚延伸型元件,焊盘在可焊接长度方向余量外侧为 12～40mil、内侧为 4～24mil,侧边余量为 0～8mil。

6.2.2　新建绘制元件封装

如果元件封装的结构不标准,则不方便用封装向导制作,此时用户可以利用新建绘制的方法来制作,该方法也称自定义制作元件封装。

在元件封装编辑环境中,新建绘制元件封装的一般步骤是:新建封装、确定尺寸单位、设置栅格参数、放置焊盘操作、绘制外形轮廓、放置字符说明(如果有)共 6 步。

下面以如图 6-22 所示的驻极体话筒为例,介绍新建绘制元件封装的方法。

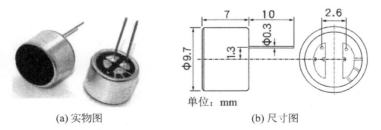

(a) 实物图　　　　　　　　　　(b) 尺寸图

图 6-22　驻极体话筒

1. 新建封装

如果是新创建一个封装库文件,则封装库文件建成后,系统自动在 PCB Library 面板的封装列表区添加一个名为 PCBCOMPONENT_1 的封装。此时显示此封装图形的元件封装图形编辑区是空白的，如图 6-4 所示。也可以在如图 6-5 中所示的封装操作按钮区，单击"添加"（Add）按钮，向封装库文件中加入新的封装，并显示于封装列表区。

在封装列表区选中新建的封装，单击"编辑"（Edit）按钮。在系统弹出的"PCB 库封装"（PCB Library Footprint）对话框中，将封装的"名称"（Name）文本框的内容修改为 MIC，在"描述"（Description）文本框输入"Microphone"，如图 6-23 所示，"高度"（Height）文本框的内容根据图 6-22 中所示参数修改为 276mil。单击"确定"（OK）按钮，关闭"PCB 库封装"（PCB Library Footprint）对话框。

图 6-23　驻极体话筒 PCB 库封装属性设置对话框

2. 确定尺寸单位

在元件封装图形编辑区中绘制封装图形之前，应将软件系统使用的尺寸单位与元件结构的尺寸单位设置为一致。软件系统有英制 mil 和公制 mm 两种单位，默认使用的是 mil。此处执行菜单命令"视图"（View）→"切换单位"（Toggle Units），改用公制单位 mm。

3. 设置栅格参数

按下 Ctrl＋G 键，弹出用于栅格设置的 Cartesian Grid Editor 对话框，将对话框中的"步进（X）"（Step X）栏设置为 0.1mm，"倍增"（Multiplier）栏选择 10 倍，"精细"（Fine）和"粗糙"（Coarse）栅格线均选择 Lines，如图 6-24 所示。单击"确定"（OK）按钮，关闭栅格参数设置对话框。

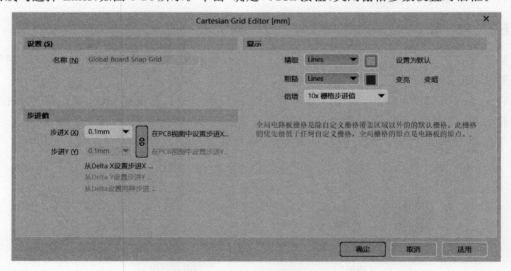

图 6-24　栅格参数设置对话框

4. 放置焊盘操作

1）放置焊盘

执行菜单命令"放置"（Place）→"焊盘"（Pad），参见图 6-7，或单击常用工具栏中的放置焊盘图标按钮◉，光标变成绿色"十"字形并带着一个焊盘符号，进入放置焊盘状态，如图 6-25（a）

所示。在元件封装编辑区任一位置单击,放置一个焊盘,移动光标至另一位置单击,放置另一个焊盘。右击,退出放置焊盘状态。放置的 2 个焊盘如图 6-25(b)所示。

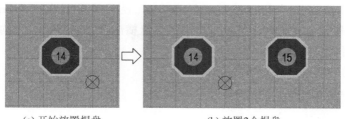

(a) 开始放置焊盘　　　　　　　(b) 放置2个焊盘

图 6-25　放置焊盘示意图

2)编辑焊盘属性

双击其中的一个焊盘,弹出焊盘属性对话框,如图 6-26～图 6-28 所示。

(1)图 6-26 所示的对话框为 Properties 选项区。

上部用于设置焊盘的一般属性,此处将 Designator 文本框的焊盘编号设置为"1";下部用于设置焊盘的坐标位置和放置角度,此处将"(X/Y)"文本框的坐标参数设置为(2.6mm,0mm)。

(2)图 6-27 所示的对话框为 Pad Stack 选项区。

上部用于设置焊盘的尺寸和形状。其中,Shape 栏下拉菜单给出了定义焊盘形状的 4 个选项,分别是 Round(圆形)、Rectangle(矩形)、Octagonal(八边形)和 Rounded Rectangle(圆角矩形)。此处选择 Rectangle,表示该焊盘用作正端,并根据图 6-22 所示的尺寸参数,将随后的"(X/Y)"文本框的焊盘横向尺寸和纵向尺寸均设置为 1.2mm。

下部用于设置焊盘中心孔的属性。此处根据图 6-22 所示的尺寸参数,将 Hole Size 文本框的孔径尺寸由 0.762mm 改为 0.6mm。

图 6-26　焊盘属性的 Properties 选项区

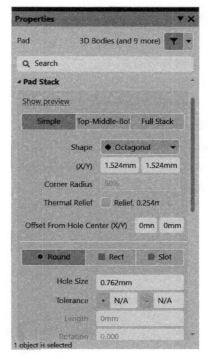

图 6-27　焊盘属性的 Pad Stack 选项区

（3）其他参数如图 6-28 所示，采用系统默认的设置。

单击另一个焊盘，参照上述的方法设置焊盘属性：根据图 6-22 所示的尺寸参数，将焊盘的坐标参数设置为（0mm，0mm）；焊盘编号设置为 2；孔径尺寸设置为 0.6mm；焊盘形状选择 Round（圆形）；根据图 6-22 所示的尺寸参数，将焊盘横向尺寸和纵向尺寸均设置为 1.2mm。

其他参数采用系统默认的设置。

属性编辑后的焊盘形状及位置如图 6-29 所示。

图 6-28　焊盘属性的其他选项区

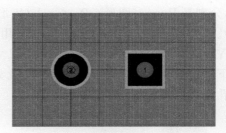

图 6-29　属性编辑后的焊盘

5. 绘制外形轮廓

（1）单击板层标签区中的 Top Overlay，将顶层丝印层设置为当前工作层。

（2）执行菜单命令"放置"（Place）→"圆"（Full Circle），参见图 6-7，光标变成绿色"十"字形并带着一个圆符号，进入放置圆环状态。根据图 6-22 所示的尺寸参数，将光标移至坐标为（1.3mm，−1.3mm）处，如图 6-30（a）所示，也可放置任意位置，然后单击，确定圆环的中心位置。移动光标离开圆心，拖动圆环逐渐放大，至任意尺寸，如图 6-30（b）所示，单击，确定圆环半径。右击，退出放置圆环状态。

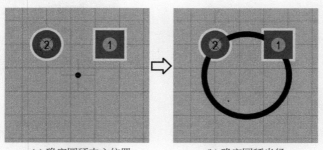

(a) 确定圆环中心位置　　　　　　(b) 确定圆环半径

图 6-30　放置圆形外框示意图

（3）双击圆环，弹出圆环属性对话框，如图 6-31 所示。

对话框的 Location 选项区用于设置圆环中心的坐标位置。此时"（X/Y）"文本框的坐标参数设置为（1.3mm，−1.3mm）。若放置圆环时中心位置是任意的，则根据图 6-22 所示的尺寸参数，此处要修改为（1.3mm，−1.3mm）。

对话框的 Properties 选项区用于设置圆环的一般属性。Layer 栏用于设置圆环所在的层，此时为 Top Overlay。若放置圆环时没有将 Top Overlay 设置为当前工作层，可通过 Layer 栏的下拉菜单选定 Top Overlay。

下面的 Width、Radius、Start Angle 和 End Angle 文本框分别用于设置圆弧的线宽、半径、起始角度、终止角度。因为放置的是个圆环，所以此处圆弧起始角度和终止角度相差正好为 360°。根据图 6-22 所示的尺寸参数，此处将 Radius 文本框的圆环半径设置为 4.85mm。

其他参数采用系统默认的设置。

圆环属性编辑好后，即完成了驻极体话筒封装的制作，如图 6-32 所示。

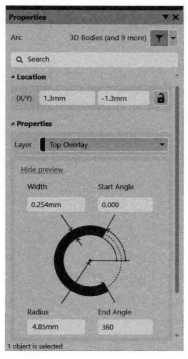

图 6-31 圆环属性对话框

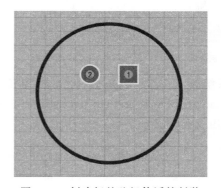

图 6-32 创建好的驻极体话筒封装

最后，在 Projects 面板中，右击文件 My. PcbLib，在弹出的快捷菜单中选择"保存"（Save），或执行菜单命令"文件"（File）→"保存"（Save），或单击桌面左上角的"保存活动文档"（Save Active Document）按钮，保存新创建好的封装。

6.2.3 复制绘制元件封装

复制绘制元件封装，即在 Altium Designer 软件系统提供的元件封装库中已有的某个封装基础上，通过适当修改，进行新的元件封装的制作。

在元件封装编辑环境中，复制绘制元件封装的一般步骤是：解压源文件、复制库封装、重新命名封装、修改封装图形共 4 步。

下面仍以如图 6-22 所示的驻极体话筒为例，介绍复制绘制元件封装的方法。

1. 解压源文件

根据驻极体话筒的外观，在 Altium Designer 软件提供的集成库文件 Miscellaneous Devices. IntLib 中，有 RB5-10.5 封装的图形（见图 6-33）与其相似。新封装的复制绘制，将以既有的封装 RB5-10.5 为基础。

1）添加已有的解压文件到工程

如果用户的 Altium Designer 软件已经按 4.2.2 节所述的解压源文件操作方法，对集成库文件 Miscellaneous Connectors. IntLib 进行解压操作，则用户的计算机中将存在解压的封装库文件 Miscellaneous Devices. PcbLib，其位置在用户安装 Altium Designer 软件的文件夹中，例如，C: \ Users \ Public \ Documents \ Altium \ AD23 \ Library \ Miscellaneous Devices \ Miscellaneous Devices. PcbLib。这时，右击 Projects 面板中的扩展名为 .PrjPCB 的文件名，在弹出的快捷菜单中选择"添加已有文档到工程"（Add Existing to Project）命令，如图 6-34 所示。

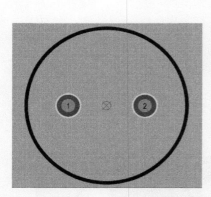

图 6-33　集成库中 RB5-10.5 封装的图形

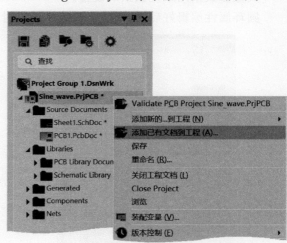

图 6-34　添加已有文档到工程命令

系统随即弹出添加已有文档到工程对话框，找到计算机中存在的封装库文件 Miscellaneous Devices. PcbLib，如图 6-35 所示。单击"打开"按钮，将 Miscellaneous Devices . PcbLib 文件添加到 Project 面板中。

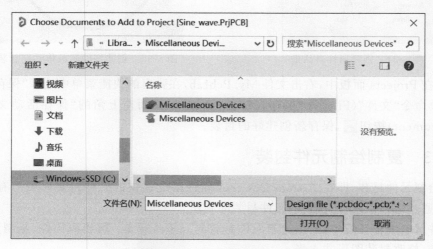

图 6-35　添加已有文档到工程对话框

2）解压源文件

如果用户的 Altium Designer 软件还没有对集成库文件 Miscellaneous Connectors. IntLib 进行过解压操作,则可按 4.2.2 节中所述的解压源文件操作方法,对集成库文件 Miscellaneous Connectors. IntLib 进行解压。

接下来介绍另一种解压源文件的方法,其操作步骤如下:

（1）右击 Projects 面板中的扩展名为.PrjPCB 的文件名,在弹出的快捷菜单中选择"添加已有文档到工程"（Add Existing to Project）,如图 6-34 所示。在系统随即弹出的添加已有文档到工程对话框中,按照路径 C:\Users\Public\Documents\Altium\AD23\Library 打开 Library 文件夹,如图 6-36 所示。

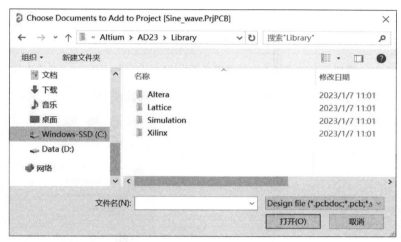

图 6-36　添加已有文档到工程对话框中打开 Library 文件夹

（2）在对话框右下部文档扩展名下拉菜单中,将系统默认的 Design file 类改为 Library file,如图 6-37 所示。

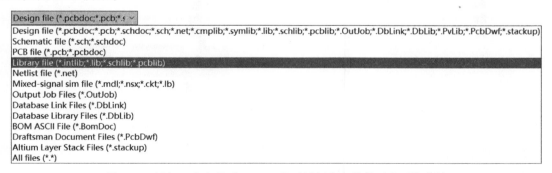

图 6-37　添加已有文档到 PCB 工程对话框中文件扩展名下拉菜单

对话框中随即显示 Library 文件夹中存在的两个集成库。选中 Miscellaneous Devices . IntLib 文件,如图 6-38 所示。

（3）单击"打开"按钮,对话框关闭,同时 Projects 面板中 Libraries 文件夹内新添加了 Compiled Libraries 文件夹,内含 Miscellaneous Devices. IntLib 文件,如图 6-39 所示。

（4）连续双击 Projects 面板中的 Miscellaneous Devices. IntLib 文件名,系统对该集成库文件进行解压,解压得到 Miscellaneous Devices. LibPkg 工程文件,并自动添加到 Projects 面板中,如图 6-40 所示。该工程中有解压的封装库文件 Miscellaneous Devices. PcbLib。

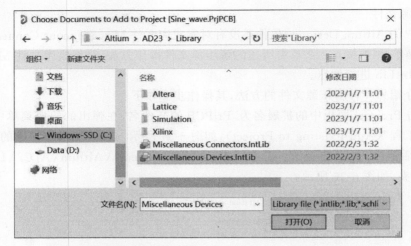

图 6-38　添加已有文档到工程对话框中选中 Miscellaneous Devices. IntLib 文件

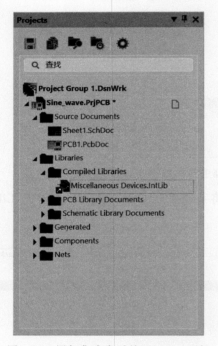

图 6-39　添加集成库后的 Projects 面板

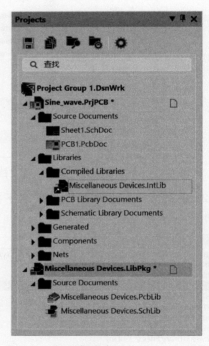

图 6-40　解压集成库后的 Projects 面板

2. 复制库封装

复制库封装包括以下步骤：

（1）在 Projects 面板上，双击封装库文件名 Miscellaneous Devices. PcbLib，打开此文件。

（2）激活 PCB Library 面板，在 Miscellaneous Devices. PcbLib 文件的封装列表区中，找到封装 RB5-10.5，选中。右击，在弹出的快捷菜单中选中 Copy 命令，单击确认，如图 6-41 所示。

（3）激活自建的封装库文件 My. PcbLib，PCB Library 面板转为 My. PcbLib 文件的库封装列表。光标移至库封装列表区内，右击，在弹出的快捷菜单中选中 Paste 1 Components，单击确认，如图 6-42 所示。元件封装列表区内即显示复制过来的封装 RB5-10.5，同时元件封装图形编辑区显示该封装的图形，如图 6-43 所示。

图 6-41　PCB Library 面板上复制封装

图 6-42　PCB Library 面板上粘贴封装

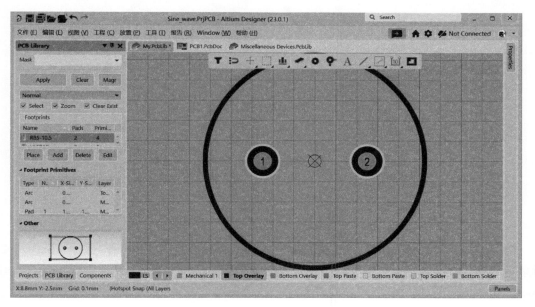

图 6-43　完成元件封装的复制

3. 重新命名封装

按照 6.2.2 节第 1 步中介绍的方法,通过"PCB 库封装"(PCB Library Footprint)对话框,将封装名 RB5-10.5 修改为 MIC2。同时,在"描述"(Description)文本框输入 Microphone,将"高度"(Height)文本框的内容修改为 276mil。

4. 修改封装图形

结合元件的实际图形结构,对复制的封装图形,一般要对其焊盘和外形轮廓进行必要的修改,以符合自己的需要。

1) 编辑焊盘属性

按照 6.2.2 节第 4 步介绍的编辑焊盘属性的方法,根据图 6-22 所示的尺寸参数,在焊盘属性对话框中,分别对两个焊盘的属性进行编辑修改:右边焊盘编号改为 1,焊盘的坐标参数改为（＋1.3mm，0mm），焊盘中心孔的孔径尺寸改为 0.6mm，焊盘的形状改为矩形，焊盘的横向尺寸和纵向尺寸均改为 1.2mm；左边焊盘编号改为 2，焊盘的坐标参数改为（－1.3mm，0mm），焊盘中心孔的孔径尺寸改为 0.6mm，焊盘的横向尺寸和纵向尺寸均改为 1.2mm。

焊盘的其他参数采用系统默认的设置。

2）编辑外形轮廓

按照 6.2.2 节第 5 步介绍的编辑圆环属性的方法，根据图 6-22 所示的尺寸参数，在圆环属性对话框中，对封装的外形轮廓属性进行编辑修改：圆环中心的坐标修改为（0mm，－1.3mm）；圆环的半径修改为 4.85mm。同时，对 Mechanical 1 图层的圆环参数做同样的修改。

其他参数采用系统默认的设置。

修改后的元件封装如图 6-44 所示。

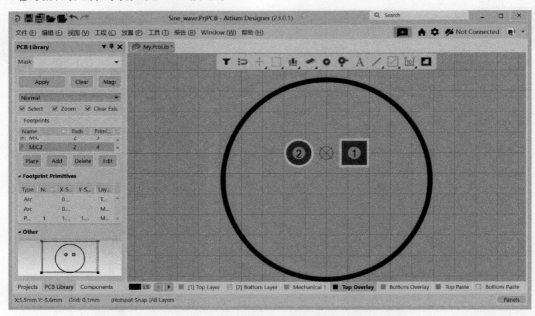

图 6-44　完成元件封装的修改

最后，在 Projects 面板中，右击文件 My.PcbLib，在弹出的菜单中选择"保存"（Save），或执行菜单命令"文件"（File）→"保存"（Save），或单击桌面左上角的"保存活动文档"（Save Active Document）按钮，保存新创建好的封装。

6.3　元件集成库的创建

元件集成库是包含元件的原理图符号、PCB 封装、仿真模型等信息的有机集合体，它为用户进行电路板设计时加载元件信息提供了方便。元件集成库文件在 Altium Designer 中属于 3 级文件，其扩展名为.IntLib。元件集成库是在元件的原理图库和封装库的基础上创建的，创建过程包括创建元件集成库工程、集成库工程添加源文件和集成库工程的编译 3 个环节。

6.3.1　元件集成库工程的创建与命名

（1）执行菜单命令创建："文件"（File）→"新的"（New）→"库"（Library），如图 4-1 所示。

然后在弹出的 New Library 对话框的 File 选项卡中,选择 Integrated Library 项,如图 6-45 所示。最后单击 Create 按钮,系统随即产生一个默认名为 Integrated_Library1. LibPkg 的元件集成库工程文件,在 Projects 面板上的文件目录中可以找到该文件,它在当前的工作空间中,如图 6-46 所示。

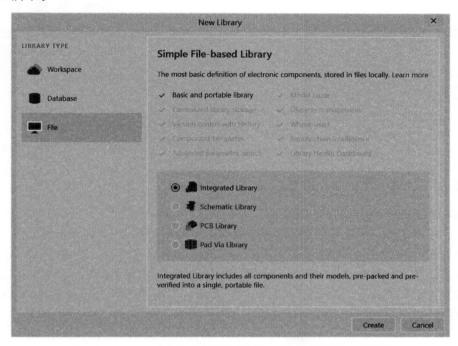

图 6-45　New Library 对话框中选择创建元件集成库工程文件

(2) 如果要保存新建的元件集成库工程文件,先选中 Projects 面板上的元件集成库工程文件 Integrated_Library1. LibPkg,然后执行菜单命令"文件"(File)→"保存工程为"(Save Project As);或右击 Projects 面板上的元件集成库工程文件名 Integrated_Library1. LibPkg,在弹出的如图 6-47 所示的菜单中选择"保存"(Save)命令。

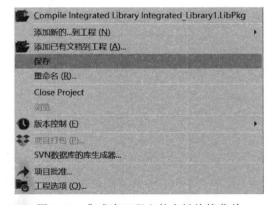

图 6-46　集成库工程文件 Integrated_Library1. LibPkg　　图 6-47　集成库工程文件右键快捷菜单

(3) 系统随即弹出保存集成库工程对话框。在弹出的对话框中,先选择保存位置,再将工程文件名重新修改为 My,如图 6-48 所示。然后单击"保存"按钮确认。修改后的集成库工程文件名在 Projects 面板上的显示状态如图 6-49 所示。

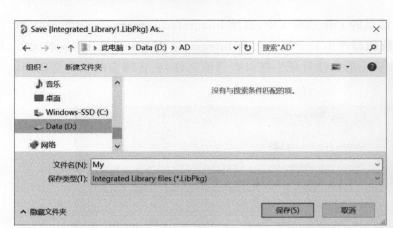

图 6-48　集成库工程 Save As 对话框

图 6-49　集成库工程 My. LibPkg

6.3.2　元件集成库工程添加源文件

1. 添加原理图元件库

（1）右击 Projects 面板上的元件集成库工程文件名 My. LibPkg，在弹出的如图 6-47 所示的菜单中选择"添加已有文档到工程"（Add Existing to Project）命令；或先选中 Projects 面板上的元件集成库工程文件名 My. LibPkg，然后执行菜单命令"项目"（Project）→"添加已有文档到工程"（Add Existing to Project），如图 6-50 所示。系统随即弹出添加文件到集成库工程对话框，在对话框中找到待添加文档所在的文件夹，如图 6-51 所示。

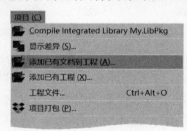

图 6-50　"添加已有文档到工程"菜单命令

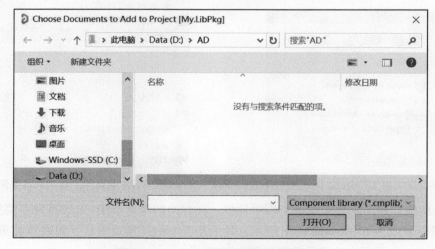

图 6-51　添加文件到集成库工程对话框

（2）在对话框右下部文档扩展名下拉菜单中，将系统默认的 Component library 改为 Schematic library，如图 6-52 所示。

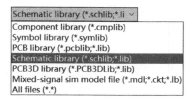

图 6-52　添加文件到集成库工程对话框中的文件扩展名下拉菜单

对话框中随即显示 AD 文件夹中存在原理图元件库文件 My.schlib，选中该文件，如图 6-53 所示。

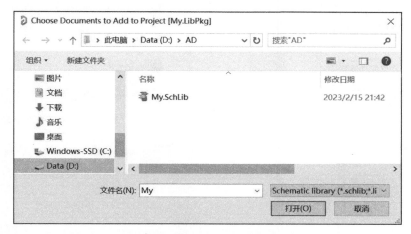

图 6-53　添加原理图元件库文件到集成库工程对话框

（3）单击"打开"按钮，对话框关闭，同时 Projects 面板中 My.LibPkg 工程中新添加了 Source Documents 文件夹，内含新添加的 My.SchLib 文件，如图 6-54 所示。

2. 添加其他文件

集成库工程中添加 PCB 封装库、仿真模型等的方法，与上述添加原理图元件库的方法类似，仅有少许区别。例如，添加 PCB 封装库，区别在于："（2）"项中在对话框右下部文档扩展名下拉菜单中，选择 PCB Library 类，并在对话框中选择 PCB 封装库文件 My.PcbLib。集成库工程添加了 PCB 封装的结果如图 6-55 所示。

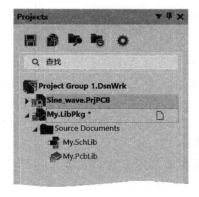

图 6-54　集成库工程添加 My.SchLib 文件　　　图 6-55　集成库工程添加 My.PcbLib 文件

6.3.3 元件集成库工程的编译

1. 元件集成库工程编译输出路径的设置

要设置元件集成库工程编译的输出路径，即编译后生成的集成库输出位置，可按如下操作步骤进行：

（1）右击 Projects 面板上的元件集成库工程文件 My. LibPkg，在弹出的快捷菜单中选择"工程选项"（Project Options）命令，如图 6-56 所示；或者先选中 Projects 面板上的元件集成库工程文件 My. LibPkg，然后执行菜单命令"项目"（Project）→"工程选项"（Project Options），如图 6-57 所示。系统随即弹出集成库选项对话框，如图 6-58 所示。

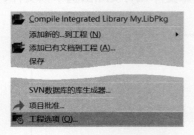

图 6-56　集成库工程选项右键菜单命令

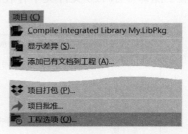

图 6-57　集成库工程选项菜单命令

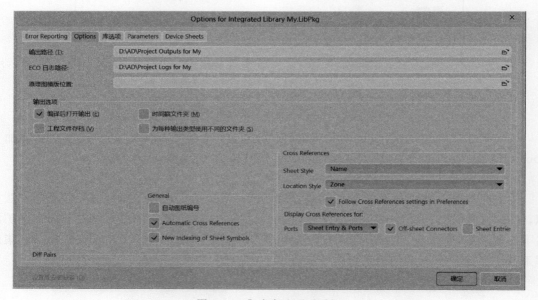

图 6-58　集成库选项对话框

（2）在集成库选项对话框的 Options 选项卡中，单击"输出路径"（Output Path）栏后面的按钮，系统随即弹出集成库工程编译输出路径设置对话框，如图 6-59 所示。从中可以设置集成库工程编译后生成集成库的输出位置。

此处选择生成的集成库输出位置，在计算机中与要进行编译的集成库工程 My. LibPkg 文件的位置是一样的。

2. 元件集成库工程的编译

启用元件集成库工程编译过程的途径有两种：

（1）右击 Projects 面板上的元件集成库工程文件 My. LibPkg，在弹出的快捷菜单中选择 Compile Integrated Library My. LibPkg 命令，如图 6-60 所示。

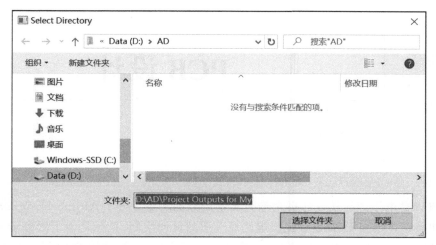

图 6-59　集成库工程编译输出路径设置对话框

（2）先选中 Projects 面板上的元件集成库工程文件 My. LibPkg，然后执行菜单命令"项目"（Project）→Compile Integrated Library My. LibPkg，如图 6-61 所示。

图 6-60　编译元件集成库工程右键菜单命令　　图 6-61　编译元件集成库工程菜单命令

执行上述两个操作方法中的任一个之后，系统开始对元件集成库工程中的源文件进行编译，编译过程中会在弹出的消息提示框中给出所有的错误和警告信息，供用户参考以修正源文件中的所有错误，然后再次编译元件集成库工程。

☺小贴士 24　元件集成库的维护

元件集成库类似于 Windows 中的压缩文件，不能直接编辑修改。要修改维护元件集成库，就要先"解压"元件集成库。按照 4.2.2 节第 2 部分所述，或 6.2.3 节第 1 部分第 2）条所述的方法，先由元件集成库文件生成与之主名相同的集成库工程，然后编辑集成库工程中的源文件。最后重新编译集成库工程，即可得到修改过的元件集成库。

第7章 CHAPTER 7	PCB 设计

PCB 设计是电子产品从设计概念走向实物产品的关键一步。Altium Designer 软件最强大的一个功能就体现在 PCB 设计上。电路原理图的设计绘制,目标是为了服务于 PCB 设计。在电路原理图绘制工作完成的基础上,通常 Altium Designer 软件的 PCB 设计步骤一般包括设置图纸属性、导入原理图数据到 PCB、元件布局和布线、检查与手工调整,以及放置泪滴和铺铜等后续操作。

微课视频

7.1 PCB 编辑器

PCB 的设计工作,要在 PCB 编辑环境下,即在 PCB 编辑器中进行。也就是说,PCB 的设计是从启用 PCB 编辑器开始的。

7.1.1 PCB 编辑器界面

按照 2.2.2 节第 2 部分所述的方法,新创建一个空白的 PCB 文件 PCB1.PcbDoc,系统随即打开该 PCB 文件,同时进入 PCB 编辑环境,即启用了 PCB 编辑器。PCB 编辑器工作界面如图 7-1 所示。该界面除了与 3.1.1 节介绍过的菜单栏、面板标签区、面板控制按钮、文件标签区、状态栏、Components 面板类似的部分以外,还包括 PCB 编辑区、板层标签区、常用工具栏、应用工具栏等部分。

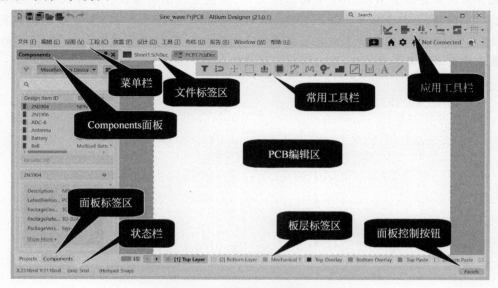

图 7-1 PCB 编辑器工作界面

PCB 编辑器工作界面的部分组成项目说明如下。

1. Components 面板

PCB 编辑环境中的 Components 面板,与原理图编辑环境中的 Components 面板内容一样。有关 Components 面板的一些操作,包括面板的打开、元件库的启用与移除、元件的放置等,也与原理图编辑环境中的 Components 面板基本一样,有关内容可参考 3.2.1 节。区别在于放置 Components 时,原理图编辑环境中放置的是元件符号,此处放置的是元件对应的 PCB 封装。

2. PCB 编辑区

PCB 编辑区是进行 PCB 设计的工作窗口和平台,PCB 设计主要工作在这里进行。PCB 编辑区用于放置元件、焊盘、过孔、字符串等,进行元件的布局、布线等操作。但是,与原理图编辑环境中不同的是:那里放置并组成电路原理图的基本单元是元件符号;这里放置并组成 PCB 图的基本单元是元件的封装。

☺**小贴士 25　元件 PCB 封装匹配的核实**

使用 Altium Designer 软件自带库中的元件时,需要用户确认元件默认的关联封装与元件实物是否匹配,需要核实两个要素:一个是元件外形及尺寸,另一个是焊盘,包括焊盘的布局方式与焊盘间距。核实的方式是将元件放入 PCB 编辑区,对元件封装的外形和焊盘进行核实确认。

3. 板层标签区

Altium Designer 软件为用户设计 PCB 提供了多个工作层(Layer),也称板层。板层标签区集中汇集了各工作层的名称标签。常用的工作层主要有:

- Top Layer——顶层,对应 PCB 的顶层,用于放置元件和布线,也用于贴装式元件的焊接;
- Bottom Layer——底层,对应 PCB 的底层,用于插入式元件引脚的焊接和布线,也用于贴装式元件的放置和布线;
- Top Overlay——顶层丝印层,对应 PCB 的上表面,用于印制所需要的标志图案和文字符号,例如元件标号和标称值、外形轮廓,以及其他文本信息;
- Bottom Overlay——底层丝印层,对应 PCB 的下表面,用途同 Top Overlay;
- Mechanical 1——机械第 1 层,该层无对应的 PCB 实体部位,只用于定义 PCB 的物理边界,即定义 PCB 的实际大小和形状;
- Keep-Out Layer——禁止布线层,该层无对应的 PCB 实体部位,只用于定义元件布局和布线的区域边界;
- Top Paste 与 Bottom Paste——掩膜层,分别称顶层锡膏防护层和底层锡膏防护层,用来制作印刷锡膏的钢网,对应贴装式元件的焊盘,也称助焊层;
- Top Solder 与 Bottom Solder——掩膜层,分别称顶层阻焊层和底层阻焊层,用于定义 PCB 上涂敷绿油等阻焊材料的区域,以防止不需要焊接的地方沾染焊锡。

进行 PCB 设计时,同时只能在其中的一个工作层上进行放置/移动元件、布线等操作。正在使用的工作层,其名称标签处于激活状态,且板层的颜色显示于左前端"当前层"(Current Layer)指示处。如图 7-2 所示为 Top Overlay 层处于选中工作状态。

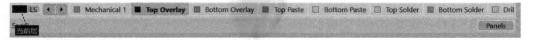

图 7-2　板层标签区

要改变使用的工作层，只需要单击要使用的板层标签即可。

4. 常用工具栏

该工具栏给出了 PCB 设计中常用的放置命令图形标签快捷方式。单击某个图形标签，即进入放置相应图元的状态，例如放置过孔 、放置字符串 等。对于放置元件 命令，它实际起到打开 Components 面板的作用，即如果 PCB 编辑工作界面中没有显示 Components 面板，那么可以通过此命令打开 Components 面板。常用工具栏也给出了布线命令，即交互式布线连接 。

5. 应用工具栏

该工具栏给出了 PCB 设计中会涉及的放置尺寸 、排列工具 等命令。栅格 命令用于设置 PCB 编辑区的栅格相关参数。

7.1.2 PCB 编辑器参数的设置

启用 PCB 编辑器后，系统会给出设计环境的一系列默认参数，也即 PCB 编辑器参数，包括常规参数、板层颜色等。用户可以根据需要对这些参数重新设置，创建个性化的设计环境。

PCB 编辑器参数的设置，在"优选项"(Preferences)对话框中进行。在 PCB 编辑器界面中弹出"优选项"对话框的途径有两个：

(1) 执行菜单命令"工具"(Tools)→"优先选项"(Preferences)，如图 7-3 所示。

(2) 在 PCB 编辑区，右击，在弹出的菜单列表中，选择"优先选项"(Preferences)，如图 7-4 所示。

图 7-3　打开"优选项"对话框的
"工具"菜单命令

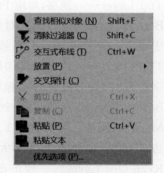

图 7-4　打开"优选项"对话框的 PCB
编辑区右键快捷菜单命令

执行上述两个操作方法中的任一个之后，系统即在屏幕上弹出"优选项"对话框，如图 7-5 所示。

在"优选项"对话框的左侧列表中，PCB Editor 项目下有 13 个子选项，用于对 PCB 编辑器参数进行系统的设置。图 7-5 默认打开了 General 选项卡。

1. 常规(General)参数设置

General 选项卡主要用于 PCB 设计中各种操作模式的选择设置。下面介绍 5 个主要的选项区。

1)"编辑选项"(Editing Options)区

• "在线 DRC"(Online DRC)：进行在线规则检查，选中此项时，在手工布线和调整过程中系统实时进行 DRC 检查，并在出现违反设计规则时给出错误警告。建议选中此项。

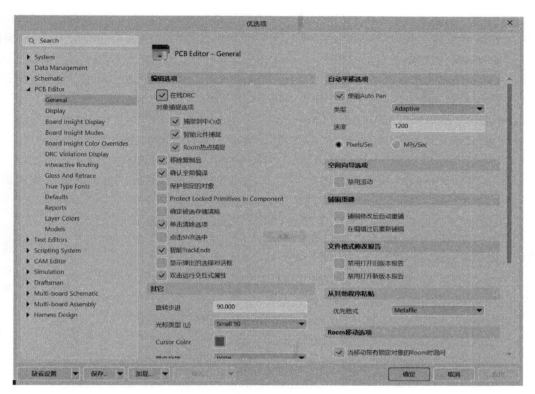

图 7-5 "优选项"对话框的 PCB Editor-General 选项卡

- "捕捉到中心点"(Snap To Center)：若选中此项，则用光标选择移动目标对象时，光标可自动捕捉到目标对象的中心点。对于元件，光标捕捉到元件的参考点；对于焊盘和过孔，光标捕捉到它们的中心点；对于一段导线，光标就近捕捉到导线的一端。
- "智能元件捕捉"(Smart Component Snap)：此项不能单独选中，要先选中"捕捉到中心点"选项后才可选中此项。若选中此项，则用光标选择移动元件时，光标将就近捕捉到元件的参考点或焊盘的中心。
- "Room 热点捕捉"(Snap To Room Hot Spots)：若选中此项，则用光标选择移动 Room 时，光标自动捕捉到 Room 中的热点。
- "移除复制品"(Remove Duplicates)：选中此项，则数据在准备输出时，系统将检查输出的数据，并删除重复的数据，也会删除标号重复的图件。
- "确认全局编译"(Confirm Global Edit)：选中此项，则在进行全局编辑操作时，例如从原理图更新 PCB 图时，会弹出确认对话框，要求用户确认修改的内容。
- "保护锁定的对象"(Protect Locked Objects)：选中此项，则对已设为 Locked 的对象进行移动或修改其属性时，系统会给出警告信息，提醒用户进行确认，以避免用户对其进行误操作。
- "确定被选存储清除"(Confirm Selection Memory Clear)：选中此项，则在清空被选存储器时，系统会弹出确认对话框，要求用户确认清除。
- "单击清除选项"(Click Clears Selection)：选中此项，则当用户单击其他元件对象时，之前选中的元件对象会自动解除选中状态。
- "单击 Shift 选中"(Shift Click To Select)：选中此项，则用户要想选中目标，需要按住键盘 Shift 键，再单击目标才能将其选中。

- "智能 TrackEnds"（Smart Track Ends）：智能寻找终端，选中此项，则在交互布线时，系统会智能寻找导线的结束端，显示光标所在的位置与导线结束端间的虚线，且虚线在布线的过程中会自动调整。

- "显示弹出的选择对话框"（Display popup selection dialog）：选中此项，则单击有多个图元对象的地方时，会弹出选择多个图元的对话框。

2）"自动平移选项"（Auto Pan Options）区

用于设置当光标移至 PCB 编辑区的边缘时，图纸平移的样式和速度。

- "使能 Auto Pan"（Enable Auto Pan）：选中此项，本区的设置才生效。

- "类型"（Style）栏：设置图纸移动类型，即在布线或移动图元的操作过程中，光标到达 PCB 编辑区窗口的边缘时图纸的平移方式。单击该栏右侧的下三角按钮，弹出平移方式选项的菜单列表，如图 7-6 所示。菜单列表给出了 6 种自动平移的方式供用户选用，分别是：

图 7-6　PCB 图纸自动
平移方式种类

Re-Center——每次移动半个 PCB 编辑区的距离；

Fixed Size Jump——按设定的边移量移动；

Shift Accelerate——移动的同时按住键盘 Shift 键加速移动；

Shift Decelerate——移动的同时按住键盘 Shift 键减速移动；

Ballistic——变速移动，光标越靠近 PCB 编辑区边缘，移动速度越快；

Adaptive——自适应式移动，匀速连续移动，移动速度大小由"速度"栏设定。

- "速度"（Speed）栏：用于设置移动速度大小。

- Pixels/Sec 和 Mils/Sec：移动速度单位，分别为"像素/秒"和"密耳/秒"，两者只能选中一个。

3）"空间向导选项"（Space Navigator Options）区

"禁用滚动"（Disable Roll）：选中此项，将禁止导航滚动。

4）"铺铜重建"（Polygon Rebuild）区

用于设置重新铺铜的方式。

- "铺铜修改后自动重铺"（Repour Polygons After Modification）：选中此项，将会在布线修改后自动重新铺铜。

- "在编辑过后重新铺铜"（Repour All Dependent Polygons After Editing）：选中此项，将会在编辑后重新铺铜。

5）"其他"（Other）选项区

- "旋转步进"（Rotation Step）文本框：用于设置在放置元件时每按一次空格键，默认的元件旋转角度。

- "光标类型"（Cursor Type）栏：用于设置在 PCB 编辑区按下鼠标左键时的光标类型。单击该栏右侧的下三角按钮，弹出光标类型选项的菜单列表，如图 7-7 所示。菜单列表给出了 3 种光标类型供用户选用，分别是：

Large 90——跨越整个编辑区的大"十"字形光标；

Small 90——小"十"字形光标；

Small 45——小"×"形光标。

- "器件拖拽"（Comp Drag）栏：用于设置元件的拖动模式。单击该栏右侧的下三角按钮，弹出元件拖动模式选项的菜单列表，如图 7-8 所示。菜单列表给出了 2 种元件拖

动模式供用户选用,分别是:

none——拖动元件时,连接的导线不跟随移动;

Connected Tracks——拖动元件时,连接的导线跟随移动。

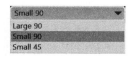
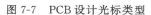

图 7-7　PCB 设计光标类型

图 7-8　PCB 设计元件拖动模式

2. 显示(Display)参数设置

在图 7-5 所示的"优选项"对话框左侧列表中,单击 PCB Editor 项目下的 Display 子选项,弹出的对话框如图 7-9 所示。Display 选项卡主要用于有关 PCB 编辑区显示方式的选择设置,有 3 个选项区。下面介绍 2 个主要的选项区。

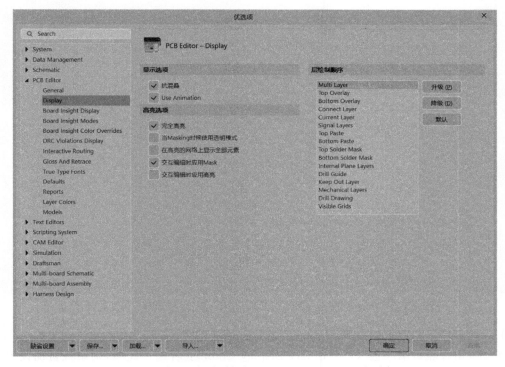

图 7-9　"优选项"对话框的 PCB Editor-Display 选项卡

1)"高亮选项(Highlighting Options)"区

用于设置 PCB 编辑区。

- "完全高亮"(Highlight in Full):选中此项,则选中的对象会全部高亮显示。
- "当 Masking 时候使用透明模式"(Use Transparent Mode When Masking):若选中此项,则元件在被掩模遮挡时使用透明模式。
- "在高亮的网格上显示全部元素"(Show All Primitives in Highlighted Nets):若选中此项,则显示高亮状态下网络的所有要素。
- "交互编辑时应用 Mask"(Apply Mask During Interactive Editing):若选中此项,则在进行交互编辑操作时,使用掩膜标记。
- "交互编辑时应用高亮"(Apply Highlight During Interactive Editing):若选中此项,则在进行交互编辑操作时,使用高亮标记。

2）"层绘制顺序"（Layer Drawing Order）区

用于设置重新显示 PCB 时各层显示的顺序。选中某一层后，可通过右侧的"升级"（Promote）"降级"（Demote）按钮改变其顺序，"默认"（default）按钮用于恢复所有层的默认顺序设置。

3. 板洞察显示（Board Insight Display）参数设置

在图 7-5 所示的"优选项"对话框左侧列表中，单击 PCB Editor 项目下的 Board Insight Display 子选项，弹出的对话框如图 7-10 所示。Board Insight Display 选项卡主要用于复杂多层 PCB 的板洞察显示方式的选择设置，有 4 个选项区。

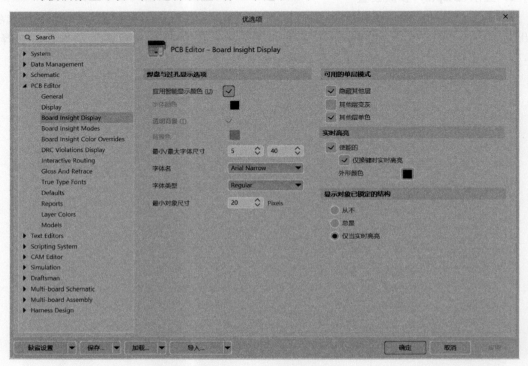

图 7-10 "优选项"对话框的 PCB Editor-Board Insight Display 选项卡

1）"焊盘与过孔显示选项"（Pad and Via Display Options）区

- "应用智能显示颜色"（Use Smart Display Color）：若选中此项，则系统自动设置焊盘和过孔上显示网络名和焊盘号的颜色；不选此项时，需要用户自行设定下面的"字体颜色"和"透明背景"。
- "字体颜色"（Font Color）栏：用于设置焊盘和过孔上显示网络名和焊盘号的颜色，单击后面的颜色块进行设置。
- "透明背景"（Transparent Background）：若选中此项，则焊盘和过孔上的字符串使用透明背景，同时下面的"背景色"项设置失效。
- "背景色"（Background Color）栏：用于设置焊盘和过孔上显示网络名和焊盘号的背景颜色，单击后面的颜色块进行设置。
- "最小/最大字体尺寸"（Min/Max Font Size）栏：用于设置焊盘和过孔上字符串的最小/最大字体尺寸。
- "字体名"（Font Name）栏：用于设置字体，例如 Times New Roman、宋体、楷体等几十种，可以在后面的字体名下拉菜单中进行选择设置。

- "字体类型"(Font Style)栏:用于设置字体类型,在后面的字体类型下拉菜单中,有 Bold(粗体)、Bold Italic(粗斜体)、Italic(斜体)和 Regular(正常字体)4 个选项供用户 选择设置。
- "最小对象尺寸"(Minimum Object Size)栏:用于设置字符串的最小像素。

2)"可用的单层模式"(Available Single Layer Modes)区

- "隐藏其他层"(Hide Other Layers):若选中此项,则非当前工作板层隐藏不显示。
- "其他层变灰"(Gray Scale Other Layers):若选中此项,则非当前工作层以灰度的模式显示。
- "其他层单色"(Monochrome Other Layers):若选中此项,则非当前工作层以单色模式显示。

3)"实时高亮"(Live Highlighting)区

- "使能的"(Enabled):若选中此项,则下面两项的设置生效。
- "仅换键时实时高亮"(Live Highlighting Only When Shift Key Down):若选中此项,则换键时实时高亮显示设置区域。
- "外形颜色"(Outline Color)栏:单击后面的颜色块进行外形颜色的设置。

4)"显示对象已锁定的结构"(Show Locked Texture on Objects)区

用于设置显示对象已锁定结构的条件,有"从不"(Never)、"总是"(Always)和"仅当实时高亮"(Only When Live Highlighting)3 个选项供用户单项选择设置。

4. 板洞察模式(Board Insight Modes)参数设置

在图 7-5 所示的"优选项"对话框左侧列表中,单击 PCB Editor 项目下的 Board Insight Modes 子选项,弹出的对话框如图 7-11 所示。Board Insight Modes 选项卡主要用于 PCB 编辑区浮动状态框显示选项的选择设置。光标置于 PCB 编辑区时,PCB 编辑区左上角会显示一个浮动状态框,状态框中给出了光标的位置坐标、相对位置坐标、当前工作层等信息,如图 7-12 所示。

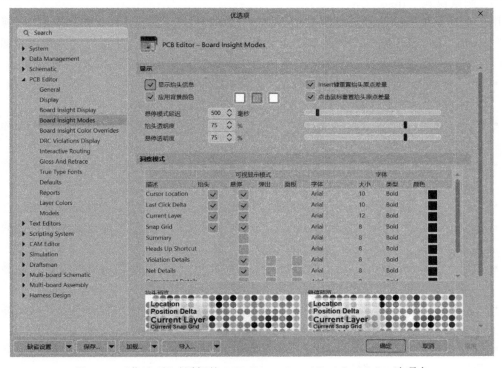

图 7-11 "优选项"对话框的 PCB Editor-Board Insight Modes 选项卡

Board Insight Modes 选项卡有 2 个浮动状态框参数选项区。

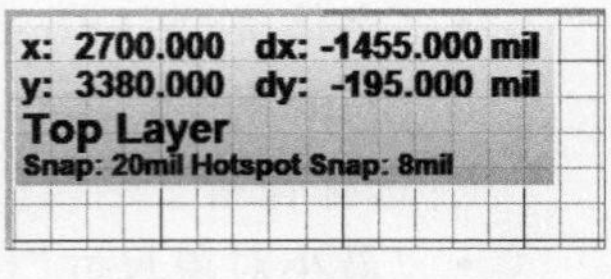

1)"显示"(Display)区

```
x: 2700.000   dx: -1455.000 mil
y: 3380.000   dy: -195.000 mil
Top Layer
Snap: 20mil Hotspot Snap: 8mil
```

图 7-12　浮动状态框

- "显示抬头信息"(Display Heads Up Informatio)：若选中此项，则浮动状态框将显示于 PCB 编辑区中。
- "应用背景颜色"(Use Background Color)：若选中此项，则可以通过单击后面的颜色块设置浮动状态框的边框和背景颜色。
- "Insert 键重置抬头原点差量"(Insert Key Resets Heads Up Delta Origin)：若选中此项，则可以用 Insert 键重置浮动状态栏中显示光标相对位置坐标的零点。
- "单击鼠标重置抬头原点差量"(Mouse Click Resets Heads Up Delta Origin)：若选中此项，则可以用单击的方式重置浮动状态栏中显示光标相对位置坐标的零点。
- "悬停模式延迟"(Hover Mode Delay)：用于设置浮动状态框从 Hover 模式转到 Heads Up 模式的延迟时间。
- "抬头透明度"(Heads Up Opacity)：用于设置浮动状态框处于 Heads Up 模式下的不透明度，数值越大越不透明。数值参数可以直接输入编辑框中，也可以拖动右侧的滑块来设置，并通过选项卡左下方的"抬头预览"(Heads Up Preview)区预览设置效果。
- "悬停透明度"(Hover Opacity)：用于设置浮动状态框处于 Hover 模式下的不透明度，数值越大越不透明。数值参数可以直接输入编辑框中，也可以拖动右侧的滑块来设置，并通过选项卡右下方的"悬停预览"(Hover Preview)区预览设置效果。

☺小贴士 26　PCB 编辑区左上角坐标信息框的隐藏与显示

PCB 编辑区左上角显示坐标信息的区块，即浮动状态框，其隐藏与显示的选择可以通过如图 7-11 所示对话框中"显示抬头信息"复选框的选中与否来决定，也可以通过组合键 Shift＋H 来快速地切换浮动状态框的隐藏与显示状态。

2)"洞察模式"(Insight Modes)区

用于设置相关操作及图元信息在浮动状态框中的显示及显示属性。该区左侧"可视显示模式"(Visible Display Modes)栏列出了可供设置的显示信息内容，并可在下方预览效果；右侧"字体"(Font)栏用于设置左侧对应显示内容的字体样式信息，并可在下方预览效果。

- Cursor Location：光标位置。若选中此项，则在浮动状态框中显示当前光标的绝对坐标信息。
- Last Click Delta：上次单击差量。若选中此项，则在浮动状态框中显示当前光标相对上次单击点的相对坐标信息。
- Current Layer：当前图层。若选中此项，则在浮动状态框中显示当前所在的 PCB 图层名称。
- Snap Grid：捕捉栅格。若选中此项，则在浮动状态框中显示捕捉栅格参数信息。
- Summary：元件信息。若选中此项，则在浮动状态框中显示当前光标所在位置的元件信息。
- Heads Up Shortcuts：抬头快捷键。若选中此项，则在浮动状态框中显示光标静止时与浮动状态框相关操作的快捷键及其功能。
- Violation Details：违反规则详细信息。若选中此项，则在浮动状态框中显示光标所在位置的 PCB 图中违反规则的错误详细信息。
- Net Details：网络详细信息。若选中此项，则在浮动状态框中显示光标所在位置的 PCB 图中网络的详细信息。

- Component Details：元件详细信息。若选中此项，则在浮动状态框中显示光标所在位置的元件详细信息。
- Primitive Details：基本图元详细信息。若选中此项，则在浮动状态框中显示光标所在位置的基本图元详细信息。

5. 板洞察颜色覆盖（Board Insight Color Overrides）参数设置

在图7-5所示的"优选项"对话框左侧列表中，单击 PCB Editor 项目下的 Board Insight Color Overrides 子选项，弹出的对话框如图7-13所示。Board Insight Color Overrides 选项卡主要用于颜色覆盖参数的选择设置，有2个选项区。

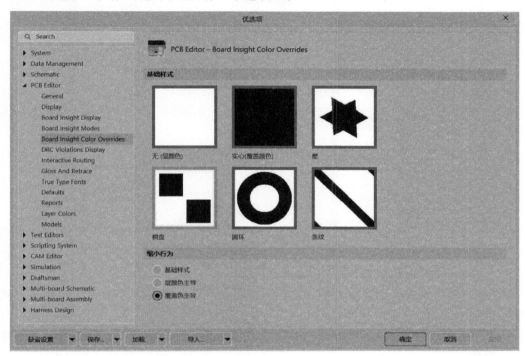

图7-13　"优选项"对话框的 PCB Editor-Board Insight Color Overrides 选项卡

1）"基础样式"（Base Pattern）区

该区提供了6种基本图案选项供用户选用其中的一种，分别是"无（层颜色）"（None (Layer Color)）、"实心（覆盖颜色）"（Solid（Override Color））、"星"（Star）、"棋盘"（Checker Board）、"圆环"（Circle）和"条纹"（Stripe）。

2）"缩小行为"（Zoom Out Behaviour）区

该区提供了3种缩小时网络的显示方式，用户可选用其中的一种。

- "基础样式"（Base Pattern Scales）：表示缩小时选择缩放基本图案。
- "层颜色主导"（Layer Color Dominates）：表示分配的图层颜色在进一步缩小之前占主导地位，直到颜色不明显为止。
- "覆盖色主导"（Override Color Dominates）：表示分配的替代颜色在进一步缩小之前占主导地位，直到颜色不明显为止。

6. DRC 违规显示（DRC Violations Display）参数设置

在图7-5所示的"优选项"对话框左侧列表中，单击 PCB Editor 项目下的 DRC Violations Display 子选项，弹出的对话框如图7-14所示。DRC Violations Display 选项卡主要用于 PCB

编辑区中设计规则检查(DRC)出现违规时显示参数的选择设置,有 3 个选项区。

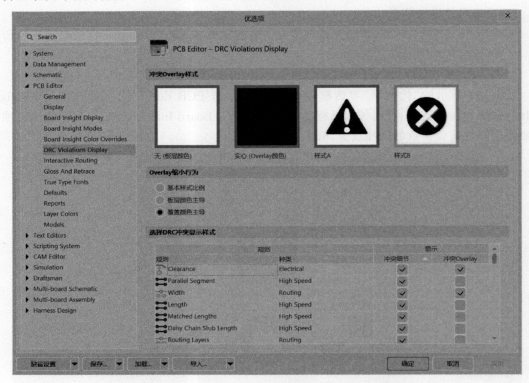

图 7-14 "优选项"对话框的 PCB Editor-DRC Violations Display 选项卡

1) "冲突 Overlay 样式"(Violation Overlay Style)区

用于选择覆盖样式以设置违规在 PCB 编辑区中的显示方式,该区提供了 4 种覆盖样式供用户选用其中的一种。

- "无(板层颜色)"(None(Layer Color)):表示忽略 DRC 替代颜色,仅保留默认图层的颜色。
- "实心(Overlay 颜色)"(Solid(Override Color)):表示使用 DRC 替代颜色,完全替代默认图层的颜色。
- "样式 A"(Style A):表示 DRC 替代颜色用感叹号类型图案显示,且默认图层的颜色也可见。
- "样式 B"(Style B):表示 DRC 替代颜色用十字形图案显示,且默认图层的颜色也可见。

2) "Overlay 缩小行为"(Overlay Zoom Out Behaviour)区

该区提供了 3 种缩小时覆盖层的显示方式,用户可选用其中的一种。

- "基本样式比例"(Base Pattern Scales):表示缩小时选择缩放基本图案。
- "板层颜色主导"(Layer Color Dominates):表示分配的图层颜色在进一步缩小之前占主导地位,直到颜色不明显为止。
- "覆盖颜色主导"(Override Color Dominates):表示分配的替代颜色在进一步缩小之前占主导地位,直到颜色不明显为止。

3) "选择 DRC 冲突显示样式"(Choose DRC Violations Display Style)区

该区左侧"规则"(Rules)栏列出了 52 条设计规则。右侧"显示"(Display)栏用于设置左侧对应设计规则违反时使用的显示样式：

"冲突细节"(Violation Details)表示使用关联的自定义违规图形；

"冲突 Overlay"(Violation Overlay)表示使用指定的覆盖样式显示违规情况。

7. 交互布线(Interactive Routing)参数设置

在图 7-5 所示的"优选项"对话框左侧列表中，单击 PCB Editor 项目下的 Interactive Routing 子选项,弹出的对话框如图 7-15 所示。Interactive Routing 选项卡主要用于交互布线操作时模式的选择设置,有 6 个选项区。

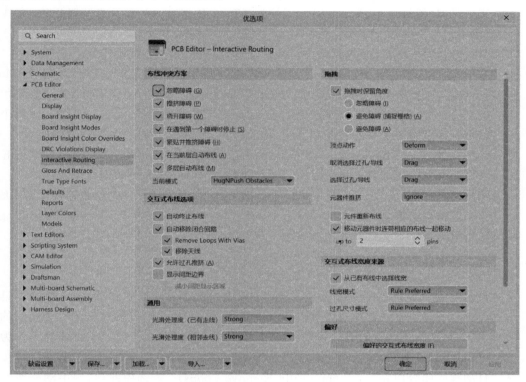

图 7-15 "优选项"对话框的 PCB Editor-Interactive Routing 选项卡

1)"布线冲突方案"(Routing Conflict Resolution)区

该区用于设置交互布线时出现布线冲突时的解决模式。

- "忽略障碍"(Ignore Obstacles)：若选中此项,则出现布线冲突时不解决冲突,继续进行布线。
- "推挤障碍"(Push Obstacles)：若选中此项,则推开发生冲突的障碍,继续进行布线。
- "绕开障碍"(Walkaround Obstacles)：若选中此项,则绕开发生冲突的障碍,继续进行布线。
- "在遇到第一个障碍时停止"(Stop At First Obstacles)：若选中此项,则在遇到第一个障碍时,停止布线。
- "紧贴并推挤障碍"(Hug And Push Obstacles)：若选中此项,则布线尽可能紧密地绕过现有的走线、焊盘和过孔,并在必要时推开发生冲突的障碍以继续布线。
- "在当前层自动布线"(AutoRoute On Current Layer)：若选中此项,则在当前层自动布线。
- "多层自动布线"(AutoRoute On Multiple Layers)：若选中此项,则在多层自动布线。

- "当前模式"（Current Mode）栏：其下拉菜单给出了上述的 7 种布线冲突解决模式，根据需要选中其一显示，表示当前布线冲突的解决模式。

2）"拖拽"（Dragging）区

该区用于拖动图元时的模式参数设置。

- "拖拽时保留角度"（Preserve Angle When Dragging）：表示拖拽时保持角度，选中此项时才可以在下面的 3 个选项中选择一个：

"忽略障碍"（Ignore Obstacles）——表示忽略障碍物；

"避免障碍（捕捉栅格）"（Avoid Obstacles（Snap Grid））——表示避开障碍物，布线捕捉栅格；

"避免障碍"（Avoid Obstacles）——表示避开障碍物，布线不捕捉栅格。

- "取消选择过孔/导线"（Unselected via/track）：后面的下拉菜单中给出 Drag 和 Move 两个选项，分别表示对于没有选中的过孔和导线，拖动时"和光标一起移动"和"只是移动"。
- "选择过孔/导线"（Selected via/track）：后面的下拉菜单中给出 Drag 和 Move 两个选项，分别表示对于选中的过孔和导线，拖动时"和光标一起移动"和"只是移动"。
- "元器件推挤"（Component pushing）：后面下拉菜单中给出 Ignore、Avoid 和 Push 三个选项，分别表示元件在拖动时，"忽略障碍物""避开障碍物"和"推开障碍物"。
- "元件重新布线"（Component pushing）：选中此项，则拖动元件时相关导线重新布线。
- "移动元器件时连带相应的布线一起移动"（Move component with relevant routing）：选中此项，则手动元件时相关的导线一起移动。

3）"交互式布线选项"（Interactive Routing Options）区

该区用于交互式布线操作的有关模式设置。

- "自动终止布线"（Automatically Terminate Routing）：若选中此项，则布线到达目标焊盘时，光标不会从此焊盘继续以布线模式运行，而是重置，以供右击下一个布线的起点自动判断布线终止时机。否则，在布线到达目标焊盘后，光标处于将该焊盘作为下一段布线起点的状态。
- "自动移除闭合回路"（Automatically Remove Loops）：若选中此项，则手动修改布线时，自动删除布线过程中出现的回路，即新的布线将取代要删除的旧的布线。并且，只有在选中此项后，下面的子选项选中才可用：

Remove Loops With Vias（移除闭合回路及过孔）：若选中此项，则移除闭合回路及关联的过孔。

"移除天线"（Remove Net Antennas）——若选中此项，则将移除未连接到任何其他图元的线路或弧形末端。
- "允许过孔推挤"（Allow Via Pushing）：若选中此项，则允许推挤过孔。
- "显示间距边界"（Display Clearance Boundaries）：若选中此项，则布线时，按照布线间距规则定义的禁止布线区域呈高亮状态，可布线区域呈现为阴影多边形状态，以指示用户有多少空间可用于布线。并且，只有在选中此项后，下面的子项选中才可用：

"减小间距显示区域"（Reduce Clearance Display Area）——若选中此项，则在布线时，仅光标附近局部范围内的禁止布线区域呈高亮状态。

4）"交互式布线宽度来源"（Interactive Routing Width Sources）区

- "从已有布线中选择线宽"（Pickup Track Width From Existing Routes）：若选中此项，则在现有走线的基础上继续走线时，系统直接采用现有的走线宽度。

- "线宽模式"(Track Width Mode)：用于设置布线时导线的宽度。单击该栏显示框，弹出线宽模式选项的菜单列表，如图7-16所示。菜单列表给出了4种线宽模式供用户选用，分别是：

  User Choice——表示用户选择；

  Rule Minimum——表示使用当前定义的布线规则中的走线最小宽度；

  Rule Preferred——表示使用当前定义的布线规则中的首选宽度；

  Rule Maximum——表示使用当前定义的布线规则中的走线最大宽度。

- "过孔尺寸模式"(Via Size Mode)：用于设置布线时过孔的尺寸。单击该栏显示框，弹出过孔尺寸模式选项的菜单列表，如图7-17所示。菜单列表给出了4种孔尺寸模式供用户选用，分别是：

  User Choice——表示用户选择；

  Rule Minimum——表示使用当前定义的布线规则中的最小过孔尺寸；

  Rule Preferred——表示使用当前定义的布线规则中的首选过孔尺寸；

  Rule Maximum——表示使用当前定义的布线规则中的最大过孔尺寸。

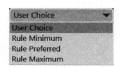 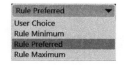

图7-16　PCB设计线宽模式菜单　　　　图7-17　PCB设计过孔尺寸模式菜单

5)"通用"General区

该区提供了一些布线的常规设置选项。例如"光滑处理度（已有走线）"Gloss Effort (Routed)栏，用来设置布线光滑情况。单击该栏显示框，弹出的菜单列表中给出了3种模式供用户选用，分别是：

- "关闭"(Off)——表示禁用光滑，此模式适用于PCB布局的最后阶段；
- "弱"(Weak)——表示弱的光滑处理，此模式适用于微调布局；
- "强"(Strong)——表示强的光滑处理，此模式适用于PCB布局的早期阶段。

6)"偏好"(Favorites)区

该区用于设置用户习惯的交互布线宽度。单击"偏好的交互式布线宽度"(Favorite Interactive Routing Width)按钮，系统弹出"偏好的交互式布线宽度"收藏夹对话框，如图7-18所示。用户可以在该对话框中配置偏好的布线宽度，包括添加、删除和编辑。

8. TrueType字体(True Type Fonts)参数设置

在图7-5所示的"优选项"对话框左侧列表中，单击PCB Editor项目下的True Type Fonts子选项，弹出的对话框如图7-19所示。True Type Fonts选项卡主要用于PCB设计中所用True Type字体的选择设置。

"TrueType字体保存/加载选项"(TrueType Fonts Save/Load Options)区

- "嵌入TrueType字体到PCB文档"(Embed TrueType fonts inside PCB documents)：若选中此项，则设定在PCB文件中嵌入True Type字体，无须担心计算机系统不支持该字体。
- "置换字体"(Substitution font)栏：用于设置在找不到原字体时替换字体的类型。单击该栏显示框，弹出替换字体选项的菜单列表，其中给出了Times New Roman、宋体、楷体等几十种字体，供用户选用。

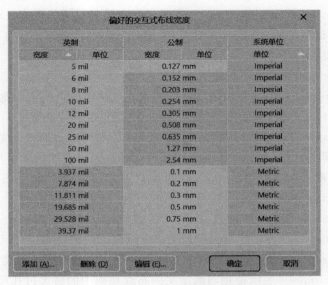

图 7-18 "偏好的交互式布线宽度"对话框

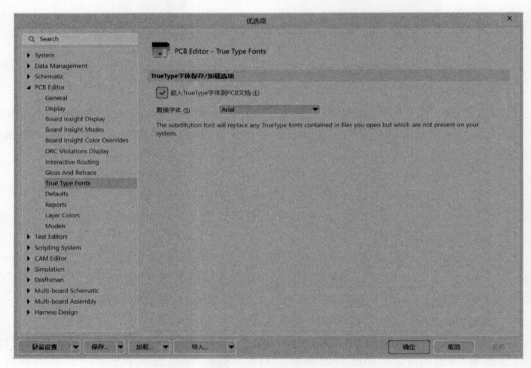

图 7-19 "优选项"对话框的 PCB Editor-True Type Fonts 选项卡

9. 默认（Defaults）参数设置

在图 7-5 所示的"优选项"对话框左侧列表中，单击 PCB Editor 项目下的 Defaults 子选项，弹出的对话框如图 7-20 所示。

Defaults 选项卡主要用于 PCB 设计中各种图元对象的默认值。其中，Primitives 下拉列表框中给出了所有图元的分类菜单，如图 7-21 所示。选中某个分类，则在 Primitive List 区域给出此分类下的所有图元。选中 Primitive List 区域中的一个图元，则在选项卡的右侧显示该图元的属性对话框。在该属性对话框中，可以设置图元的默认属性。

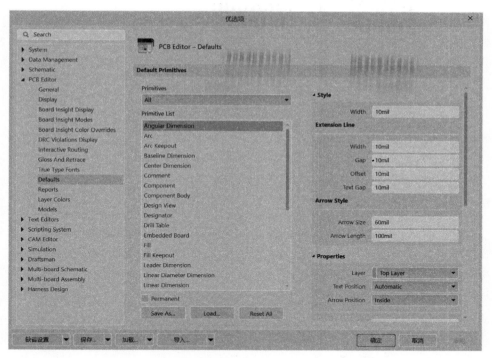

图 7-20 "优选项"对话框的 PCB Editor-Defaults 选项卡

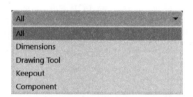

图 7-21 "优选项"对话框的 Defaults 图元分类

10. 报告(Reports)参数设置

在图 7-5 所示的"优选项"对话框左侧列表中,单击 PCB Editor 项目下的 Reports 子选项,弹出的对话框如图 7-22 所示。

Reports 选项卡主要用于 PCB 设计中相关文档的输出设置,包括需要输出的文件类型、输出路径和文件名称。Reports 选项卡的左侧给出了用户可以进行设置的 Altium Designer 软件输出报告文件,共有 6 种。

- Design Rule Check:设计规则检查报告。
- Net Status:网络状态报告。
- Board Information:板信息报告。
- BGA Escape Route:BGA 疏散布线报告。
- Move Component(s) Origin To Grid:移动元件原点到网络报告。
- Embedded Boards Stack up Compatibility:嵌入式板层堆栈兼容性报告。

其中,每一种报告又可以创建为 TXT、HTML 和(或)XML 文件格式。

创建的报告可以通过选中对应的 Show 复选框以显示(打开)报告,也可以通过选中对应的 Generate 复选框以生成报告。

Reports 选项卡的右侧对应给出了相应报告文件的输出路径,此路径可以通过单击进入编辑状态进行修改。

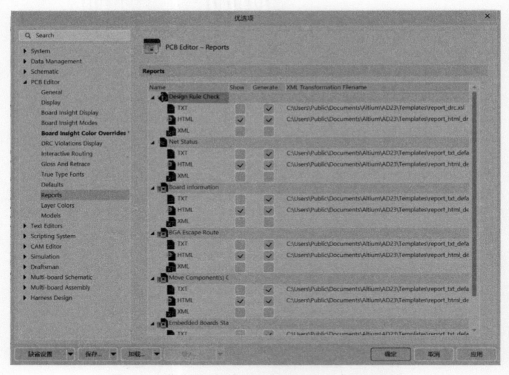

图 7-22 "优选项"对话框的 PCB Editor-Reports 选项卡

11. 层颜色（Layer Colors）参数设置

在图 7-5 所示的"优选项"对话框左侧列表中，单击 PCB Editor 项目下的 Layer Colors 子选项，弹出的对话框如图 7-23 所示。

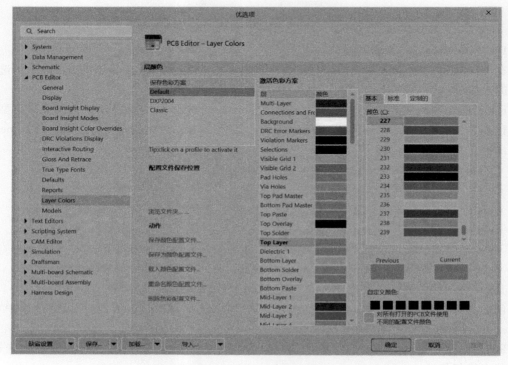

图 7-23 "优选项"对话框的 PCB Editor-Layer Colors 选项卡

Layer Colors 选项卡主要用于设置 PCB 设计时各工作层的颜色。选项卡的主要内容有以下 3 个选项/功能区。

1）"保存色彩方案"（Saved Color Profiles）区

该区给出了当前保存的颜色配置方案文件的名称列表。选中一个颜色配置方案文件的名称，即"激活"该文件。其颜色配置方案的详情即显示于"激活色彩方案"（Active Color Profile）区。

2）"激活色彩方案"（Active Color Profile）区

该区展示了"激活"的颜色配置方案文件的颜色配置方案详情，即每一工作层配置的颜色情况。选中某一工作层，可以在右侧的配色区选择一种颜色对该工作层配置的颜色进行更改。

单击"确定"（OK）按钮，将使用"激活"的颜色配置方案文件。如果用户对某颜色配置方案文件的工作层颜色进行了更改，并且想要在当前编辑会话之后使用它们，需要使用"保存颜色配置文件"（Save Color Profile）或"保存为颜色配置文件"（Save As Color Profile）命令保存更改。

3）"动作"（Actions）区

该区域给出了用于对颜色配置文件进行操作的各种命令。

- "保存颜色配置文件"（Save Color Profile）：单击以保存对当前所选颜色配置文件的工作层颜色所做的任何更改。
- "保存为颜色配置文件"（Save As Color Profile）：单击以打开 Save Color Profile As 对话框，从中可以将当前选定的颜色配置文件另存为具有不同名称的新的颜色配置文件。新保存的颜色配置文件，将同时添加到"保存色彩方案"文件列表中。
- "载入颜色配置文件"（Load Color Profile）：单击以打开 Load Color Profile File 对话框，从中可以浏览并打开颜色配置文件（＊.PCBSysColors）。所选的颜色配置文件将被添加到"保存色彩方案"文件列表中。
- "重命名颜色配置文件"（Rename Color Profile）：单击以打开 Rename Color Profile 对话框，可以根据需要为颜色配置文件设置新名称。
- "删除色彩配置文件"（Remove Color Profile）：单击以删除所选的颜色配置文件。在弹出的确认对话框中，单击 No 按钮仅从"保存色彩方案"文件列表中删除该颜色配置文件；单击 Yes 按钮则同时从硬盘上删除该颜色配置文件。

Altium Designer 软件系统给出的颜色配置文件无法删除。只能删除用户定义的颜色配置文件。

12. 模型（Models）参数设置

在图 7-5 所示的"优选项"对话框左侧列表中，单击 PCB Editor 项目下的 Models 子选项，弹出的对话框如图 7-24 所示。

Models 选项卡主要是 PCB 编辑区中模型的搜索及网格数据存储的选择设置，有 2 个选项区。

1）"模型搜索路径"（Model Search Path）区

上部的模型框列出在 3D 模式下，通过 Properties 面板链接 3D STEP 模型文件时，默认使用的所有文件夹。

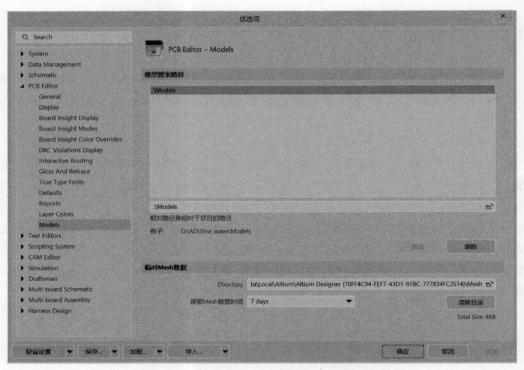

图 7-24 "优选项"对话框的 PCB Editor-Models 选项卡

下部的模型路径框中，单击右侧的浏览图标，打开 Select Directory 对话框。用户可以通过该对话框浏览一个文件夹，在其中搜索 3D STEP 模型文件。找到文件夹后，使用"添加"（Add）按钮将其添加到模型框区域。使用"删除"（Delete）按钮可以从模型框区域列表中删除当前选择的文件夹。

2）"临时 Mesh 数据"（Temporary Mesh Data）区

单击"目录"（Directory）栏右侧的浏览文件夹图标，打开 Select Directory 对话框，选中一个文件夹，该文件夹存储 3D 模型网格数据。

"保留 Mesh 数据时间"（Time To Keep Unused Mesh Data）栏则用于设置自上次使用系统存储 3D 模型网格数据以来的最大时间段，可供用户使用的选项有 1 天、2 天、7 天和 30 天。

7.2 PCB 图纸规划

在正式进行 PCB 设计之前，还要对 PCB 编辑区中的图纸进行规划，包括图纸栅格的设置和 PCB 边界的规划，这直接关系到 PCB 设计的效率和效果。

7.2.1 PCB 图纸栅格的设置

类似于原理图纸上的栅格，PCB 图纸上也有横竖交错的栅格。用户可以借助栅格，准确地进行元件的定位布局和走线。但是，这里的栅格线不会做到 PCB 实物上去。

1. Cartesian Grid Editor 对话框设置

在启用 PCB 编辑器后，执行快捷键 Ctrl＋G，弹出用于栅格设置的 Cartesian Grid Editor 对话框，如图 7-25 所示。

图 7-25　Cartesian Grid Editor 对话框

在 Cartesian Grid Editor 对话框中，可以设置的参数有"步进值"（Steps）和"显示"（Display）。

1）"步进值"（Steps）区

该区用于设置"步进值"，也即栅格线间距。

"步进值"是指光标及光标拖动图元或走线时在图纸上移动的最小单位，也可以是其整数倍。步进值有水平方向"步进（X）"（Step X）和竖直方向"步进（Y）"（Step Y）两个参数。当联动按钮 处于高亮状态时，"步进（X）"参数重新设置后，"步进（Y）"参数会同步变化。当联动按钮 处于灰色状态时，"步进（X）"参数和"步进（Y）"参数可以分别单独设置。

单击联动按钮 ，可使其在高亮状态和灰色状态之间切换。

2）"显示"（Display）区

该区用于设置栅格线的显示方式。

栅格线分两种：一种是"精细"（Fine）栅格线，线宽相对小，其间距对应了"步进值"；另一种是"粗糙"（Coarse）栅格线，线宽相对大，其间距是"步进值"的整数倍，倍数可通过"倍增"（Multiplier）栏的下拉菜单选取，可选的位数有 2 倍、5 倍和 10 倍 3 种。

细、粗两种栅格线均可以通过其后面的下拉菜单，设置线条形式，有实线（Lines）、点（Dots）和不显示（Do Not Draw）3 种形式。栅格线的颜色可通过单击后面的颜色块设置。

2. 栅格图标按钮设置

在 PCB 编辑工作界面的应用工具栏中，单击栅格图标按钮 ，弹出栅格设置下拉菜单，如图 7-26 所示。

其中，1Mil～1.000mm 的数字选项用于设置细栅格线的间距，是对水平栅格和竖直栅格的联动同步设置。

如果要单独设置水平细栅格线间距或竖直细栅格线间距，则选择菜单中相应的"捕捉栅格 X(X)"（Snap Grid X）或"捕捉栅格 Y(Y)"（Snap Grid Y）项，在弹出的子菜单中进行选择设置，如图 7-27 所示。

如果要将细栅格线的间距设置为其他数据，则可通过选择如图 7-27 所示的子菜单中"设置捕捉栅格"（Set Snap Grid）项，在弹出的对话框中进行设置。

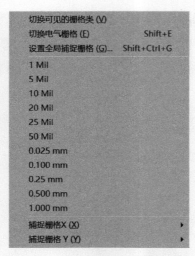

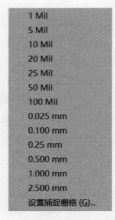

图 7-26　PCB 图纸栅格设置菜单　　　　　　图 7-27　PCB 图纸栅格设置子菜单

☺小贴士 27　**PCB 图纸栅格间距设置的建议**

PCB 图纸栅格的设置过程中，建议将粗栅格线的间距设置为 100mil。100mil 是直插式集成电路元件、小电容元件、发光二极管、排针等引脚间距常用的数值。将粗栅格线的间距设置为 100mil，将为 PCB 设计过程中的元件对齐布局、元件之间的走线连接等操作带来很大的方便。

7.2.2　PCB 边界规划

PCB 的边界包括物理边界和电气边界。物理边界即 PCB 的物理轮廓，指 PCB 的实际形状和大小，一般定义在机械层的 Mechanical 1 工作层上。电气边界则规定了 PCB 上元件布局和布线的区域，定义在"禁止布线层"（Keep-Out Layer）上。一般把电气轮廓的大小作为 PCB 物理轮廓。因此，这里只介绍 PCB 电气边界的规划。

下面以绘制尺寸为 2400mil×1800mil 的矩形电气边界为例，介绍规划 PCB 电气边界的两种方法。栅格的设置为：细栅格线间距 20mil，粗栅格线间距 100mil，栅格线均为实线。

1. 直接绘制封闭的电气边界

此方法宜借助 7.1.2 节第 4 部分提到的浮动状态框，以其中的光标位置相对坐标参数为绘制电气边界操作做参考。直接绘制封闭的电气边界，按如下操作步骤进行：

（1）单击板层标签区的 Keep-Out Layer 标签，使禁止布线层成为当前的工作层。

（2）执行菜单命令"放置"（Place）→Keep-Out →"线径"（Track），光标随即变为绿色"十"字形，进入绘制电气边界的状态，如图 7-28 所示。此时按下 Tab 键，弹出线属性对话框，如图 7-29 所示，在此可以设置所要绘制线的线宽（Line Width）。

（3）将光标移至 PCB 编辑区的合适位置，单击粗栅格线的一个交点，作为电气边界矩形框的左下角点。此时浮动状态框中显示光标相对位置的坐标参数（dx,dy）为（0,0）。

（4）然后移动光标绘制电气边界。光标向右移至相对位置坐标参数为（2400,0）处，单击，相对位置坐标参数变为（0,0），绘制完电气边界的第一条线，此时光标仍处于绘制电气边界的状态，如图 7-30 所示。通过类似的操作，继续绘制电气边界的其他边线：光标再向上移至相对位置坐标参数为（0,1800）处，单击，相对位置坐标参数变为（0,0）；光标再向左移至相对位置坐标参数为（−2400,0）处，单击，相对位置坐标参数变为（0,0）；光标再向下移至相对位置坐标参数为(0,-1800)处,单击,相对位置坐标参数变为(0,0)。右击两次,绿色"十"字形光标消失,退出绘制电气边界状态。绘制完的电气边界如图7-31所示。

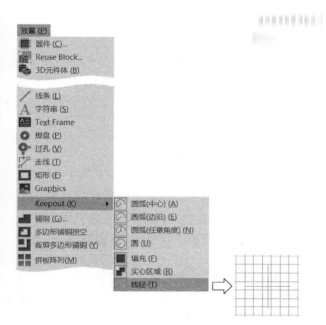

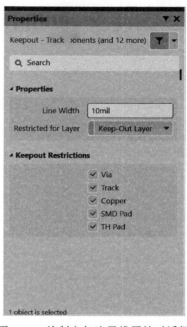

图 7-28 绘制 PCB 电气边界菜单命令

图 7-29 绘制电气边界线属性对话框

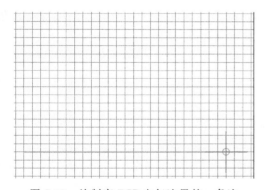

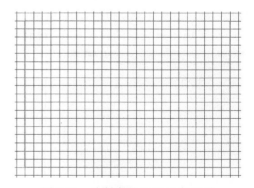

图 7-30 绘制完 PCB 电气边界的一条边

图 7-31 绘制完的 PCB 电气边界

2. 分段绘制组合成封闭的电气边界

分段绘制组合成封闭的电气边界,按如下操作步骤进行:

(1) 单击"板层标签区"的 Keep-Out Layer 标签,使禁止布线层成为当前的工作层。

(2) 执行菜单命令"编辑"(Edit)→"原点"(Origin)→"设置"(Set),光标随即变为绿色"十"字形,进入设置 PCB 编辑区原点状态,如图7-32所示。

(3) 将光标移至 PCB 编辑区的合适位置,单击粗栅格线的一个交点,即将该点设置为编辑区的新原点,新原点标记符号为"×"形和"○"形叠加的图形,如图7-33中左下所示。此点也将作为电气边界矩形框的左下角点。如果要撤销此新设原点,可执行菜单命令"编辑"(Edit)→"原点"(Origin)→"复位"(Reset),参见图7-32。

(4) 在 PCB 编辑工作界面的"常用工具栏"中,单击放置禁止布线线径图标按钮 📝,光标变为绿色"十"字形,进入放置禁止布线线径状态。

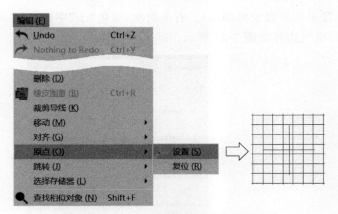

图 7-32　设置 PCB 编辑区原点菜单命令

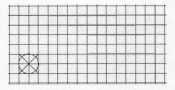

图 7-33　自定义编辑区原点与 4 条线段

（5）光标在 PCB 编辑区任意位置，画出任意长度的 4 条线段：光标在编辑区的任意位置时单击，然后移动光标至另一任意位置，再单击，随后右击，绘成第一条线段，光标仍处于放置禁止布线线径状态；用类似的方法，画出另 3 条线段。绘成第四条线段时，右击两次，退出放置禁止布线线径状态。

（6）双击 4 条线段中的任一条，弹出线属性对话框如图 7-34 所示。在此对话框中，将线段的起点坐标 Start(X/Y) 改为 (0,0)，即将 Start(X/Y) 后面的两个文本框内容均改为 0mil；将线段的终点坐标 End(X/Y) 改为 (2400,0)，即将 End(X/Y) 后面的两个文本框内容分别改为 2400mil 和 0mil。用类似的方法，将另 3 条线段的起点和终点坐标依次改为 (2400,0) 和 (2400,1800)、(0,1800) 和 (2400,1800)、(0,0) 和 (0,1800)。这样便使 4 条线段的端点坐标依次重合，实现 4 条线段的首尾相接，得到封闭的 PCB 电气边界，如图 7-35 所示。

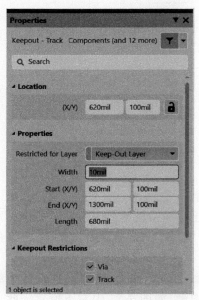

图 7-34　电气边界线属性对话框

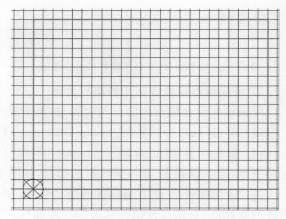

图 7-35　分段绘制组合成的 PCB 电气边界

7.2.3　PCB 编辑区域规划

PCB 的编辑区域，即黑色部分，也可以根据用户的需要进行修改。其中的一种情况是编辑区域不够布局整个设计电路，就需要扩大编辑区域。

PCB编辑区域的规划,以扩大编辑区域为例,有两种操作方法可以实现。

1. 按照选择对象定义

此方法需要先定义好新的编辑区域外框。具体实现方法按如下操作步骤进行:

(1) 参照7.2.2节的方法,绘出一个比系统默认的编辑区域更大的矩形框,如图7-36所示。

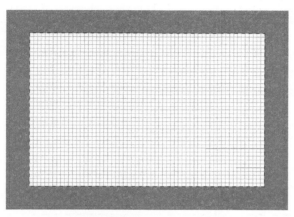

图 7-36　绘出 PCB 编辑区域规划边框线

(2) 选中绘出的矩形边框线。如果不能一次全部选中,可按住 Shift 键,单击依次选中边框线。

(3) 执行菜单命令"设计"(Design)→"板子形状"(Board Shape)→"按照选择对象定义"(Define From Selected Objects),如图7-37所示。完成 PCB 编辑区域的重新定义,效果如图7-38所示。

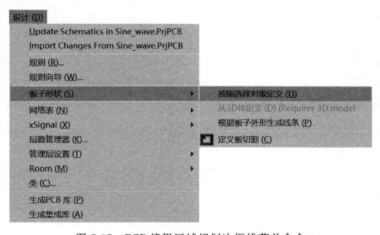

图 7-37　PCB 编辑区域规划边框线菜单命令

☺ **小贴士 28　PCB 编辑区规划定义边框线的多选性**

PCB 编辑区规划时定义的区域边框,必须是封闭的。区域边框线,不限于 Keep-Out Layer 工作层上的线,也可以是 Top Layer、Top Overlay 等工作层上的线。

2. 板子规划模式

此方法不需要先定义好新的编辑区域外框。具体实现方法按如下操作步骤进行:

(1) 执行菜单命令"视图"(View)→"板子规划模式"(Board Panning Mode),如图7-39所示。

(2) 执行菜单命令"设计"(Design)→"编辑板子顶点"(Edit Board Shape),如图7-40所示。

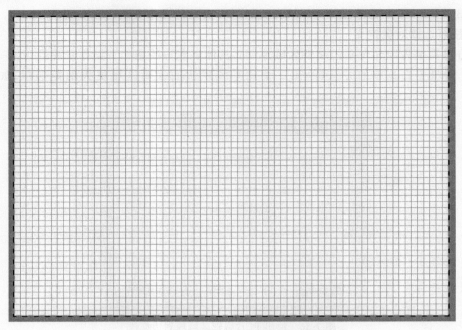

图 7-38　PCB 编辑区域重新定义后的效果

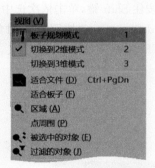

图 7-39　板子规划模式菜单命令

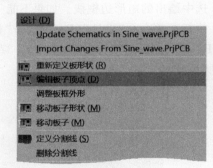

图 7-40　编辑板子顶点菜单命令

（3）光标移至编辑区域边框线上的中点上，按住鼠标左键，拖动边框线向外移至适当位置，如图 7-41 所示。松开鼠标左键。

（4）执行菜单命令"视图"（View）→"切换到 2 维模式"（2D Layout Mode），如图 7-39 所示。即可看到编辑区域增大，如图 7-42 所示。

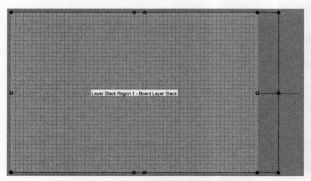

图 7-41　拖动 PCB 编辑区域边框

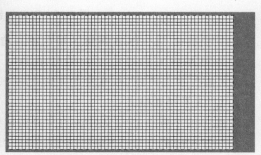

图 7-42　PCB 编辑区域边框拖动后的效果

7.2.4 其他设置

1. 度量单位

同原理图一样,PCB 设计图也有两种度量单位可供选用:一种是公制(Metric),另一种是英制(Imperial)。

一般常用电子元件的封装尺寸多用英制单位。Altium Designer 软件系统默认的也是英制单位。PCB 设计中有时候也会用到公制单位。要实现两种单位的转换,可执行菜单命令"视图"(View)→"切换单位"(Toggle Units),如图 7-43 所示。

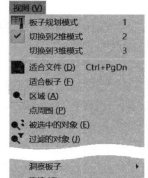

2. 工作层的隐藏与显示

Altium Designer 的 PCB 编辑器默认给出了 13 个工作层。在 PCB 设计中,有时为了避免混淆,需要把某些工作层隐藏起来不显示。

要隐藏工作层,以隐藏 Top Layer 层为例,操作方法是:光标移至板层标签区,右击,在弹出的快捷菜单依次选择"隐藏层"(Hide Layers)→Top Layer 命令,如图 7-44 所示。随后,Top Layer 工作层上的图元信息将会隐藏不显示。同时,板层标签区中 Top Layer 标签也隐藏不显示。

图 7-43 转换度量单位菜单命令

要将隐藏的工作层再显示出来,以隐藏的 Top Layer 工作层为例,操作方法是:光标移至板层标签区,右击,在弹出的快捷菜单依次选择"显示层"(Show Layers)→Top Layer 命令,如图 7-45 所示。随后,Top Layer 工作层上的图元信息将会重新显示出来。同时,板层标签区中 Top Layer 标签也会显示出来。

图 7-44 从"板层标签区"隐藏工作层命令

图 7-45 从板层标签区显示工作层命令

7.3 导入电路原理图数据

电路原理图的数据信息,需要导入 PCB 编辑器中,以便据此设计绘制 PCB 图,从而实现原理图向 PCB 图的转化。这一步是建立电路原理图与 PCB 图之间联系的桥梁。

7.3.1　载入元件封装库

在向 PCB 编辑器导入电路原理图数据之前，应该检查确认所用的原理图中涉及的元件封装库是否已全部载入 PCB 编辑器，尤其是原理图不是当前计算机系统中绘制的，可能在绘制时另外加载使用了其他封装库。如果在导入电路原理图数据时，原理图中用到的所有封装库没有全部载入 PCB 编辑器中，就会出现错误信息，不能将相应的元件封装载入 PCB 图中。

由于 PCB 编辑器中的 Components 面板，与原理图编辑器中的 Components 面板内容一样，因此向 PCB 编辑器载入元件封装库，和向原理图编辑器载入新的元件库，其操作方法一样，有关内容可参考 3.2.1 节。例如，在向 PCB 编辑器载入元件封装库操作过程中，出现的如图 7-46 所示的"打开"对话框中，选中元件封装库文件 MyFootprint（文件扩展名 .PcbLib 隐藏），单击"打开"按钮确认。此时 Components 面板中显示已添加启用成功的元件封装库，如图 7-47 所示。

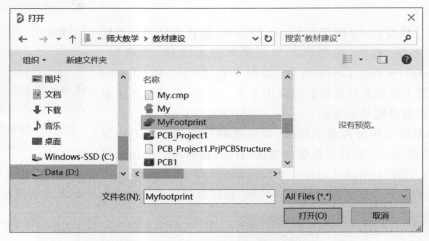

图 7-46　加载封装库的"打开"对话框

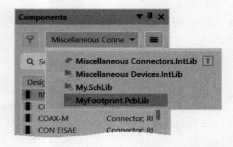

图 7-47　Components 面板中载入新的元件封装库效果

7.3.2　将数据导入电路原理图

向 PCB 编辑器中导入电路原理图数据，按如下操作步骤进行：

（1）打开向 PCB 编辑器中导入电路原理图数据的"工程变更指令"（Engineering Change Order）对话框。有两个途径可以打开"工程变更指令"对话框，以如图 3-57 所示的电路原理图数据导入为例说明如下：

- 在原理图编辑环境下，执行菜单命令"设计"（Design）→Update PCB Document PCB1. PcbDoc，如图 7-48 所示。

- PCB 编辑环境下,执行菜单命令"设计"(Design)→Import Changes From Sine_wave
.PrjPCB,如图 7-49 所示。

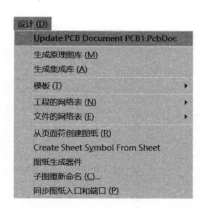

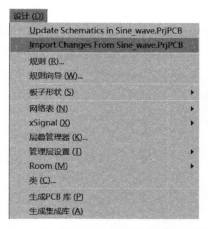

图 7-48　原理图编辑环境下更新 PCB 图菜单命令　　图 7-49　PCB 编辑环境下更新 PCB 图菜单命令

☺小贴士 29　由原理图更新到 PCB 的文件保存位置要求

　　要在原理图编辑环境下向 PCB 编辑器导入电路原理图数据,必须预先建立一个 PCB 文件,并且原理图文件和要导入电路原理图数据的 PCB 文件必须在同一个工程名录下,否则如图 7-48 所示的菜单中 Update PCB Document PCB1.PcbDoc 命令不存在。同样,要在 PCB 编辑环境下导入一个原理图的数据信息,电路图应该存在且与要导入电路原理图数据的 PCB 文件须在同一个工程名录下,否则如图 7-49 所示的菜单中 Import Changes From Sine_wave.PrjPCB 命令不存在。

　　上述两个途径的操作,都可以使系统弹出"工程变更指令"对话框,如图 7-50 所示。

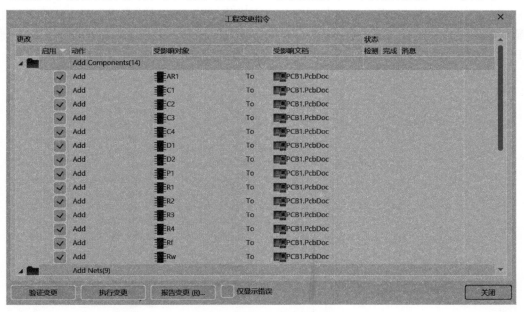

图 7-50　"工程变更指令"对话框

　　"工程变更指令"对话框中显示了要载入 PCB 文件的元件封装、电气连接网络信息,即要"变更"PCB 文件的内容,还显示了载入到的 PCB 文件名等信息。

（2）在"工程变更指令"对话框中，单击"验证变更"（Validate Changes）按钮，系统将检查所有的变更是否都有效，并将检查结果显示到"状态"（Status）栏的"检测"（Check）子栏中。如果检查的变更是正确的，则更改有效，在"检测"子栏中的对应位置显示绿色的对号标记；如果检查的变更是错误的，则更改无效，在"检测"子栏中的对应位置显示红色的叉号标记，如图 7-51 所示。如果检查的变更有错误，则要根据错误信息对原理图做相应的修改。

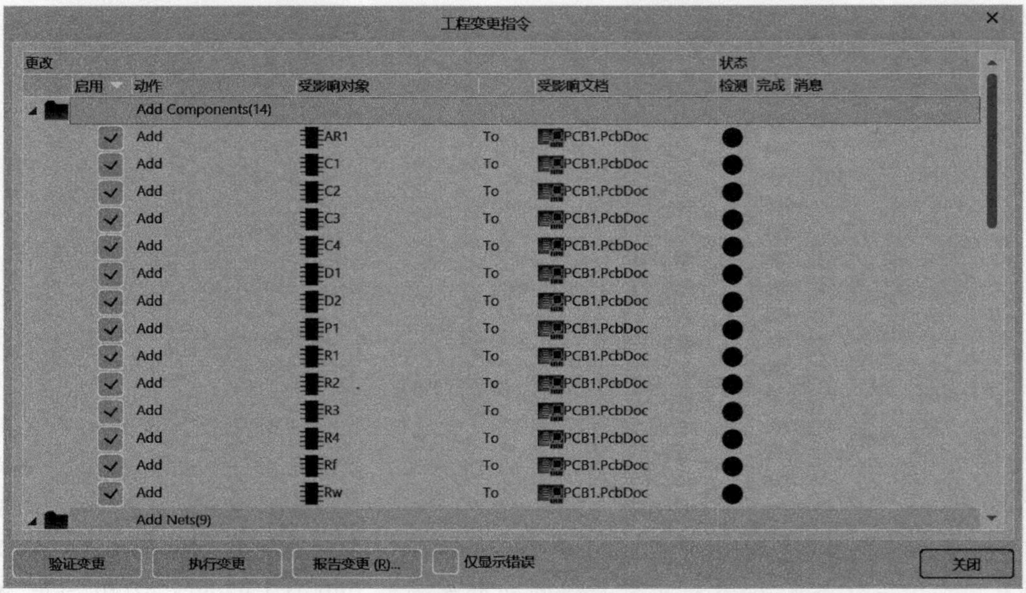

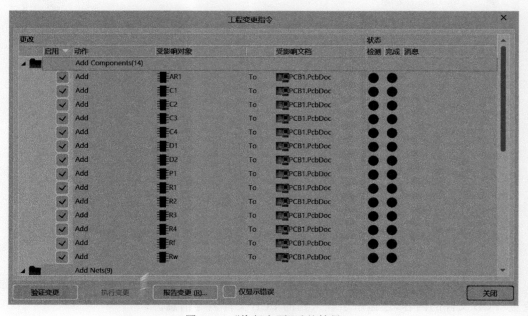

图 7-51　执行"验证变更"后的结果

（3）如果检查的所有变更都是有效的，则在"工程变更指令"对话框中，单击"执行变更"（Execute Changes）按钮，系统将执行所有的变更操作，"状态"栏的"完成"（Done）子栏对应位置显示绿色的对号标记，表明执行变更操作成功，如图 7-52 所示。电路原理图数据成功地载入 PCB 文件中。

图 7-52　"执行变更"后的结果

关闭"工程变更指令"对话框,进入 PCB 编辑环境。可以看到电路原理图中所有元件的封装,都已添加到 PCB 文件中,集中排列到 PCB 编辑区域右下角的外侧;元件之间的电气连接关系,通过飞线连接元件封装上的焊盘表示,如图 7-53 所示。

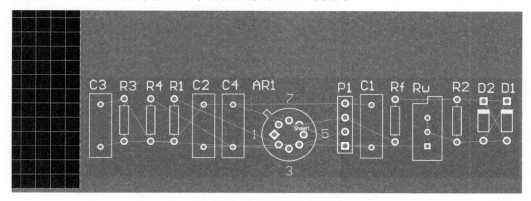

图 7-53　导入原理图数据到 PCB 文件

7.3.3　同步更新原理图与 PCB 图

在从原理图向 PCB 图导入原理图数据后,有时根据需要会对原理图或 PCB 图进行一些必要的修改。Altium Designer 软件提供基于原理图的变动更新 PCB 图以及基于 PCB 图的变动更新原理图的双向同步更新功能。

所谓同步,在这里是指使电路原理图和 PCB 图之间,在元件构成以及元件之间的电气连接关系上,保持完全相同。

Altium Design 的同步更新,按照同步比较规则进行。同步比较规则的设置,通过同步比较器操作。一般情况下,采用系统默认的同步比较规则设置,即不对同步比较器的默认设置做更改,例如 7.3.2 节所述的第一次向 PCB 图导入电路原理图数据。这个操作其实也是同步更新,也称为同步设计。

如果要重新设置同步比较器,按如下操作步骤进行:

（1）在任一 PCB 工程项目下,例如 Sine_wave 工程,执行菜单命令"工程"（Project）→"工程选项"（Project Options）,如图 7-54 所示。系统随即弹出 Options for PCB Project Sine_wave. PrjPCB 对话框,然后单击 Comparator 选项卡,打开同步比较器设置对话框,如图 7-55 所示。在该对话框中,可以进行同步比较规则的设置。

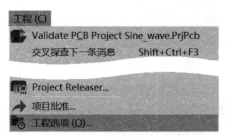

图 7-54　"工程选项"菜单命令

（2）单击"设置成安装缺省"（Set To Installation Defaults）按钮,将恢复该对话框中的系统默认设置。

（3）单击"确定"（OK）按钮,完成同步比较规则的设置。

原理图与 PCB 图的同步更新,可以按如下操作步骤进行:

（1）在原理图编辑界面或 PCB 编辑界面执行菜单命令"工程"（Project）→"显示差异"（Show Differences）,如图 7-56 所示,系统随即弹出"选择比较文档"（Choose Documents To Compare）对话框,如图 7-57 所示。

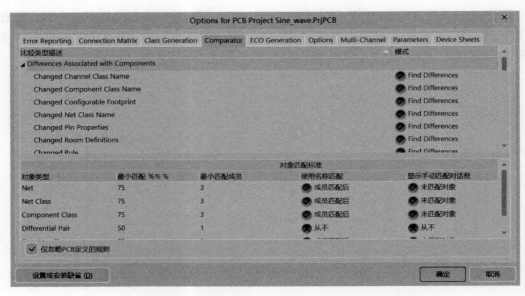

图 7-55　工程选项对话框的 Comparator 选项卡

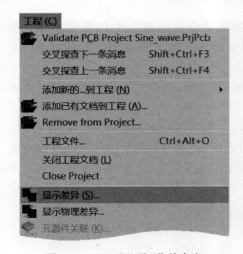

图 7-56　"显示差异"菜单命令

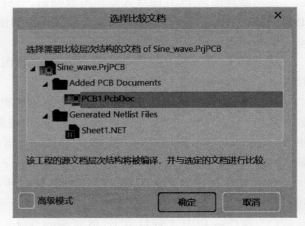

图 7-57　"选择比较文档"对话框

（2）在"选择比较文档"对话框中，选择进行比较的原理图文件和 PCB 图文件，然后单击"确定"（OK）按钮，系统即对两个文件进行比较。

如果没有不同，将弹出如图 7-58 所示的比较结果信息框。

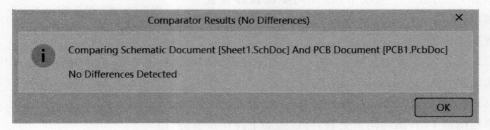

图 7-58　无不同的文档比较结果

如果存在不同，则给出比较结果对话框。为了便于说明，将图 7-53 对应的如图 3-57 所示的电路原理图中的 R1 元件系统默认的封装 AXIAL-0.3 改为 AXIAL-0.5，AR1 元件系统默认的封装 H-08A 改为 DIP-8,C1～C4 元件系统默认的封装 RAD-0.3 改为 RAD-0.1。更改元件封装的方法参见 3.4.2 节中的有关叙述。这时,比较结果对话框如图 7-59 所示。该对话框给出了原理图文件与 PCB 文件的 6 项不同之处。

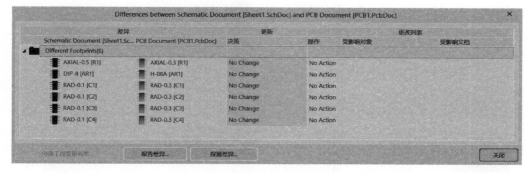

图 7-59 存在不同的文档比较结果对话框

(3)在如图 7-59 所示的对话框中,单击第 1 项信息的"决策"(Decision)选项,对话框内弹出同步更新选项对话框,如图 7-60 所示。

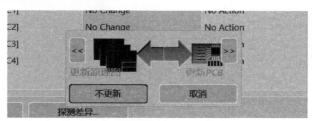

图 7-60 同步更新选项对话框

单击"不更新"(No Updates)或"取消"(Cancel)按钮,对话框消失,不进行更新操作。单击 ⊠ 按钮,将根据 PCB 图更新原理图;单击 ⊠ 按钮,将根据原理图更新 PCB 图。此处选择更新原理图,对于后 5 项信息,选择更新 PCB 图,结果如图 7-61 所示。

图 7-61 同步更新方式选择结果

(4)在如图 7-61 所示的对话框中,单击"创建工程变更列表"(Create Engineering Change Order)按钮,系统弹出"工程变更指令"对话框,如图 7-62 所示。该对话框中给出了即将进行的双向更新的工程变更指令信息。

(5)在如图 7-62 所示的对话框中,单击"执行变更"(Execute Changes)按钮,系统将执行所有的更新操作。同步更新的结果如图 7-63 所示。与图 7-53 比较可知,元件 AR1 和 C1～C4 的封装都完成了更新。元件 R1 的封装没变,但查看原理图文件知道,原理图中 R1 的封装更新为 AXIAL-0.3。

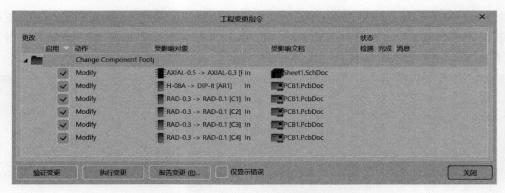

图 7-62　同步更新工程变更指令

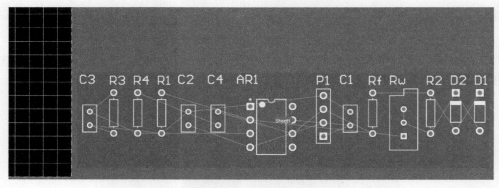

图 7-63　同步更新结果

☺**小贴士 30　原理图与 PCB 图的双向同步更新方法**

按照 7.3.2 节介绍的导入电路原理图数据的方法，同样可以实现从原理图到 PCB 图的更新。参见图 7-49，在 PCB 编辑环境下，执行菜单命令"设计"（Design）→Update Schematics in Sine_wave.PrjPCB，也可以实现从 PCB 图到原理图的更新。

7.4　元件布局

如图 7-63 所示，电路原理图数据导入 PCB 编辑器并更新（如果有更新）后，系统自动将元件集中排列在编辑区域右下角的外侧，这时就需要对元件进行合理的布局调整。

7.4.1　编辑区窗口显示区域设置

在元件布局及随后的布线等操作中，根据需要有时需要显示全部的电路信息，有时需要放大显示电路的某一局部区域。合理的编辑区窗口显示区域，会给 PCB 的设计工作带来很大的方便。

编辑区窗口显示区域设置的方法有多种，对应的命令在如图 7-64 所示的菜单列表中，它们是"适合文件"（Fit Document）、"适合板子"（Fit Board）、"区域"（Area）、"点周围"（Around Point）、"被选中的对象"（Selected Objects）、"放大"（Zoom In）、"缩小"（Zoom Out）和"上一次缩放"（Zoom Last）命令。

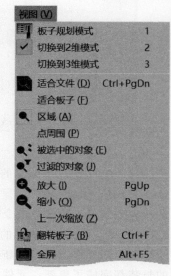

图 7-64　"视图"子菜单

1. "适合文件"(Fit Document)命令

该命令要求编辑区窗口以尽可能大的分辨率显示PCB文件的所有图元,包括有些不在编辑区域的图元,例如图7-63所示的情况。

执行菜单命令"视图"(View)→"适合文件"(Fit Document),参见图7-64。编辑区窗口随即以尽可能大的分辨率显示PCB文件的所有元件,以及禁止布线矩形边框线,如图7-65所示。对应的快捷方式是按下组合键Ctrl+PgDn。

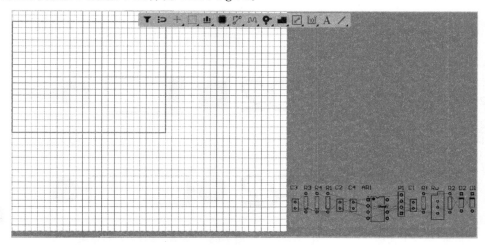

图7-65　"适合文件"命令的执行结果

2. "适合板子"(Fit Board)命令

该命令要求编辑区窗口以尽可能大的分辨率显示全部PCB编辑区域,而不论PCB文件的所有图元是否都在编辑区域内。

对如图7-65所示的PCB文件情况,执行菜单命令"视图"(View)→"适合板子"(Fit Board),参见图7-64。编辑区窗口随即以尽可能大的分辨率显示了全部的PCB编辑区域,即全部的黑色区域部分,如图7-66所示。

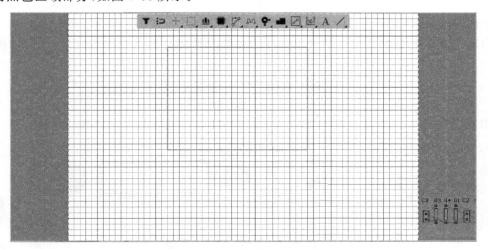

图7-66　"适合板子"命令的执行结果

3. "区域"(Area)命令

该命令要求编辑区窗口以尽可能大的分辨率显示光标以对角顶点为基准划定的矩形区域。

实现该显示方式的操作步骤是：

（1）执行菜单命令"视图"（View）→"区域"（Area），参见图 7-64。光标随即变成绿色"十"字形，进入选定待显示区域的状态。

（2）将光标移至待显示区域的一角顶点，单击，拖动光标移至待显示区域的对角顶点，形成一个矩形框，如图 7-67 所示。

（3）再次单击，编辑区窗口随即以尽可能大的分辨率显示光标选定的区域，如图 7-68所示。

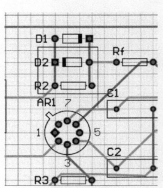

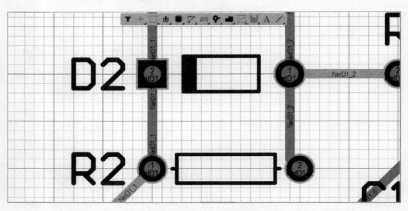

图 7-67 "区域"命令下光标
选定待显示区域

图 7-68 "区域"命令的执行结果

4. "点周围"（Around Point）命令

该命令要求编辑区窗口以尽可能大的分辨率，显示光标以指定点为对称中心选定的矩形区域。

实现该显示方式的操作步骤是：

（1）执行菜单命令"视图"（View）→"点周围"（Around Point），参见图 7-64。光标随即变成绿色"十"字形，进入选定待显示区域的状态。

（2）将光标移至待显示区域的中心位置，单击，拖动光标至适当位置，形成一个以鼠标第一次单击的位置为对称中心、以光标目前的位置为一角顶点的矩形，如图 7-69 所示。

（3）再次单击，编辑区窗口随即以尽可能大的分辨率显示了光标选定的区域，如图 7-70所示。

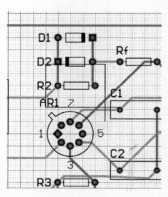

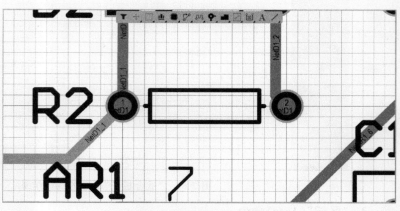

图 7-69 "点周围"命令下光标
选定待显示区域

图 7-70 "点周围"命令的执行结果

5. "被选中的对象"(Selected Objects)命令

该命令要求编辑区窗口以尽可能大的分辨率,显示光标选中的图元。

实现该显示方式的操作步骤是:

(1) 光标选定待显示的图元,即如图 7-71 所示的高亮部分的元件。

(2) 执行菜单命令"视图"(View)→"被选中的对象"(Selected Objects),参见图 7-64。编辑区窗口随即以尽可能大的分辨率显示了光标刚选中的两个元件,如图 7-72 所示。

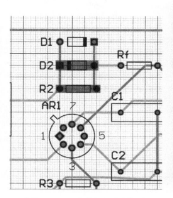

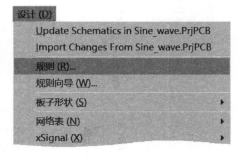

图 7-71　光标选中图元　　　　　　　　　图 7-72　"被选中的对象"命令的执行结果

6. "放大"(Zoom In)、"缩小"(Zoom Out)和"上一次缩放"(Zoom Last)命令

参见图 7-64,每执行一次菜单命令"视图"(View)→"放大"(Zoom In),编辑区窗口的显示分辨率增大一次。对应的快捷方式是按下键盘的 PgUp 键。

每执行一次菜单命令"视图"(View)→"缩小"(Zoom Out),编辑区窗口的显示分辨率减小一次。对应的快捷方式是按下键盘的 PgDn 键。

执行菜单命令"视图"(View)→"上一次缩放"(Zoom Last),编辑区窗口的显示分辨率返回到改变前的分辨率,但不会撤销改变为目前分辨率之后的移动、添加、删除图元等操作。

7.4.2　元件布局参数设置

在 PCB 编辑区对元件进行布局,除了要考虑 5.4 节第 2 部分提到的一些一般原则,Altium Designer 软件还提供了关于元件布局的一些基本规则参数,供用户选择设置。元件布局的基本规则参数设置,在"PCB 规则及约束编辑器"对话框中进行。

1. PCB 规则及约束编辑器

在 PCB 编辑环境中,执行菜单命令"设计"(Design)→"规则"(Rules),如图 7-73 所示。系统随即弹出"PCB 规则及约束编辑器"(PCB Rules and Constraints Editor)对话框,如图 7-74 所示。

"PCB 规则及约束编辑器"对话框的右侧给出了所有的 PCB 设计规则项目,这些设计规则项目又被分为十大类,分别是:Electrical(电气)规则、Routing(布线)规则、SMT(贴片元件)规则、Mask(屏蔽)规

设计 (D)

Update Schematics in Sine_wave.PrjPCB
Import Changes From Sine_wave.PrjPCB

规则 (R)...

规则向导 (W)...

板子形状 (S)　　　　　▶

网络表 (N)　　　　　　▶

xSignal (X)　　　　　　▶

图 7-73　"规则"菜单命令

则、Plane(内层)规则、Testpoint(测试点)规则、Manufacturing(制板)规则、High Speed(高频电路)规则、Placement(布局)规则和 Signal Integrity(信号完整性)规则,列表于对话框的左侧。

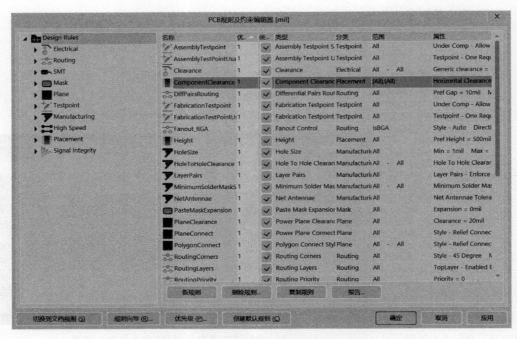

图 7-74　"PCB 规则及约束编辑器"对话框

2. 元件布局规则

在上述规则中，布局规则用于元件在 PCB 编辑区的布局设置。其中的一个重要子规则是元件 ComponentClearance（安全间距）规则，用于设置元件之间的最小距离间隔。

在如图 7-74 所示对话框的右侧列表中，选中 ComponentClearance 项目，双击，出现 ComponentClearance 选项卡，如图 7-75 所示。该对话框的左侧此时也标示出了 ComponentClearance 项目的目录位置。

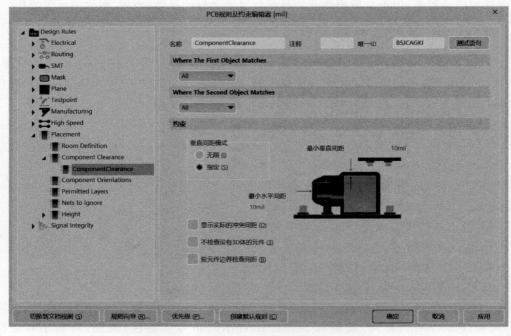

图 7-75　"PCB 规则及约束编辑器"对话框的 ComponentClearance 选项卡

ComponentClearance 选项卡有 3 个选项区。

1）Where The First Object Matches 和 Where The Second Object Matches 选项区

对于元件安全间距规则的设置，是相对于两个对象而言的。因此，在
Component Clearance 选项卡中，元件安全间距规则有两个匹配对象的范围设置，即 Where The First Object Matches 和 Where The Second Object Matches 匹配对象的范围设置。单击这两个选项区中的下拉列表框，均弹出如图 7-76 所示的匹配对象设置选项，各选项的含义如下：

图 7-76　匹配对象设置选项

- All：若选中此项，则当前设定的约束规则在整个 PCB 上有效。
- Component：若选中此项，则当前设定的约束规则对某个选定的元件有效，此时可在后面新出现的选择框中选择某个元件。
- Component Class：若选中此项，则当前设定的约束规则对某个选定的元件类有效，此时可在后面新出现的选择框中选择某个元件类。
- Footprint：若选中此项，则当前设定的约束规则对某个选定的封装有效，此时可在后面新出现的选择框中选择某个封装。
- Package：若选中此项，则当前设定的约束规则对某个选定的封装类有效，此时可在后面新出现的选择框中选择某个封装类。
- In Polygon：若选中此项，则当前设定的约束规则对多边形内的元件有效。
- Component And Layer：若选中此项，则当前设定的约束规则对选定的某个元件和图层有效，此时可在后面新出现的两个选择框中分别选择某个元件和图层。
- Custom Query：若选中此项，则当前设定的约束规则可以通过激活"查询助手"（Query Helper）和"查询构建器"（Query Builder）弹出的对话框，定义其适用范围。

2）"约束"（Constraints）选项区

该选项区用于设置元件安全间距规则的具体约束特性。其中，在"垂直间距模式"（Vertical Clearance Mode）栏给出了对元件安全间距规则进行检查的"无限"和"指定"两种模式。

- "指定"（Specified）：选中该模式，"约束"区域显示对应模式的视图，如图 7-75 所示。"指定"模式下元件间距的设置，是以元件本体外形为依据的。
- "无限"（Infinite）：选中该模式，"约束"区域显示对应模式的视图，如图 7-77 所示。"无限"模式下元件间距的设置，是以元件外形的最大尺寸为依据的。

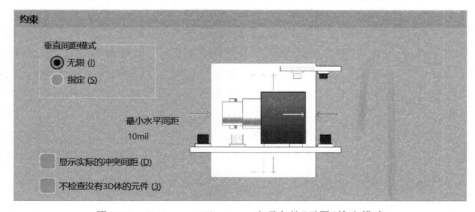

图 7-77　ComponentClearance 选项卡的"无限"检查模式

将光标移至"最小水平间距"（Minimum Horizontal Clearance）或"最小垂直间距"（Minimum Vertical Clearance）的数据上，单击，即可重新编辑这两个参数。

☺小贴士31　元件安全间距检查的忽略

Altium Designer 软件系统的设计规则默认同一工作层的元件重叠是错误的，即如有同层元件重叠现象，系统会自动使同层重叠的元件显示为绿色以报警。但在实际设计中，会有用到同层元件重叠的情况，这时要让重叠的元件不显示为绿色，可以在如图 7-75 所示的"PCB 规则及约束编辑器"对话框中，单击左侧列表中布局（Placement）规则的 Component Clearance 子规则。在右侧的对话框中，取消选中"使能的"（Enabled）项，即取消了系统对元件安全间距规则的检查，同层重叠的元件就不再显示为绿色。

7.4.3　元件布局操作

元件布局是将元件放置到一定的位置，并调整元件的排列方向，包括对元件的移动、旋转、对齐等操作。元件布局是 PCB 设计中的一个重要环节。不合适的元件布局将直接影响随后的布线效果，例如不必要的走线交叉、走线延长等。元件布局应根据电路原理图的绘制结构，首先将电路的核心元件放置到合适的位置，再将其外围元件配置到核心元件的周围。较复杂的电路宜分模块在 PCB 编辑区规划布局。使具有电气连接的元件引脚比较接近，从而使布线长度尽可能短，这是元件布局的一个基本原则；同时也要兼顾机械要求、散热要求等因素，对元件的布局做统筹安排。

1. 元件的选取

PCB 设计中元件的选取，与 3.2.3 节涉及的元件选取一样，也有用鼠标直接选取和执行菜单命令进行选取两种方法。

用鼠标直接选取元件是最简单、最常用的方法，具体操作同 3.2.3 节中所述，此处不再赘述。

执行菜单命令进行选取的操作方法也同 3.2.3 节中所述，但弹出的子菜单有更多的选取命令选项，如图 7-78 所示。

第三级菜单中各命令的功能如下：

- "选择重叠"（Select overlapped）——表示选取交叠的元件。
- "选择下一个"（Select next）——表示添加选取与已选中的图元相连接的图元。
- "Lasso 选择"（Lasso Select）——执行此命令后，按住鼠标左键拖动光标在 PCB 编辑区滑动范围之内的图元将被选中。
- "区域内部"（Inside Area）——表示选取矩形区域内的对象。执行此命令后，按住鼠标左键，拖动光标在 PCB 编辑区画出矩形区域，则该矩形区域内的所有图元均被选取。
- "区域外部"（Outside Area）——表示选取矩形区域外的对象。执行此命令后，按住鼠标左键，拖动光标在 PCB 编辑区画出矩形区域，则该矩形区域外的所有图元均被选取。
- "矩形接触到的对象"（Touching Rectangle）——表示选取矩形所接触到的对象。执行此命令后，按住鼠标左键，拖动光标在 PCB 编辑区画出矩形区域，则该矩形区域内部及矩形区域边框线所接触到的图元均被选取。
- "线接触到的对象"（Touching Line）——表示选取直线所接触到的对象。执行此命令后，按住鼠标左键，拖动光标在 PCB 编辑区画出一条直线，则与所画直线接触的所有图元均被选取。

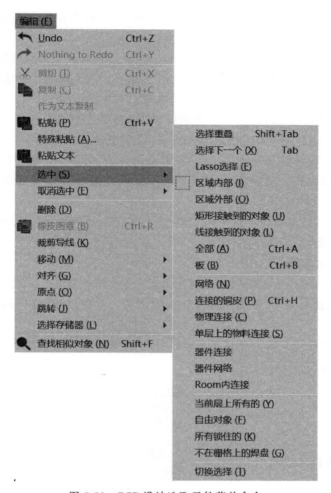

图 7-78　PCB 设计选取元件菜单命令

- "全部"(All)——表示选取板上的所有图元。
- "板"(Board)——表示选取整个板子。
- "网络"(Net)——表示选取网络。执行此命令后,将光标移至某段导线、某焊盘或某过孔上,单击,则该段导线、焊盘或过孔所在的网络上的所有导线、焊盘和过孔均被选中。
- "连接的铜皮"(Connected Copper)——表示通过铜膜对象选取相应网络中的对象。执行此命令后,将光标移至某段导线、某焊盘或某过孔上单击,则该段导线、焊盘或过孔所在的网络的所有导线、焊盘和过孔均被选中。
- "物理连接"(Physical Connection)——表示通过物理连接来选取对象。执行此命令后,将光标移至连接两焊盘导线的某一段上,单击,则此两焊盘间全部的导线段及导线上的过孔均被选中。
- "单层上的物理连接"(Physical Connection Single Layer)——表示通过物理连接来选取单层上的对象。执行此命令后,将光标移至连接两焊盘导线的某一段上,单击,则此两焊盘间与鼠标单击导线段相连接的同层导线段均被选中。
- "器件连接"(Component Connections)——执行此命令后,将光标移至某元件上单击,则与该元件连接的所有导线(终止于非该元件上的第一个焊盘)及导线上的过孔均被选取。可以多次切换元件。

- "器件网络"(Component Nets)——执行此命令后,将光标移至某元件上,单击,则与该元件连接的所有网络均被选取。可以多次切换元件。
- "Room 内连接"(Room Connections)——表示选取 Room 上的连接对象。
- "当前层上所有的"(All on Layer)——表示选取当前工作层上的所有对象。
- "自由对象"(Free Objects)——表示选取自由对象。
- "所有锁住的"(All Locked)——表示选取所有锁定的对象。
- "不在栅格上的焊盘"(Off Grid Pads)——表示选取不在栅格交点上的焊盘。
- "切换选择"(Toggle Selection)——执行此命令后,可以单击逐个添加选取对象。

被选中的图元以高亮状态显示,如图 7-79 中 D2 元件及其左侧方形焊盘相连接的两段导线所示。

在 PCB 编辑区的任何空白位置单击即取消所有已被选中图元的选中状态。按键盘的组合键 X+A,也可以取消图元的选中状态。

2. 元件的移动与旋转

对于选中的元件,可以将光标移至选中的元件上,或者不预先选中元件而直接将光标移至元件上,按住鼠标左键不松开,拖动元件移至目标位置。但如果想同时移动多个元件时,则需要预先选中多个元件。

也可以使用菜单命令来实现元件的移动。执行菜单命令"编辑"(Edit)→"移动"(Move),系统弹出子菜单如图 7-80 所示。

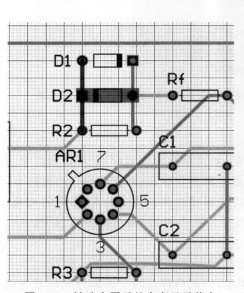

图 7-79 被选中图元的高亮显示状态

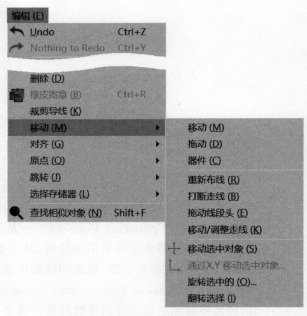

图 7-80 PCB 设计移动菜单命令

第三级菜单中有关元件移动和旋转的命令功能如下:

- "移动"(Move)——执行此命令后,光标变成绿色"十"字形,进入移动元件状态。单击某元件,即可拖动该元件至目标位置,再单击,即完成元件的移动。使用类似方法可继续移动其他元件。右击退出移动元件状态。
- "拖动"(Drag)——此命令的功能与相应的操作方法与上述命令相似。不同之处在于,若在如图 7-5 所示对话框的"其他"选项区"器件拖拽"下拉列表框,选定 Connected

Tracks 项，则此处移动元件，元件连接的导线会跟随移动。

- "器件"(Component)——此命令的功能与相应的操作方法与上述"移动"命令相似。不同之处在于，在上述"移动"命令下，元件移动到位后，导线才跟随过去，而在此命令下，元件移动过程中导线即跟随移动。
- "重新布线"(Re-Rout)——此命令用于对某段布线的中间部分进行局部调整。
- "打断走线"(Break Track)——此命令的功能与相应的操作方法与上述两个命令相似。
- "拖动线段头"(Drag Track End)——执行此命令后，光标变成绿色"十"字形。单击某导线，即可拖动该导线移动，而导线的两端不动。导线移至新的位置后再单击一次，完成此段导线的调整。使用类似方法可继续拖动其他导线。右击退出拖动线段头状态。
- "移动/调整走线"(Move/Resize Tracks)——执行此命令后，单击某段导线，光标自动就近移向该段导线的一端，即可拖动该导线的一端脱离所接触的焊盘或导线任意移动，而导线另一端不动。导线段一端移至目标位置后再单击一次，完成此段导线的移动/调整。
- "移动选中对象"(Move Selection)——先选取图元，再执行此命令，光标变成绿色"十"字形。光标在 PCB 编辑区某一位置时单击，然后移动光标时，选中的图元随光标一同移动，且选中的图元与光标的相对位置保持不变。至目标位置时再次单击，完成选中对象的移动。此方法更适合多个图元的整体移动。
- "通过 X,Y 移动选中对象"(Move Selection by X,Y)——先选取图元，再执行此命令，弹出"获得 X/Y 偏移量[mill]"(Get X/Y Offsets)对话框，如图 7-81 所示。在 X、Y 偏移量的文本框填入偏移数值，单击"确定"(OK)按钮，即可实现选中对象按设定的偏移量值进行移动。此方法适合图元的精确移动。
- "旋转选中的"(Rotate Selection)——先选取图元，再执行此命令，弹出 Rotation Angle (Degrees) 对话框，如图 7-82 所示。在编辑框填入旋转角度数值，单击"确定"(OK)按钮，再单击 PCB 编辑区的适当位置确定旋转中心，即可实现选中对象围绕该中心以设定的角度进行的旋转。
- "翻转选择"(Flip Selection)——先选取图元，再执行此命令，即可实现选中对象的水平翻转。

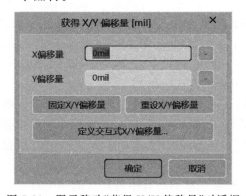

图 7-81 图元移动"获得 X/Y 偏移量"对话框

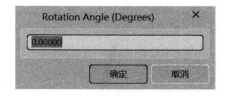

图 7-82 图元移动 Rotation Angle 对话框

3. 元件的排列

执行菜单命令"编辑"(Edit)→"对齐"(Align)，系统弹出如图 7-83 所示的子菜单。
第三级菜单中有关元件排列的命令功能如下：

- "对齐"(Align)——执行此命令后，系统弹出"排列对象"(Align Objects)对话框，如

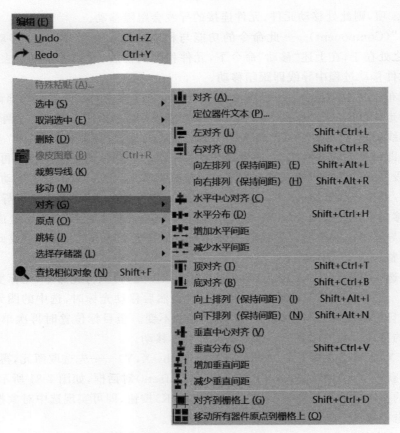

图 7-83　PCB 设计对齐菜单命令

图 7-84 所示。在 PCB 编辑界面的常用工具栏中，单击"排列元件"（Align Components）图标按钮 █ ，也会弹出"排列对象"对话框。该对话框给出了多种元件对齐的方式，有对齐功能的 8 个选项："水平"（Horizontal）方向对齐的"左侧"（Left）、"居中"（Center）、"右侧"（Right）、"等间距"（Space equally）选项，和"垂直"（Vertical）方向对齐的"顶部"（Top）、"居中"（Center）、"底部"（Bottom）、"等间距"（Space equally）选项，只能同时选中一个，其功能分别对应于下面的菜单命令："左对齐"（Align Left）、"水平中心对齐"（Align Horizontal Centers）、"右对齐"（Align Top）、"水平分布"（Distribute Horizontally）、"顶对齐"（Align Top）、"垂直中心对齐"（Align Vertical Centers）、"底对齐"（Align Bottom）、"垂直分布"（Distribute Vertically）。

- "定位器件文本"（Position Component Text）——执行此命令后，系统弹出"元器件文本位置"（Component Text Position）对话框，如图 7-85 所示。对话框用于设置预先选中元件的"标识符"（Designator）和"注释"（Comment）文本的位置。也可以用鼠标手动进行文本位置的调整。
- "左对齐"（Align Left）——将已选取的元件水平移动向其中最左边的一个对齐。
- "右对齐"（Align Right）——将已选取的元件水平移动向其中最右边的一个对齐。
- "水平中心对齐"（Align Horizontal Centers）——先选取元件，再执行此命令，然后单击其中的一个元件，则其他选中的元件水平移动向这个元件对齐。
- "水平分布"（Distribute Horizontally）——将已选取的元件以左右两边的元件为基准在水平方向上等距离分布。

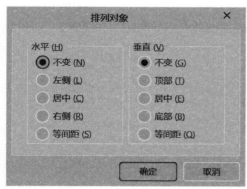

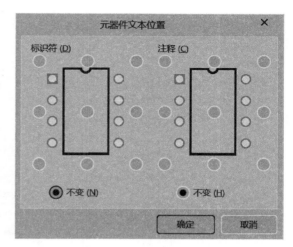

图 7-84 "排列对象"对话框 图 7-85 "元器件文本位置"对话框

- "增加水平间距"（Increase Horizontal Spacing）——将已选取的元件以其中最左边的元件为基准水平向右移动以增加元件之间的水平间距。
- "减少水平间距"（Decrease Horizontal Spacing）——将已选取的元件以其中最左边的元件为基准水平向左移动以减少元件之间的水平间距。
- "顶对齐"（Align Top）——将已选取的元件垂直移动向其中最上边的一个对齐。
- "底对齐"（Align Bottom）——将已选取的元件垂直移动向其中最下边的一个对齐。
- "垂直中心对齐"（Align Vertical Spacing）——先选取元件，再执行此命令，然后单击其中的一个元件，则其他选中的元件垂直移动向这个元件对齐。
- "垂直分布"（Distribute Vertically）——将已选取的元件以上下两边的元件为基准在垂直方向上等距离分布。
- "增加垂直间距"（Increase Vertical Spacing）——将已选取的元件以其中最下边的元件为基准垂直向上移动以增加元件之间的垂直间距。
- "减少垂直间距"（Decrease Vertical Spacing）——将已选取的元件以其中最下边的元件为基准垂直向下移动以减少元件之间的垂直间距。

4. 元件布局示例

下面以如图 7-63 所示的导入电路原理图数据到 PCB 文件后并更新过的状态为例，介绍元件布局的一般过程。

1）元件整体移向电气边界附近

光标移至 Room 区非元件处，按下鼠标左键，拖动所有的元件至定义好的元件布局和布线的区域附近，松开鼠标左键放下。然后单击选中 Room 区，按下键盘 Delete 键删除 Room。使用键盘组合键 V＋D 使编辑区窗口最大化地显示所有的元件和定义好的元件布局及布线区域，如图 7-86 所示。

2）放置各元件于电气边界内

参照图 3-57 所示的电路原理图结构，首先将电路的核心元件 AR1 放置到元件布局和布线区域，即电气边界所围区域上的合适位置：将光标移至 AR1 元件上，按下鼠标左键，在拖动元件的至元件布局和布线区域中间偏左的位置，松开鼠标左键放下元件。然后用类似的方法，将其他元件放置到电气边界线内。在拖动元件的过程中光标呈绿色"十"字形，且所拖动的元件与其他元件有电气连接关系，此时只有与此元件最近的元件之间用飞线标示出电气连接关

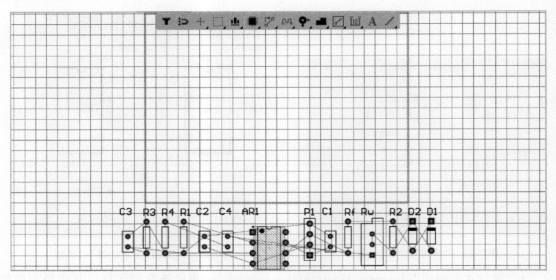

图 7-86　显示所有元件和元件布局及布线区域

系,其他飞线都不显示,以时刻提醒用户基于就近缩短导线的原则放置元件。当需要旋转元件时,例如图 7-86 中 R3 由竖直方向转为水平方向,则在放置 R3 时按键盘空格键一次,元件沿逆时针方向转动 90°。如果在布局元件时飞线显示存在交叉或长度偏大的情况,则需要调整元件位置或方向,尽量避免飞线交叉和长度偏大的情况出现。如图 7-87 所示,这时虽然元件实现了由竖直方向转为水平方向,但飞线存在交叉。这时就需要将元件再旋转 180°,如图 7-88 所示,即可实现在同样的空间布局情况下后续布线时导线尽可能短的目标。

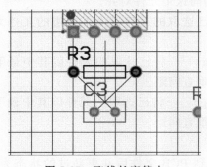
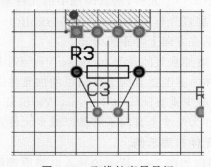

图 7-87　飞线长度偏大　　　　　　图 7-88　飞线长度尽量短

3) 定位安装孔

所有的元件都放置好后,在 4 个边角预留的空间位置放置焊盘,用作安装孔。放置焊盘的操作步骤如下:

(1) 执行菜单命令"放置"(Place)→"焊盘"(Pad),光标变为绿色"十"字形,并附带一个悬浮的焊盘,进入放置焊盘状态,如图 7-89 所示。

(2) 移动光标至待放置焊盘的位置,单击,即可放置一个焊盘。用类似方法可连续放置多个焊盘。

(3) 右击,退出放置焊盘状态。

放置焊盘过程中按下键盘 Tab 键,或双击放置好的焊盘,系统弹出焊盘属性对话框,如图 7-90 所示。

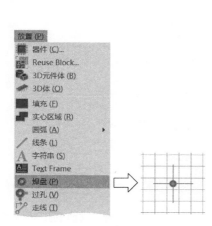

图 7-89　放置焊盘菜单命令　　　　图 7-90　焊盘属性对话框

在焊盘属性对话框中,可以对焊盘的属性进行设置。

单击打开 Properties 选项区,在 Designator 文本框中可以编辑设置焊盘的标号、(X/Y)文本框可以设置焊盘位置坐标等。

单击打开 Pad Stack 选项区。该选项区的上部如图 7-91 所示,可以显示焊盘的预览形状;下部如图 7-92 所示。

- 在 Shape 栏可以设置焊盘的外形,下拉列表框中有 Round(圆形)、Rectangular(矩形)、Octagonal(八边形)和 Rounded Rectangle(圆角矩形)4 个选项供用户选择。
- 在(X/Y)文本框中可以编辑设置焊盘外形水平方向和垂直方向上的尺寸。

此处可选择圆形焊盘,焊盘尺寸设置为水平方向和垂直方向均为 240mil。

- 在焊盘中心孔设置区也可以设置中心孔的形状,以及中心孔的尺寸(Hole Size)。此处可设置为 120mil。

图 7-93 是全部元件,包括定位安装孔的 4 个焊盘,完成放置后的效果。放置元件时由于是参照栅格线尽量对齐的,所以此处不再需要单独进行元件的对齐操作。

4）调整元件标识符

对元件标识符进行调整的内容有 3 方面:一是移动位置,要求标识符尽量靠近所指示的元件,且不放置在焊盘或元件封装外形边框内;二是根据需要旋转标识符改变其方向;三是根据需要改变标识符的字体。

对元件的标识符号进行调整,有两种操作方法:一是用鼠标直接操作,二是在属性对话框中编辑设置。

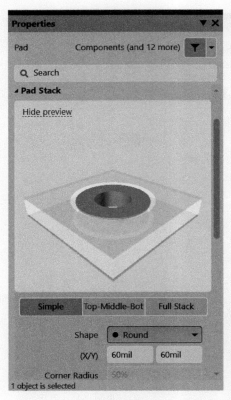

图 7-91　焊盘属性对话框的 Pad Stack
选项区焊盘预览

图 7-92　焊盘属性对话框的 Pad Stack
选项区形状、尺寸和中心孔

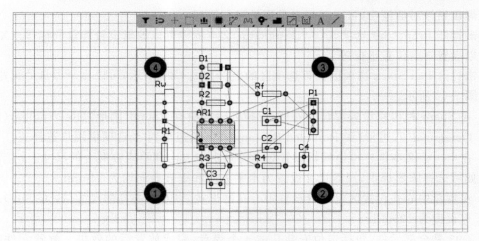

图 7-93　全部元件完成放置

（1）用鼠标直接操作。

光标移至待调整的元件标识符上，按住鼠标右键，可直接拖动标识符至其他地方，也可以按下键盘空格键改变其方向。

（2）在属性对话框中编辑设置。

光标移至待调整的元件标识符上双击，系统弹出元件标识符属性对话框，如图 7-94 所示。在标识符属性对话框中，可以对焊盘的属性进行设置。

单击打开 Location 选项区，在（X/Y）文本框中可以编辑设置焊盘的位置坐标，在 Rotation

文本框可以编辑设置焊盘的旋转角度。

单击打开 Properties 选项区,如图 7-95 所示。

图 7-94　标识符属性对话框　　　　图 7-95　标识符属性对话框的 Properties 选项区

- 选中 Mirror 选项,可对标识符做镜像翻转操作。
- 在 Autoposition 栏可以设置标识符在元件封装图形上的位置,下拉菜单中有 Manual、Left-Above、Left-Center、Left-Below、Center-Above、Center、Center-Below、Right-Above、Right-Center 和 Right-Below 共 10 个选项供用户选择。
- Text Height 文本框用于编辑设置标识符的高度。
- Font 栏和 Stroke Width 文本框分别用于设置标识符的文本字体风格和字符线条宽度。

元件标识符调整后的效果如图 7-96 所示。

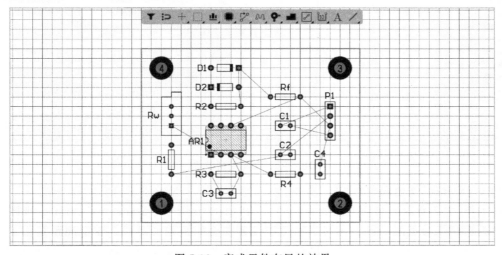

图 7-96　完成元件布局的效果

至此,元件布局的工作基本完成。

7.5 布线

布线是指按照电路原理图上元件之间的电气连接关系,在 PCB 上将元件封装上的焊盘、过孔等,用导线连接起来。布线分为自动布线和手动布线两种方式。尽管从用时上看自动布线很快,可用秒来计量,但布线仍可说是 PCB 工程设计中重要的一个步骤,因为之前的所有工作,可以说都是为它而准备的。而且,整个布线的设计过程工作量实际上并不小。合理的布线规则、合适的布线策略,以及精心的手工布线调整,才能获得最佳的布线效果。

7.5.1 布线设计规则

布线设计规则,即与布线相关的设计规则,其设置也在"PCB 规则及约束编辑器"对话框中进行。

在 PCB 编辑环境中,执行菜单命令"设计"(Design)→"规则"(Rules),系统随即弹出"PCB 规则及约束编辑器"(PCB Rules and Constraints Editor)对话框,如图 7-74 所示。在该对话框提供的十大类规则中,与布线设计有关的主要是电气规则(Electrical)和布线规则(Routing),它们是自动布线和手动布线的依据。

1. 电气规则设置

电气规则的设置用于系统的 DRC 电气校验,是进行 PCB 布线时应遵循的电气特性规则。如果布线过程中违反了电气规则,那么 DRC 校验器会自动报警,提醒用户修改布线。

在图 7-74 所示的"PCB 规则及约束编辑器"(PCB Rules and Constraints Editor)对话框的左侧列表中,单击 Electrical 规则,显示参见图 7-97。这时从对话框右侧可以看到,电气规则的设置有 4 个规则类,它们是 Clearance(安全间距)、ShortCircuit(短路)、UnpouredPolygon(未铺铜多边形)和 UnRoutedNet(未布线网络)。

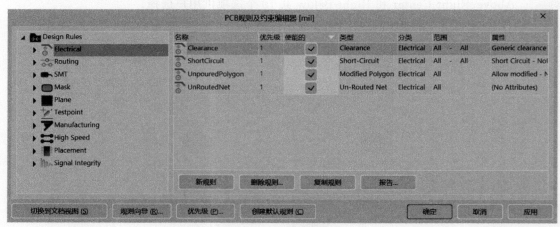

图 7-97 电气规则设置

1) Clearance(安全间距)设置

在如图 7-97 所示的对话框左侧列表中,选中 Electrical→Clearance→Clearance 规则项目,新的对话框显示参见图 7-98。该对话框用于设置安全间距相关参数。安全间距是指 PCB 中的导线与导线、导线与焊盘、焊盘与焊盘等导电对象之间,避免电气干扰、保证电路板正常工作的最小距离。

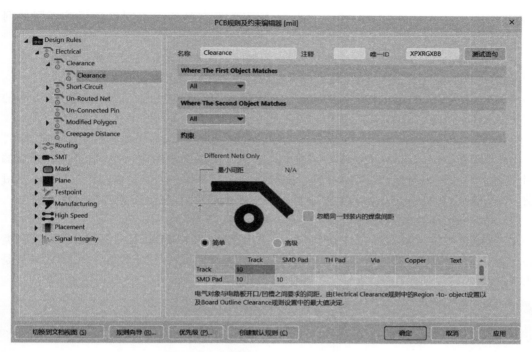

图 7-98 "PCB 规则及约束编辑器"对话框的 Clearance 选项卡

在该对话框中,上部分用于设置规则的适用对象。与前面介绍的元件布局规则设置中 ComponentClearance 选项卡一样,也包括 Where The First Object Matches 和 Where The Second Object Matches 两个选项区。这两个选项区的安全规则匹配对象设置下拉列表框如图 7-99 所示,其中各选项的含义如下:

- All——若选中此项,则当前设定的约束规则在整个 PCB 上有效。
- Net——若选中此项,则当前设定的约束规则对某个选定的网络有效,此时可在后面新出现的选择框中选择某个网络。
- Net Class——若选中此项,则当前设定的约束规则对某个选定的网络类有效,此时在后面新出现的选择框中,只有 All Nets(所有网络)一个选项。
- Layer——若选中此项,则当前设定的约束规则对某个选定的工作层有效,此时可在后面新出现的选择框中选择某个工作层。
- Net And Layer——若选中此项,则当前设定的约束规则对某个网络和图层有效,此时可在后面新出现的两个选择框中分别选择某个网络和图层。
- Custom Query——若选中此项,则当前设定的约束规则可以通过激活"查询助手"(Query Helper)和"查询构建器"(Query Builder)弹出的对话框,定义其适用范围。

在如图 7-98 所示的对话框中,下部分用于设置导电对象之间安全间距规则的具体约束特性。其中该规则适用范围选项的下拉列表如图 7-100 所示,其中各选项的含义如下:

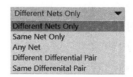

图 7-99 安全间距规则匹配对象设置下拉列表框   图 7-100 安全间距规则适用范围下拉列表框

- Different Nets Only——若选中此项，则当前设定的约束规则仅适用于不同的网络之间。
- Same Net Only——若选中此项，则当前设定的约束规则仅适用于同一网络中。
- Any Net——若选中此项，则当前设定的约束规则适用于任一网络。
- Different Differential Pair——若选中此项，则当前设定的约束规则适用于不同的差分对。
- Same Differential Pair——若选中此项，则当前设定的约束规则适用于同一差分对。

"最小间距"（Minimum Clearance），即导电对象之间的安全距离，具体数值可在下面的表格中设置。对于同一封装内的焊盘间距，可选中"忽略同一封装内的焊盘间距"（Ignore Pad to Pad clearances within a footprint），系统进行安全间距的 DRC 电气校验时做忽略处理。

2）Short-Circuit（短路）设置

在如图 7-97 所示的对话框左侧列表中，选中 Electrical 规则下 Short-Circuit 规则类的 ShortCircuit 规则项目，新的对话框显示参见图 7-101。该对话框用于设置 PCB 上的导线是否可以短路。

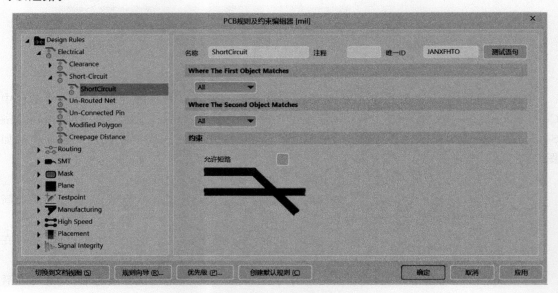

图 7-101 "PCB 规则及约束编辑器"对话框的 ShortCircuit 选项卡

在该对话框中，上部分用于设置规则的适用对象，前面已有讲解，此处不再重复。在对话框的下部分"约束"（Constraints）区中，只有一个选项"允许短路"（Allow Short Circuit）。若选中此项，则布线时允许设置的匹配对象短路。

3）UnRoutedNet（未布线网络）设置

在如图 7-97 所示的对话框左侧列表中，选中 Electrical 规则下 Un-Routed Net 规则类的 UnRoutedNet 规则项目，新的对话框显示参见图 7-102。该对话框用于设置检查 PCB 中指定范围内的网络是否已完成布线。

在该对话框中，上部分用于设置规则的适用对象，前面已有讲解，此处不再重复。在对话框的下部分"约束"（Constraints）区中，只有一个选项"检查不完全连接"（Check for incomplete connections）。若选中此项，则系统将检查 PCB 中指定范围内的网络是否已完成布线，没有布线的网络仍以飞线形式标示元件之间的电气连接关系。

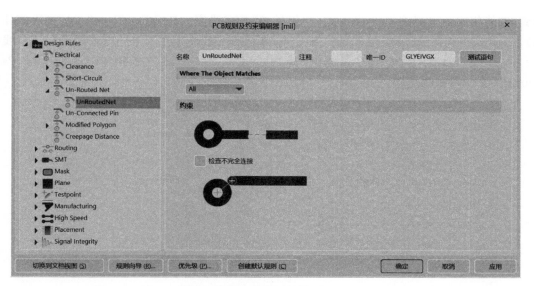

图 7-102 "PCB 规则及约束编辑器"对话框的 UnRoutedNet 选项卡

4) UnpouredPolygon(未铺铜多边形)设置

在如图 7-97 所示的对话框左侧列表中,选中 Electrical 规则下 Modified Polygon 子规则的 UnpouredPolygon 规则项目,新的对话框显示参见图 7-103。该对话框用于设置 PCB 上未铺铜的多边形参数。

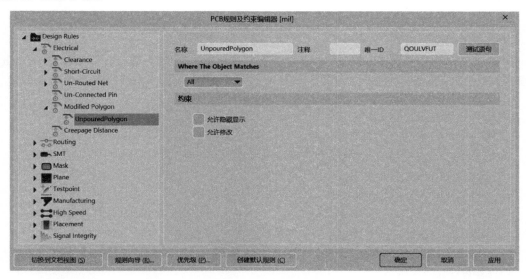

图 7-103 "PCB 规则及约束编辑器"对话框的 UnpouredPolygon 选项卡

在该对话框中,上部分用于设置规则的适用对象,前面已有讲解,此处不再重复。在对话框的下部分"约束"(Constraints)区中,如果选中"允许隐藏显示"(Allow shelved)项,则当前已搁置的所有多边形不会被标记为违规;如果选中"允许修改"(Allow modified),则当前未铺铜的所有多边形不会被标记为违规。

2. 布线规则设置

布线规则是关于布线方式的规则,主要用在自动布线的过程中,是布线器布线的直接依据。

在如图 7-74 所示的"PCB 规则及约束编辑器"(PCB Rules and Constraints Editor)对话框的左侧列表中,双击 Routing 规则,对话框新的显示参见图 7-104。这时从对话框中左侧可以看到，布线规则的设置有 8 个规则类，它们是 Width（线宽）、Routing Topology（布线拓扑结构）、Routing Priority（布线优先级）、Routing Layers（布线板层）、Routing Corners（布线拐角）、Routing Via Style（布线过孔类型）、Fanout Control（扇出型控制）和 Differential Pairs Routing（差分对布线）。

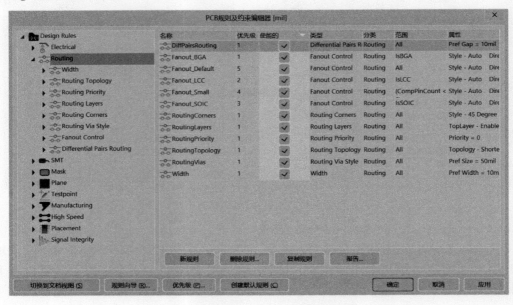

图 7-104　Routing 规则

1) Width（线宽）设置

在如图 7-104 所示的对话框左侧列表中，选中 Routing 规则下 Width 规则类的 Width 规则项目，新的对话框显示参见图 7-105。该对话框用于设置 PCB 上布线时所用的导线宽度。

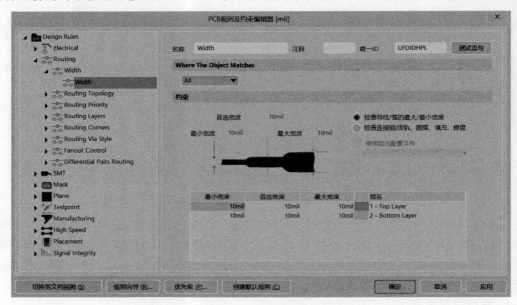

图 7-105　"PCB 规则及约束编辑器"对话框的 Width 选项卡

在该对话框中，Where The Object Matches 区用于设置规则的适用对象。"约束"（Constraints）区用于设置布线宽度的具体约束条件。

- "最大宽度"(Max Width)和"最小宽度"(Min Width)：确定导线的宽度范围。
- "首选宽度"(Preferred Width)：布线时系统默认的导线宽度值。

上述 3 个参数数值可以根据需要直接进行编辑更改。

- "检查导线/弧的最大/最小宽度"(Check Tracks/Arcs Min/Max Width Individually)：若选中此项,则检查走线和圆弧的单个宽度是否在最小和最大范围内。
- "检查连接铜(线轨,圆弧,填充,焊盘和过孔)最小/最大物理宽度"(Check Min/Max Width for Physically Connected Copper(tracks,arcs,fills,pads & vias))：若选中此项,则检查由走线、圆弧、填充、焊盘和通孔连接形成的布线铜的宽度是否在最小和最大范围内。
- "仅层叠中的层"(Layers in Layerstack only)：若选中此项,则表示当前的线宽规则仅适用于板层堆栈中所设置的工作层。若不选中此项,则对所有的信号层都有效。

☺ 小贴士 32　PCB 规则及约束编辑器添加新的规则项

针对不同的网络,Altium Designer 可以定义不同的线宽规则,这将给 PCB 布线设计带来很大的方便。例如相对于其他网络线,电源线的宽度一般要定义得大一点,使之能承受较大的电流。在"PCB 规则及约束编辑器"(PCB Rules and Constraints Editor)对话框的左侧列表中,右击 Width 类选项,在弹出的快捷菜单中选中"新规则"(New Rule)命令,即创建一个默认名称为 Width_1 的新的线宽规则项目。在新的线宽规则对话框中,通过 Where The Object Matches 区选择规则匹配的特定的网络对象,例如电源网络;然后在"约束"(Constraints)区设置布线宽度的具体约束条件,即完成新的线宽规则的定义。新定义规则的名称 Width_1 可以根据需要更改,例如改为 Width_GND。

2) RoutingTopology(布线拓扑结构)设置

在如图 7-104 所示的对话框左侧列表中,选中 Routing 规则下 Routing Topology 规则类的 RoutingTopology 规则项目,新的对话框显示参见图 7-106。该对话框用于设置 PCB 自动布线时,同一电气连接网络内各个节点之间的布线方式。

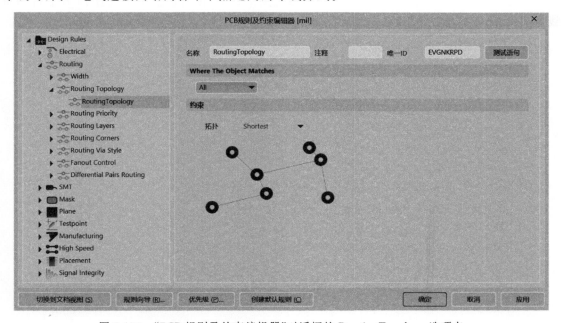

图 7-106　"PCB 规则及约束编辑器"对话框的 RoutingTopology 选项卡

在该对话框中，Where The Object Matches 区用于设置规则的适用对象。"约束"(Constraints)区的"拓扑"(Topology)，下拉列表框中给出了 7 种拓扑结构供用户选用，如图 7-107 所示。选中其中的一种，"约束"(Constraints)区即显示该拓扑结构的表现形式供用户参考。

图 7-107　拓扑结构选项下拉菜单

- Shortest："最短"拓扑结构，在布线连通节点后，使所有的导线总长度最短。
- Horizontal："水平"拓扑结构，在布线连通节点后，使水平方向的导线总长度最短。
- Vertical："垂直"拓扑结构，在布线连通节点后，使垂直方向的导线总长度最短。
- Daisy-Simple："简单雏菊"拓扑结构，在指定起点和终点的布线连通节点后，使所有的导线总长度最短。如果用户没有指定起点和终点，则生成的连通导线与"最短"拓扑结构生成的连通导线相同。
- Daisy-MidDriven："雏菊中点"拓扑结构，以指定的中心点为起点，向指定的两个终点分别布线连通各节点后，使所有的导线总长度最短。如果用户没有指定中间起点和两个终点，则生成的连通导线与"最短"拓扑结构生成的连通导线相同。
- Daisy-Balanced："雏菊平衡"拓扑结构，以指定的中心点为起点，向指定的两个终点分别布线连通各节点，并且使中心点两侧的连通线路上节点数目平均，使所有的导线总长度最短。如果用户没有指定中心起点和终点，则生成的连通导线与"最短"拓扑结构生成的连通导线相同。
- Starburst："星形"拓扑结构，系统以某个节点为起点，分别与其他各节点导线直接连通，使所有的导线总长度最短。如果用户指定了终点，则终点不直接和起点导线连通。

3）Routing Priority(布线优先级)设置

在如图 7-104 所示的对话框左侧列表中，选中 Routing 规则下 Routing Priority 规则类的 RoutingPriority 规则项目，新的对话框显示参见图 7-108。该对话框用于设置 PCB 上自动布线时，各网络布线的先后顺序。

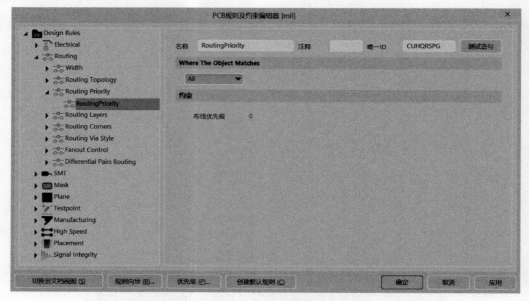

图 7-108　"PCB 规则及约束编辑器"对话框的 RoutingPriority 选项卡

在该对话框中，Where The Object Matches 区用于设置规则的适用对象。"约束"（Constraints）区的"布线优先级"（Routing Priority）选项,用于设置上面所选适用对象的布线优先级,数字越大对应的级别越高,布线顺序越靠前。0 级级别最低,100 级级别最高。

4）Routing Layers（布线板层）设置

在如图 7-104 所示的对话框左侧列表中,选中 Routing 规则下 Routing Layers 规则类的 RoutingLayers 规则项目,新的对话框显示参见图 7-109。该对话框用于设置 PCB 自动布线时允许布线的板层。

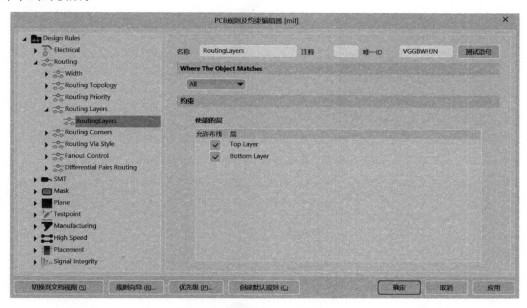

图 7-109 "PCB 规则及约束编辑器"对话框的 RoutingLayers 选项卡

在该对话框中,Where The Object Matches 区用于设置规则的适用对象。约束（Constraints）区列出了两个板层的名称,可以选择是否对某个板层布线。

5）RoutingCorners（布线拐角方式）设置

在如图 7-104 所示的对话框左侧列表中,选中 Routing 规则下 Routing Corners 规则类的 RoutingCorners 规则项目,新的对话框显示参见图 7-110。该对话框用于设置 PCB 上自动布线时,导线的拐角方式。

在该对话框中,Where The Object Matches 区用于设置规则的适用对象。"约束"（Constraints）区的"类型"（Style）,下拉列表框中给出了用于设置导线拐角方式的 3 种选项：45 Degree（45°拐角）、90 Degree（90°拐角）和 Rounded（圆弧拐角）。

6）Routing Via Style（布线过孔类型）设置

在如图 7-104 所示的对话框左侧列表中,选中 Routing 规则下 Routing Via Style 规则类的 RoutingVias 规则项目,新的对话框显示参见图 7-111。该对话框用于设置 PCB 自动布线时放置过孔的尺寸大小。

在该对话框中,Where The Object Matches 区用于设置规则的适用对象。"约束"（Constraints）区内,"过孔直径"（Via Diameter）和"过孔孔径大小"（Via Hole Size）的最小值、最大值和优先值参数可以直接编辑设置。

7）Fanout Control（扇出型控制）设置

扇出指的是通过添加引出导线和过孔,将贴片式元件的焊盘变成通孔焊盘,使其可以继续

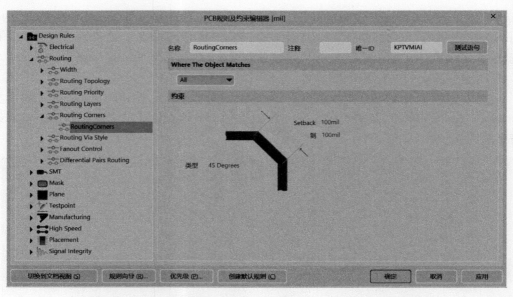

图 7-110　"PCB 规则及约束编辑器"对话框的 RoutingCorners 选项卡

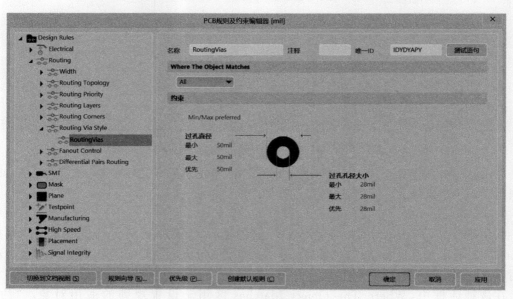

图 7-111　"PCB 规则及约束编辑器"对话框的 RoutingVias 选项卡

在其他板层上布线。扇出型控制规则即用于对贴片式元件进行扇出式布线进行控制。

在如图 7-104 所示的对话框左侧列表中，选中 Routing 规则下 Fanout Control 规则类的 Fanout_BGA 规则项目，新的对话框如图 7-112 所示。如图 7-112 左侧列表中显示，软件系统给出了扇出型控制设置的 5 个选项，它们分别是：

- Fanout_BGA——用于 BGA 封装元件的导线扇出方式设置。
- Fanout_LCC——用于 LCC 封装元件的导线扇出方式设置。
- Fanout_SOIC——用于 SOIC 封装元件的导线扇出方式设置。
- Fanout_Small——用于小外形封装元件的导线扇出方式设置。
- Fanout_Default——用于导线扇出方式的默认设置。

这 5 个选项设置区域除了规则适用对象范围略有不同外，"约束"（Constraints）区的内容基本相同。下面以 Fanout_BGA 规则的设置对话框为例,说明其布线参数的设置。如图 7-112 右侧所示。

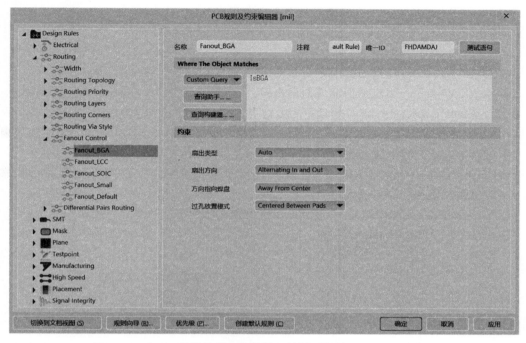

图 7-112 "PCB 规则及约束编辑器"对话框的 Fanout_BGA 选项卡

- "扇出类型"(Fanout Style):用于设置贴片组件放置扇出过孔的方式。其下拉列表框如图 7-113 所示,其中:

  Auto——自动扇出,选择最适合贴片组件的样式,以达到最佳的布线空间结果;

  Inline Rows——同轴排列,扇出过孔放置在对齐的两个行内;

  Staggered Rows——交错排列,扇出过孔放置在两个交错行中;

  BGA——BGA 形式排列,根据指定的 BGA 选项扇出;

  Under Pads——过孔从贴片组件的焊盘下方扇出。

- "扇出方向"(Fanout Direction):用于设置扇出的方向。其下拉列表框如图 7-114 所示,其中:

  Disable——不对贴片组件进行扇出;

  In Only——仅向贴片组件的边界矩形内部扇出;

  Out Only——仅向贴片组件的边界矩形外部扇出;

  In Then Out——向贴片组件的边界矩形内部扇出,无法沿该方向扇出的向外扇出;

  Out Then In——向贴片组件的边界矩形外部扇出,无法沿该方向扇出的向内扇出;

  Alternating In and Out——交替向贴片组件的边界矩形内部和外部扇出。

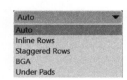

图 7-113 扇出类型下拉列表框

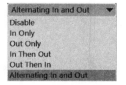

图 7-114 扇出方向下拉列表框

- "方向指向焊盘"（Direction From Pad）：用于设置焊盘的扇出方向。其下拉列表框如图 7-115 所示，其中：

  Away From Center——偏离焊盘中心方向扇出；

  North-East——焊盘的东北方向扇出；

  South-East——焊盘的东南方向扇出；

  South-West——焊盘的西南方向扇出；

  North-West——焊盘的西北方向扇出；

  Towards Center——正对焊盘中心方向扇出。

- "过孔放置模式"（Via Placement Mode）：用于设置相对于 BGA 组件的焊盘放置扇出过孔的方式。其下拉列表框如图 7-116 所示，其中：

  Close To Pad(Follow Rules)——在不违反间距规则的前提下，扇出过孔尽可能靠近对应贴片组件的焊盘放置；

  Centered Between Pads——扇出过孔将放置在贴片组件的焊盘之间居中的位置。

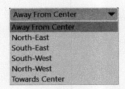 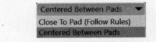

图 7-115　焊盘扇出方向下拉列表框　　　图 7-116　扇出方向下拉列表框

在实际的 PCB 设计中，扇出型控制的"约束"（Constraints）区中的参数一般都可以采用系统默认的设置。

8) Differential Pairs Routing（差分对布线）设置

在如图 7-104 所示的对话框左侧列表中，选中 Routing 规则下 Differential Pairs Routing 规则类的 DiffPairsRouting 规则项目，新的对话框显示参见图 7-117。该对话框用于设置 PCB 自动布线时对一组差分对进行约束的规则。

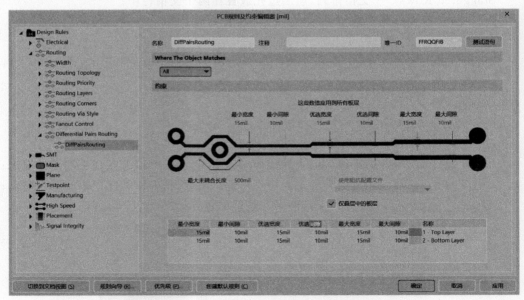

图 7-117　"PCB 规则及约束编辑器"对话框的 DiffPairsRouting 选项卡

在该对话框中，Where The Object Matches区用于设置规则的适用对象。"约束"（Constraints）区内，差分对的两个网络之间的"最小间隙"（Min Gap）、"最大间隙"（Max Gap）、"优选间隙"（Preffered Gap）、"最大未耦合长度"（Max Uncoupled Length）参数，和差分对布线的"最小宽度"（Min Width）、"最大宽度"（Max Width）、"优选宽度"（Preffered Width）参数，可以直接编辑设置。

"仅叠层中的板层"（Layers in layerstack only）复选框表示仅显示和编辑图层堆栈中已定义的信号图层的宽度和间隙约束。若选中此项，则下面的列表中只显示图层堆栈中定义的工作层；若不选中此项，将显示所有的信号层。

◎ 小贴士33　布线设计规则参数设置的建议

在上面介绍的与布线有关的规则中，多数可以采用系统默认的参数设置。但是，其中有3个参数需要用户特别注意，应根据需要做必要的修改，它们是电气规则（Electrical）中的安全间距（Clearance）、布线规则（Routing）中的线宽（Width）和布线板层（Routing Layers）。安全间距和线宽参数的设置，不仅要考虑电气性能的要求：前者要避免导电对象之间的电气干扰，一般首选10～15mil，后者要考虑导线温升、压降因素，线宽可选范围为8～60mil，同时还要考虑PCB生产线的加工能力，包括导线与绝缘基板的黏附强度和加工精度等。因此需要综合考虑，选定合适的安全间隙和最小线宽参数。布线板层参数则取决于电路的复杂程度。复杂的电路用双面板，即布线时要布在顶层和底层，简单的电路只需要设置布线于顶层和底层之一即可。

7.5.2　自动布线

PCB布线的规则参数设置完成后，即可进行自动布线环节。自动布线是Altium Designer软件根据用户设置或系统默认的布线规则参数，按照一定的算法，在元件之间自动进行的布线行为。

◎ 小贴士34　元件引脚变绿的解决方法

元件引脚变绿，是由于元件引脚间距过小，小于用户定义的布线安全间距数值。解决的办法一是直接改变布线安全间距规则，二是在如图7-98所示的对话框中选中"忽略同一封装内的焊盘间距"复选框。

执行菜单命令"布线"（Route）→"自动布线"（Auto Route），如图7-118所示，图中的三级菜单中给出了用于多种自动布线方式的命令选项。

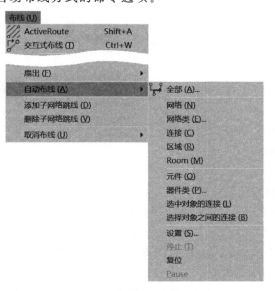

图7-118　"自动布线"菜单命令

1. "全部"（All）

此命令的功能是对整个 PCB 进行自动布线。选中此命令后,系统弹出"Situs 布线策略"（Situs Routing Strategies）对话框,如图 7-119 所示。该对话框包括"布线设置报告"（Routing Setup Report）和"布线策略"（Routing Strategy）两个区域。

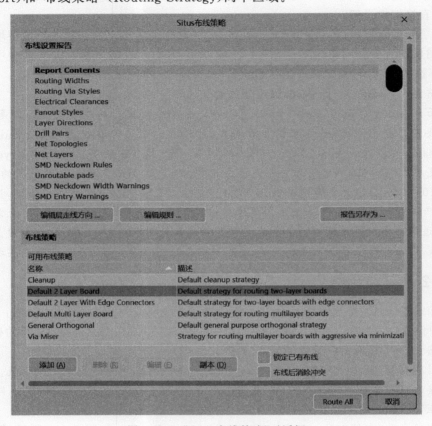

图 7-119　"Situs 布线策略"对话框

1)"布线设置报告"（Routing Setup Report）区

该区用于对布线设计规则和受其影响的对象进行汇总。

如果需要对布线设计规则进行修改,可以通过单击"编辑规则"（Edit Rules）按钮,打开"PCB 规则及约束编辑器"对话框进行。

"编辑层走线方向"（Edit Layers Directions）按钮则用于设置各信号层的布线方向。通过此按钮打开"层方向"（Layer Directions）对话框,如图 7-120 所示。在"当前设定"（Current Setting）列可对各层的布线方向重新设置。

2)"布线策略"（Routing Strategy）区

该区给出了 6 种默认的布线策略。

- Cleanup:优化的布线策略;
- Default 2 Layer Board:默认的双面板布线策略;
- Default 2 Layer With Edge Connectors:默认的具有边缘连接器的双面板布线策略;
- Default Multi Layer Board:默认的多层板布线策略;
- General Orthogonal:常规正交布线策略;
- Via Miser:尽量减少过孔使用的布线策略。

对布线策略的修改通过以下 4 个按钮和 2 个复选框进行。

- "添加"（Add）：制定添加新的布线策略；
- "删除"（Remove）：删除布线策略，但是系统默认的布线策略不可删除；
- "编辑"（Edit）：编辑布线策略，但是系统默认的布线策略不可编辑；
- "副本"（Duplicate）：复制布线策略，用于对某个已存在的布线策略复制后，修改成用户所需要的布线策略；
- "锁定已有布线"（Lock All Pre-routes）：若选中此项，则已完成的布线锁定，自动布线时不改变已有的布线；若不选中此项，则自动布线时已有的布线将被拆除后重新布线。选中此项，适用于将有特殊需求的网络先行手工布线，剩下的网络再自动布线的情况。
- "布线后消除冲突"（Rip-up Violations After Routing）：若选中此项，则自动布线时，若有违反设计规则的走线，则布线结束后将它删除。

单击"Situs 布线策略"（Situs Routing Strategies）对话框中右下侧的 Route All 按钮，系统即开始对 PCB 的全部网络进行自动布线，同时弹出布线状态信息，如图 7-121 所示，同步显示布线的状态信息。

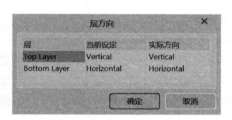

图 7-120　"层方向"对话框

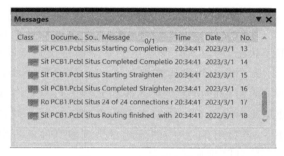

图 7-121　布线状态信息

2．"网络"（Net）

此命令的功能是对指定的网络进行自动布线。选中此命令后，光标变成绿色"十"字形，进入"网络"自动布线状态。用鼠标拖动光标至所要布线的网络上，通常是要布线网络中的一个焊盘上，单击，即开始对该焊盘所在的网络进行自动布线，同时弹出布线状态信息同步显示布线的状态信息。布线完成后，系统仍处于"网络"自动布线状态，可继续指定下一个网络进行自动布线。右击，退出"网络"自动布线状态。

3．"网络类"（Net Class）

此命令的功能是对指定的网络类进行自动布线。选中此命令后，系统进入"网络类"自动布线状态，可以对连续指定的多个网络类自动布线。右击，退出"网络类"自动布线状态。

4．"连接"（Connection）

此命令的功能是对指定的飞线进行自动布线，即进行指定的点对点的自动布线。选中此命令后，光标变成绿色"十"字形，进入"连接"自动布线状态。用鼠标拖动光标至所要布线的线络上，或飞线的一端焊盘上，单击，即开始对该飞线进行自动布线。布线完成后，系统仍处于"连接"自动布线状态，可继续指定下一个飞线进行自动布线。右击，退出"连接"自动布线状态。

5．"区域"（Area）

此命令的功能是对指定的区域进行自动布线。选中此命令后，光标变成绿色"十"字形，进入"区域"自动布线状态。用鼠标拖动光标至待布线区的一角，单击，然后将光标移至待布线区的对顶角，再单击，系统即开始对划定的矩形区域进行自动布线，同时弹出布线状态信息同步显示布线的状态信息。布线完成后,系统仍处于"区域"自动布线状态,可继续划定下一个区域进行自动布线。右击,退出"区域"自动布线状态。

6. Room

此命令的功能是对指定的 Room 内进行自动布线。选中此命令后,光标变成绿色"十"字形,进入 Room 自动布线状态。用鼠标拖动光标至所要布线的 Room 上,单击,即开始对该 Room 内的网络进行自动布线,同时弹出布线状态信息同步显示布线的状态信息。布线完成后,系统仍处于 Room 自动布线状态,可继续指定下一个 Room 进行自动布线。右击,退出 Room 自动布线状态。

7. "元件"（Component）

此命令的功能是对指定的元件进行自动布线。选中此命令后,光标变成绿色"十"字形,进入"元件"自动布线状态。用鼠标拖动光标至所要布线的元件上,单击,即开始对该元件的焊盘所连接的飞线进行自动布线,同时弹出布线状态信息同步显示布线的状态信息。布线完成后,系统仍处于"元件"自动布线状态,可继续指定下一个元件进行自动布线。右击,退出"元件"自动布线状态。

8. "器件类"（Component Class）

此命令的功能是对指定的元件类进行自动布线。选中此命令后,系统进入"器件类"自动布线状态,可以对连续指定的多个器件类自动布线。右击,退出"器件类"自动布线状态。

9. "选中对象的连接"（Connections On Selected Components）

此命令的功能是对选取的元件进行自动布线。命令功能与"元件"命令功能相似,不同之处是此命令可以一次对多个元件进行自动布线,且要预先选取元件。首先选取一个或多个元件后,再启用此命令,即开始对所选取元件的焊盘所连接的飞线进行自动布线,同时弹出布线状态信息同步显示布线的状态信息。

10. "选择对象之间的连接"（Connections Between Selected Components）

此命令的功能是对选取的两个元件之间进行自动布线。首先选取待布线的两个元件,再启用此命令,即开始对这两个元件之间有直接连接关系的飞线进行自动布线,同时弹出布线状态信息同步显示布线的状态信息。

在如图 7-96 所示的完成元件布局的基础上,进行自动布线操作的结果如图 7-122 所示。其中,"安全间距"设为 30mil;"线宽"设为 20mil,规则匹配对象采用系统默认设置;另外新建立 3 个"线宽"规则,线宽均设为 50mil,规则匹配对象分别为网络 GND、+15V 和 -15V。

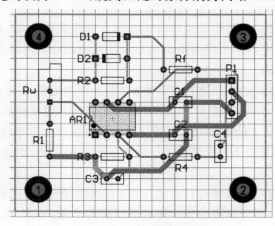

图 7-122　自动布线的结果

7.5.3 手动布线

自动布线虽然效率高，能够快速实现 PCB 上焊盘之间的布线连接，但对于一些特殊需求的连接，包括散热、抗干扰、走线长度、便于安装及美观的需要，使得单纯的自动布线一般难以达到最佳效果。例如，图 7-122 中的元件 D1 和 Rf 之间的布线、元件 C1 和 P1 之间的布线，走线长度偏大。因此，有时需要对 PCB 的部分网络预先手动布线，锁定后再对其余网络自动布线，多数情况下则在自动布线之后，根据需要对部分导线进行手动布线的调整。

◎ 小贴士 35 高亮显示某网络的方法

在手动布线过程中，包括其后检查电路环节，有时需要高亮显示电路中的某个网络。这时需要在系统参数的优选项中进行设置。在如图 7-10 所示的对话框中，取消选中"实时高亮"区"使能的"下的"仅换键时实时高亮"复选框。这样设置后，当光标放到某个网络中的布线上时，整个网络布线会高亮显示。

1. 交互式布线

进行手动布线，需要开启交互式布线模式，具体有如下 4 种方法：

（1）执行菜单命令"布线"（Route）→"交互式布线"（Interactive Routing），如图 7-123 所示，对应的快捷键为 Ctrl＋W。

（2）执行菜单命令"放置"（Place）→"走线"（Track），如图 7-124 所示，对应的键盘快捷键为 P＋T。

（3）在 PCB 编辑区右击，在弹出的快捷菜单中选择"交互式布线"（Interactive Routing）命令，如图 7-125 所示。

（4）在 PCB 编辑工作界面的常用工具栏中，单击"交互式布线连接"（Interactively Route Connections）图标按钮 。

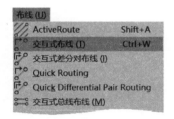

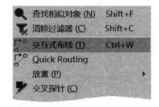

图 7-123　交互式布线的"布线"　　图 7-124　交互式布线的"放置"　　图 7-125　交互式布线的
　　　　　 菜单命令　　　　　　　　　　　 菜单命令　　　　　　　　　　　 右键菜单命令

采用上面的任意一种方法，光标变成绿色"十"字形，即进入手动交互式布线模式。布线的实质是将飞线指示的焊盘之间的电气连接关系，转化为导线的实体连接。因此有飞线连接的焊盘之间，才可以进行手动布线，即手动布线要以飞线为指引。用鼠标拖动光标至某个焊盘或已有布线上的一点（见图 7-126(a)），单击确定为布线的起点；然后移动光标引导布线走向，在需要转向的地方（如果有）单击一次，确认拐点位置（见图 7-126(b)）；光标移至终点，通常是一个焊盘或已有布线上的一点（见图 7-126(c)），单击，即完成一条飞线的布线连接。

将光标移至其他焊盘或已有布线上的一点，即可以开始新的手动布线。右击或者按键盘的 Esc 键，则退出手动交互式布线模式。

2. 手动布线过程中的其他操作

为了实现布线目的，在手动布线过程中有时还需要进行其他的一些操作。

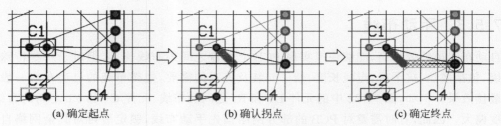

(a) 确定起点　　　　　　　　(b) 确认拐点　　　　　　　　(c) 确定终点

图 7-126　手动布线示意图

1）切换布线板层

在多层板上布线时，如果要改变布线的板层，按下键盘的 L 键可以快速将当前的工作层切换为另一个信号板层进行布线。这在开始一条飞线的手动布线时起作用。

2）添加过孔

如果一条飞线的手动布线已完成了一部分，需要切换到另一信号层继续布线时，就要放置过孔。具体方法是：在手动布线过程中，按下键盘的 Tab 键，弹出交互式布线属性对话框，如图 7-127 所示。将对话框中 Layer 项显示的正在布线层切换为另一信号层，即在布线路径上出现一个过孔，如图 7-128 所示。拖动该过孔至适当位置，单击确认，即添加一个过孔，并开始另一信号层的继续布线。

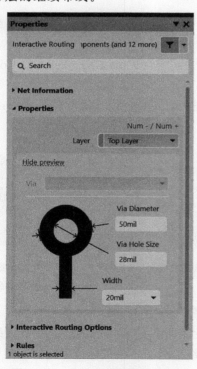

图 7-127　交互式布线属性对话框

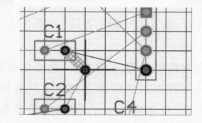

图 7-128　交互式布线过程中添加过孔

3）改变线宽

在如图 7-127 所示的交互式布线属性对话框中，编辑修改 Width 参数，可以改变布线的宽度。但是，新设置的布线宽度在不违反布线规则中设置的线宽子规则前提下才会生效。

4）单层显示

在某个板层上手动布线时，如果 PCB 编辑窗口显示所有的板层，有时会影响布线的走向判断。如果只想显示正在布线的板层，则按下键盘组合键 Shift＋S 即进入显示单层的模式，并显示正在布线的板层。显示单层的模式下,在板层标签区选择哪一层的标签,PCB窗口即转为单独显示哪一层。再次按下键盘组合键Shift+S,PCB编辑窗口恢复到显示多层的模式。

3. 手动调整布线

自动布线后如果发现有些布线不合适,就要进行局部调整,或全部取消重新布线。手动调整布线包括取消布线和调整布线两种方法。

1) 取消布线

执行菜单命令"布线"(Route)→"取消布线"(Un-Route),如图7-129所示。

图中的三级菜单中给出了用于多种取消布线方式的命令选项,分别是:

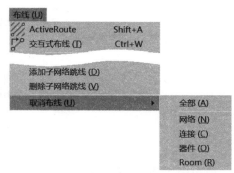

- "全部"(All)——此命令的功能是取消整个PCB的布线。
- "网络"(Net)——此命令的功能是取消指定网络上的布线。
- "连接"(Connection)——此命令的功能是取消指定的连接布线,即取消指定的点对点的布线。

图7-129　"取消布线"菜单命令

- "器件"(Component)——此命令的功能是取消指定元件上的布线。
- Room——此命令的功能是取消指定Room内的布线。

以上命令的实施,与自动布线同名的命令实施方法类同,所不同的是实施后的效果,那里是布线,这里是取消布线。

2) 调整布线

例如图7-122中的元件D1和Rf之间顶层上的红色布线,走线长度偏大,可以通过调整走线路径压缩,操作步骤如下:

(1) 系统处于手动交互式布线模式时,光标移至导线右端的焊盘上单击,这样刚才单击点所在网络之外的网络布线亮度变弱,如图7-130(a)所示;

(2) 然后光标先后向左上、左方向移动,引导导线至Rf字符所在主栅格线上左侧的焊盘上,如图7-130(b)所示;

(3) 再单击一次,即实现的导线新的路径段的布线,同时多余的导线段自动消失,如图7-130(c)所示。

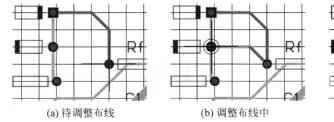

(a) 待调整布线　　　　　　(b) 调整布线中　　　　　　(c) 布线调整结果

图7-130　手动调整布线示意图

对于如图7-122所示的自动布线,做如下手动布线的调整:D1与Rf间的布线改为D2与Rf间布线以缩短长度,C2与P1间的布线重新走线以缩短长度;C2连到C3进而连到R3的布线重新走线,以扩大布线与焊盘的间距,减小电气干扰;AR1与C1间的电源线,C1与P1间的地线,为了减小电气干扰,局部做了调整,以加大与其他邻近网络上焊盘的间距;C4与P1间的布线重新走线以减少拐角并改为顶层线;P1下端焊盘所在的GND网络线全部调整为底层线；C3 与 R3 右端的布线相应地调整为顶层线。手动布线调整后的效果如图 7-131 所示。

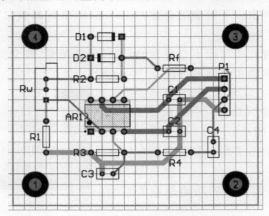

图 7-131　手动布线调整后的效果

☺小贴士 36　PCB 设计中的图元批量修改方法

PCB 设计过程中有时需要对一些图元进行类似的修改，例如同一外径尺寸的焊盘统一增大或减小至相同某一尺寸、同样宽度的导线统一增大或减小至某一宽度。如果一个一个修改，会浪费很多时间。这时就可以用到 Altium Designer 软件的批量修改功能，快速进行批量修改。操作步骤如下：

① 选中一个需要修改的图元，然后右击，在弹出的快捷菜单中选择"查找相似对象"（Find Similar Objects）命令，系统弹出"查找相似对象"对话框。

② "查找相似对象"对话框列表中，左边一列给出了查找相似的选项。例如对于焊盘，可选择 X Size（All Layers）项进行查找，即将该项所在行的最右侧栏中的 Any 改为 Same，表示要查找焊盘 X 方向尺寸相同的其他所有焊盘。

③ 然后单击"确定"（OK）按钮，PCB 上即显示所有的某查找条件下的相似对象全部选中，并弹出选中对象的属性对话框。在此对话框中进行属性参数的修改，意味着对所有选中对象的同时批量修改。

7.6　PCB 设计的后续操作

在 PCB 设计中，Altium Designer 软件还提供了其他功能，供用户选用，以进一步完善PCB 设计。

7.6.1　补泪滴

为了让焊盘更坚固，防止电路板受冲击、振动造成的焊盘与导线接触处出现应力集中而裂开，在导线与焊盘之间的连接处，添补一个泪滴状的过渡区，称为补泪滴。

执行菜单命令"工具"（Tools）→"滴泪"（Teardrops），如图 7-132 所示。系统随即弹出"泪滴"（Teardrops）对话框，如图 7-133 所示。该对话框有 4 个选项设置区。

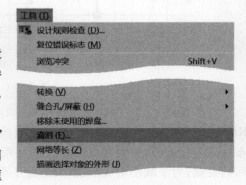

图 7-132　"滴泪"菜单命令

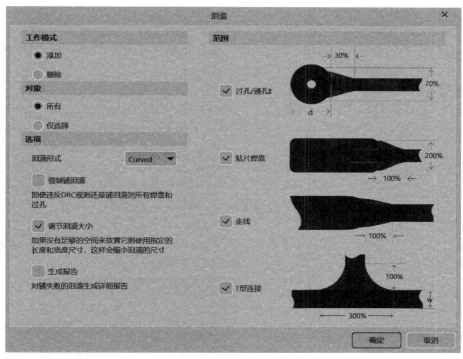

图 7-133 "泪滴"对话框

1)"工作模式"(Working mode)区

• "添加"(Add)：添加泪滴。

• "删除"(Remove)：删除泪滴。

上述两项同时只能选中一项。

2)"对象"(Objects)区

• "所有"(All)：表示对所有的焊盘、过孔补泪滴。

• "仅选择"(Selected only)：表示只对选中的焊盘、过孔补泪滴。

上述两项同时只能选中一项。

3)"选项"(Options)区

• "泪滴形式"(Teardrop style)栏：用于设置泪滴的形状。单击该栏右侧的下三角按钮,弹出的泪滴形式菜单列表,共有 2 个选项供用户选用,它们是：

Curved——圆弧形边缘线泪滴;

Line——直线形边缘线泪滴。

另外还有"强制铺泪滴"(Force teardrops)、"调节泪滴大小"(Adjust teardrop size)、"生成报告"(Generate report)3 个选项,"泪滴"对话框对其功能有详细说明。

4)"范围"(Scope)区

用于设置补泪滴的范围及补泪滴的面积。

使用如图 7-133 所示的默认设置,单击"确定"(OK)按钮,则如图 7-131 所示 PCB 图补泪滴后的效果如图 7-134 所示。

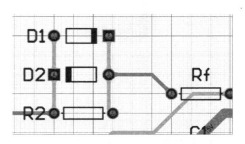

图 7-134 圆弧形补泪滴局部电路效果

7.6.2　铺铜

铺铜是指将 PCB 上空白的地方铺上铜膜。通常此铜膜与电源或地相接，可以提高 PCB 的抗干扰能力和过电流能力，也使电路板变得美观。

1. 铺铜属性对话框

开启铺铜模式的方法，有如下 3 种：

(1) 执行菜单命令"放置"(Place)→"铺铜"(Polygon Pour)，如图 7-135 所示，对应的键盘快捷键为 P+G。

(2) 在 PCB 编辑区右击，在弹出的快捷菜单中选中"放置"(Place)命令，参见图 7-125，弹出如图 7-135 所示二级菜单。选择其中的"铺铜"(Polygon Pour)命令。

(3) 在 PCB 编辑工作界面的常用工具栏中，单击"放置多边形平面"(Place Polygon Plane)图标按钮。

采用上面的任一种方法，光标变成绿色"十"字形，即进入铺铜模式。此时按下键盘的 Tab 键，系统弹出多边形铺铜属性对话框，用于设置铺铜属性，如图 7-136 所示。

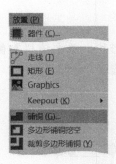

图 7-135　"铺铜"菜单命令

图 7-136　多边形铺铜属性对话框

- Net：用于设定铺铜所要连接的网络，可以在后面的下拉菜单中进行选择。
- Layer：用于设定铺铜所在的工作层，可以在后面的下拉菜单中进行选择。
- Name：用于设定铺铜区的名字。系统自动命名，用户可以根据需要进行修改。
- 系统给出了如下 3 种铺铜模式供用户选用：

① Solid(Copper Region)——实心铺铜，即铺铜区为全铜膜填充。

② Hatched(Tracks/Arcs)——网格铺铜，即铺铜区为网格式铜膜填充。

③ None(Outlined)——无铺铜,即只有铺铜的边界,内部无铜膜填充。

- Remove Islands Less Than:小于定义面积的孤立铺铜移除;
- Arc Approximation:实心多边形使用短直边来环绕曲线外形如焊盘时,允许最大的偏离度。
- Remove Necks Less Than:宽度小于定义的参数的狭窄部区域将被移除。
- Pour Over Same Net Polygons Only:此栏下拉菜单给出了3个选项供用户选用。

① Pour Over Same Net Polygons Only:铺铜时将只与设定连接的网络中的图元(如焊盘、过孔等)相连。

② Pour Over All Same Net Objects:铺铜时将覆盖铺铜区内设定与铺铜连接的网络中的所有导线,并与设定连接的网络中的图元(如焊盘、过孔等)相连。

③ Don't Pour Over Same Net Objects:铺铜时将不会覆盖铺铜区内设定与铺铜连接的网络中的所有导线,只与设定连接的网络中的图元(如焊盘、过孔等)相连。

- Remove Dead Copper:选中,将删除孤立的铺铜膜,即删除死铜。

2. 铺铜示例

对于如图 7-131 所示的布线后的 PCB,进行铺铜操作:在如图 7-136 所示的多边形铺铜属性对话框中,Net 项选择与 GND 连接;Layer 项选择 Bottom Layer;铺铜填充模式选择 Solid (Copper Regions);选中 Remove Dead Copper 项。其他选项采用如图 7-136 所示的系统默认设置。然后用鼠标拖动光标,在 PCB 编辑区,单击确定顶点的方式绘出铺铜区域,确定最后一个顶点后,右击即完成铺铜区域的规划,如图 7-137 所示;再右击,退出画线状态,系统自动进行铺铜,结果如图 7-138 所示。

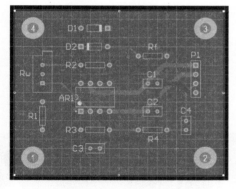

图 7-137　鼠标绘线确定铺铜区域

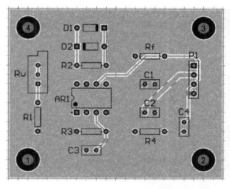

图 7-138　多边形铺铜结果

3. 删除铺铜

要删除铺铜,需要在板层标签区选择铺铜所在的板层,即将铺铜所在的板层设为当前层;然后在铺铜区单击,选中铺铜;随后,可以按住鼠标左键拖动铺铜至其他位置,或按键盘的 Delete 键删除铺铜。

7.6.3　放置文字注释

PCB 设计完成后,通常要在 PCB 上标注电路名字、制板人、制板时间等文字信息,这可以通过放置字符串的命令来实现。字符串是不具有电气特性的图件,对电路的电气连接关系无任何影响,通常放置于 Top Overlay 层或 Bottom Overlay 层,只起到文字注释的作用。

放置字符串,即放置文字注释的操作步骤如下:

(1) 执行菜单命令"放置"(Place)→"字符串"(String),如图 7-139 所示,或者在 PCB 编辑工作界面的常用工具栏中单击"放置字符串"(Place String)图标按钮 **A**。光标随即变成绿色"十"字形,并带着一个默认为 String 的字符串,进入放置字符串状态,如图 7-140(a)所示。

（2）将光标移至待放置字符串的位置，单击，即放置一个字符串，如图 7-140（b）所示。

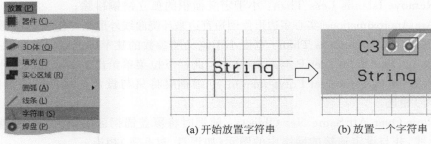

(a) 开始放置字符串　　　(b) 放置一个字符串

图 7-139　放置字符串菜单命令　　　图 7-140　放置字符串示意图

（3）移动光标至其他位置，可继续放置字符串。右击，或者按键盘的 Esc 键，则退出放置字符串状态。

（4）双击字符串，或在放置字符串时按下键盘的 Tab 键，系统弹出字符串属性对话框，如图 7-141 所示。在该对话框中，Text 项、Layer 项、Mirror 项和 Text Height 项分别用于设置字符串的文本内容、所在工作层、镜像操作和高度；Front Type 区用于设置字符串的字体风格、类型、线宽等参数。此处 Text 项输入"Sine-wave Oscillation Circuit"，Text Height 项设置为 90mil，选用 TrueType 风格，字符串的坐标位置通过按住鼠标左键拖动的方式调整，其他选项采用系统默认的参数。另外，在 P1 元件右边放置 4 个字符串，字符串的文本内容分别为＋15V、－15V、Uo 和 GND，其他参数设置同上，结果如图 7-142 所示。

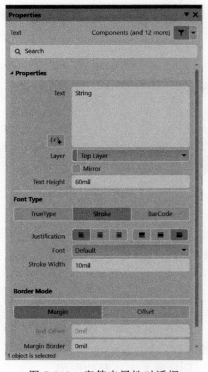

图 7-141　字符串属性对话框

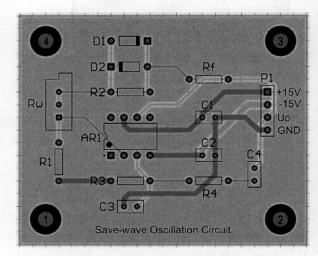

图 7-142　放置字符串后的结果

◎小贴士 37　字符串的汉字显示

要在文字注释中使用汉字，必须在如图 7-141 所示的字符串属性对话框中，选择 TrueType 字体风格，然后在 Font 项选择一种字体类型即可，例如"宋体"。

<table>
<tr><td>

第 8 章

CHAPTER 8

</td></tr>
</table>

PCB 的输出

PCB 设计工作完成后,可以根据需要,生成和输出 PCB 图相关的各种报表文件,以及 PCB 图纸的输出和打印,等等。

8.1 PCB 报表输出

在 PCB 编辑环境中,利用"报告"(Reports)菜单的命令列表, 如图 8-1 所示,可以生成 PCB 文件的元件清单报表、网络状态表、距 离等相关信息。

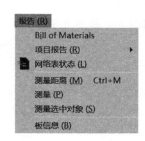

图 8-1 "报告"命令列表

8.1.1 元件清单报表

元件清单报表用于整理电路或工程项目所用的元件及其封装、 数量等相关信息,生成元件列表,供用户查看和统计使用。

在 PCB 编辑环境中,执行菜单命令"报告"(Reports)→Bill of Materials,参见图 8-1。系 统随即弹出同原理图编辑环境中生成的 BOM 表一样的对话框,如图 3-66 所示。可以通过输 出格式的设置,生成需要格式的元件清单报表,此处不再赘述。

8.1.2 网络状态表

网络状态表用于汇总 PCB 中各网络所在的工作层和每个网络中导线总长度信息。

在 PCB 编辑环境中,执行菜单命令"报告"(Reports)→"网络表状态"(Netlist Status),参 见图 8-1。系统随即生成网页格式的网络状态表,如图 8-2 所示。

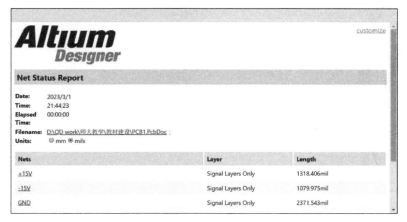

图 8-2 网络状态表

  单击图 8-2 中右上部 customize 按钮，系统随即弹出输出报告（Reports）设置对话框，如图 7-22 所示。在 PCB 编辑环境中，执行菜单命令"工具"（Tools）→"优先选项"（Preferences）；或在 PCB 编辑区右击，在弹出的快捷菜单中，选择"优先选项"（Preferences），参见 7.1.2 节。在弹出的"优选项"对话框中，按照 PCB Editor\Reports 路径，也可以打开如图 7-22 所示的对话框。

  在如图 7-22 所示的输出报告（Reports）设置对话框的网络状态（Net Status）区域，选中TXT 和 XML 项，如图 8-3 所示。

图 8-3 Net Status 报告输出设置

  在 PCB 编辑环境中，再次执行菜单命令"报告"（Report）→"网络表状态"（Netlist Status），系统会同时生成文本格式（TXT）和可扩展标记语言格式（XML）的网络状态表，分别如图 8-4 和图 8-5 所示。

```
1    Net Status Report
·    Filename     : D:\QD work\师大教学\教材建设\PCB1.PcbDoc
·    Date         : 2023/3/1
·    Time         : 22:09:55
-    Time Elapsed : 00:00:00
·
·    Nets, Layer, Length
·        +15V, Signal Layers Only, 1318.406mils
·        -15V, Signal Layers Only, 1079.975mils
10       GND, Signal Layers Only, 2371.543mils
·        NetAR1_2, Signal Layers Only, 824.264mils
·        NetAR1_3, Signal Layers Only, 782.843mils
·        NetAR1_6, Signal Layers Only, 1906.521mils
·        NetC4_1, Signal Layers Only, 200mils
-        NetD1_1, Signal Layers Only, 900.098mils
·        NetD1_2, Signal Layers Only, 770.039mils
·    count : 9
```

图 8-4 文本格式的网络状态表

```
This XML file does not appear to have any style information associated with it. The document tree is shown below.

▼<report>
    <title>Net Status Report</title>
    <resource_path>C:\Users\Public\Documents\Altium\AD23\Templates\</resource_path>
    <date>2023/3/1</date>
    <time>22:09:55</time>
  ▼<filename>
      <file filename="D:\QD work\师大教学\教材建设\PCB1.PcbDoc">D:\QD work\师大教学\教材建设\PCB1.PcbDoc</file>
    </filename>
    <units default="mil"/>
  ▼<table suppress_title="true">
      <title>Net Status</title>
    ▼<columns>
      ▼<column>
          <text>Nets</text>
        </column>
      ▼<column>
          <text>Layer</text>
        </column>
      ▼<column>
          <text>Length</text>
        </column>
      </columns>
    ▼<row>
      ▼<cell>
        ▼<callback viewname="PCBEditor" document="D:\QD work\师大教学\教材建设\PCB1.PcbDoc"
```

图 8-5 可扩展标记语言格式的网络状态表

8.1.3 测量距离

Altium Designer 软件提供了 3 种测量距离的方式,分别是点到点的距离测量、边缘到边缘的距离测量和布线长度测量。

1. 点到点的距离测量

该方式用于测量任意两点之间的距离。

在 PCB 编辑环境中,执行菜单命令"报告"(Reports)→"测量距离"(Measure Distance),参见图 8-1。光标随即变为绿色"十"字形,依次单击两个焊盘的中心,如图 8-6 所示。系统弹出两个焊盘中心点距离的信息框,如图 8-7 所示。

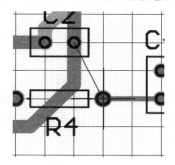

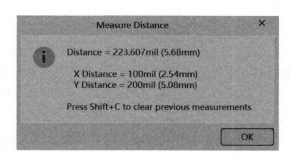

图 8-6 确认要测量距离的两个点　　　　　　　　图 8-7 点到点距离的信息框

2. 边缘到边缘的距离测量

该方式用于测量两个对象之间的最短距离。

在 PCB 编辑环境中,执行菜单命令"报告"(Report)→"测量"(Measure Primitives),参见图 8-1。光标随即变为绿色十字形,依次单击 C2 和 R4 两个元件右侧的焊盘,如图 8-8 所示。系统弹出两个焊盘之间的最短距离,即两个对象边缘最短距离的信息框,如图 8-9 所示。

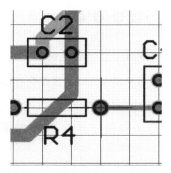

图 8-8 选择要测量距离的两个对象　　　　　　图 8-9 两焊盘边缘到边缘距离的信息框

3. 布线长度测量

该方式用于测量布线的长度。

要运用此功能,首先要选中要测量的布线。如图 8-10 所示,先选中 C1 和 P1 元件之间的顶层布线。然后执行菜单命令"报告"(Reports)→"测量选中对象"(Measure Selected Objects),参见图 8-1。系统随即弹出选中布线的总长度信息框,如图 8-11 所示。

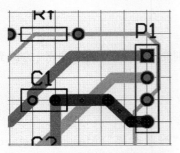

图 8-10　选择要测量长度的布线

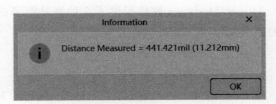

图 8-11　选中布线的总长度信息框

8.2　PCB 和原理图的交叉探针

Altium Designer 软件在 PCB 编辑环境和原理图编辑环境中，均提供了交叉探针的功能，用来查阅电路的 PCB 图和原理图之间的元件对应关系，实现元件的快速查找和定位。

要运用交叉探针功能，需要同时打开电路的 PCB 文件和原理图文件。下面以本书前面创建的 PCB1. PcbDoc 和 Sheet1. SchDoc 文件为例，介绍 PCB 和原理图交叉探针功能的使用。

8.2.1　PCB 编辑环境中的交叉探针

在 PCB 编辑环境中，执行菜单命令"工具"（Tools）→"交叉探针"（Cross Probe），如图 8-12 所示。光标随即变为绿色"十"字形。移动光标至需要查看的元件上，例如元件 AR1，如图 8-13 所示。

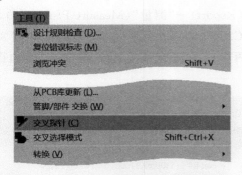

图 8-12　在 PCB 编辑环境中的交叉探针菜单命令　图 8-13　在 PCB 图中单击选取需要查看的元件

单击该元件，则系统快速切换到对应的原理图文件，并又快速切换回 PCB 文件。右击，退出交叉探针命令。然后再单击打开原理图文件，可以看到在原理图编辑窗口显示 PCB 编辑窗口中选取的元件 AR1。

执行菜单命令"工具"（Tools）→"交叉探针"（Cross Probe）后，在按住键盘 Ctrl 键的同时，单击需要查看的元件，例如 AR1，则系统随即自行切换到原理图编辑界面，且在原理图编辑窗口显示选取的元件 AR1，如图 8-14 所示。

8.2.2　原理图编辑环境中的交叉探针

在原理图编辑环境中，执行菜单命令"工具"（Tools）→"交叉探针"（Cross Probe），如图 8-15 所示。光标随即变为灰色"十"字形。移动光标至需要查看的元件上，例如元件 AR1，如图 8-16 所示。

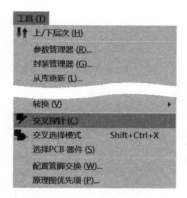

图 8-14 在原理图编辑窗口显示选取的元件

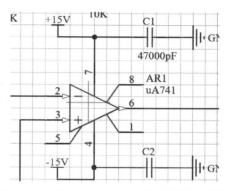

图 8-15 在原理图编辑环境中的交叉探针菜单命令 图 8-16 原理图中单击选取需要查看的元件

单击该元件,则系统快速切换到对应的 PCB 文件,并快速切换回原理图文件。右击,退出交叉探针命令。然后再单击打开 PCB 文件,可以看到在 PCB 编辑窗口显示原理图编辑窗口中选取的元件 AR1,且其他元件及布线呈灰色状态,如图 8-17 所示。

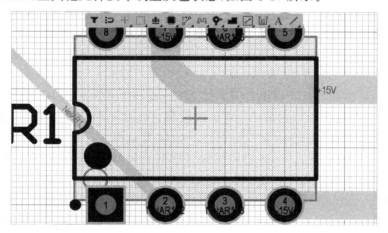

图 8-17 在 PCB 编辑窗口显示选取的元件

执行菜单命令"工具"(Tools)→"交叉探针"(Cross Probe)后,在按住键盘 Ctrl 键的同时,单击需要查看的元件,例如 AR1,则系统随即自行切换到 PCB 编辑界面,且在 PCB 编辑窗口显示选取的元件 AR1,如图 8-17 所示,而不再自行快速切换回原理图文件界面。

图 8-21 "智能 PDF-导出 BOM 表"对话框

8.3 PCB 图纸的输出与打印

PCB 设计完成后，可以根据需要，生成 PDF 格式的图纸或打印输出，输出图形的缩放比

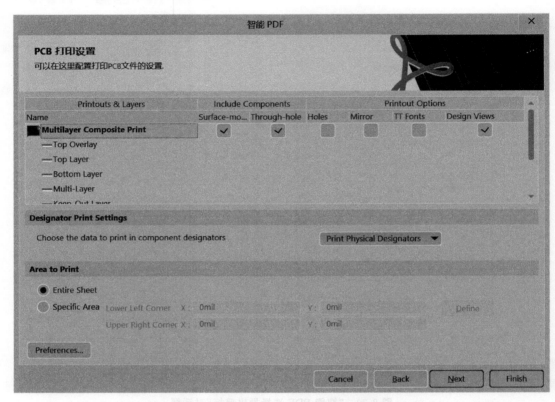

图 8-22 "智能 PDF-PCB 打印设置"对话框

图 8-23 "打印输出特性"对话框

"PCB 打印设置"（PCB Printout Settings）对话框中的其他参数采用系统默认设置。

（5）单击 Next 按钮，进入"添加打印设置"（Additional PDF Settings）对话框，如图 8-24 所示。该对话框用于对 PCB 文件的打印输出进行附加设置。此处在"PCB 颜色模式"（PCB Color Mode）区选中"单色"（Monochrome）选项，即设置打印输出的图案为单一的黑色，其他采用系统默认设置。

（6）单击 Next 按钮，进入"最后步骤"（Final Steps）对话框，如图 8-25 所示。该对话框用于设置是否打开生成的 PDF 文件、是否保存批量输出文件等。此处采用系统默认设置。

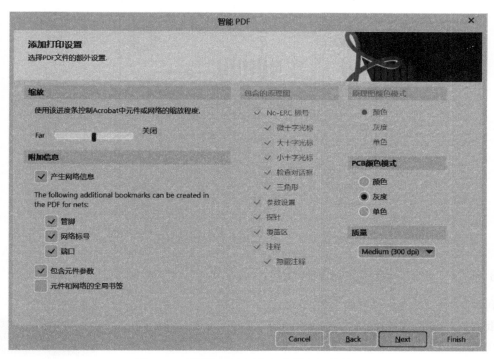

图 8-24 "智能 PDF-添加打印设置"对话框

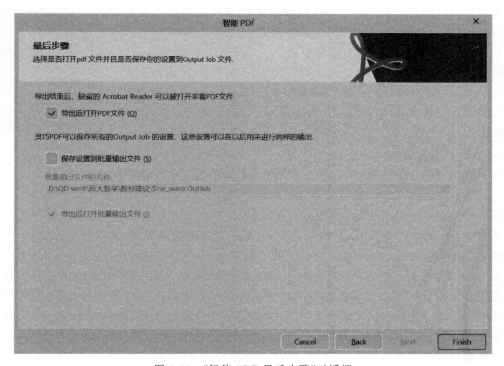

图 8-25 "智能 PDF-最后步骤"对话框

（7）单击 Finish 按钮，系统随即生成 PCB 文件的 PDF 文档，并打开该文件，如图 8-26 所示。该图只显示了 PCB 文件中的 Bottom Layer 和 Keep-Out Layer 层的内容，符合前面步骤（4）中的设置要求。

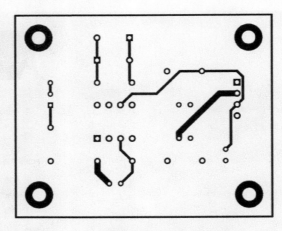

图 8-26　生成 PDF 文档中的 PCB 图

8.3.2　PCB 图纸的打印输出

利用"文件"（File）→"打印"（Print）命令，可以更为灵活地设置输出图纸的相关参数，用于图纸的输出与打印[*]。

在 Altium Designer 22 软件中，相应功能的实现，需要使用的是"打印"（Print）菜单命令。下面介绍此命令的使用方法。

要输出与打印原理图，需要打开原理图文件。此处以输出与打印 PCB 图为例，介绍"打印"（Print）菜单命令的使用方法。仍以如图 7-131 所示的 PCB 文件为例，首先打开 PCB1.PcbDoc 文件。

执行菜单命令"文件"（File）→"打印"（Print），如图 8-27 所示。系统随即弹出打印设置对话框，如图 8-28 所示。对话框内的左侧是参数设置区，右侧是打印预览区。该对话框中，有 3 个选项卡，用于 PCB 图纸打印输出的相关参数设置。其中，常用的是 General 和 Pages 选项卡。

图 8-27　"打印"菜单命令

1. 打印基本设置

如图 8-28 所示，在 General 选项卡中，给出了 4 个基本参数设置区。

1）"打印机预设"（Printer & Preset Settings）区

该区用于对打印机配置进行设置。

其中的 Printer（打印机）项下拉菜单中，给出了打印机的选项，如图 8-29 所示。

如果选择 Microsoft Print to PDF，然后单击 Print（打印）按钮，系统随即弹出"将打印输出另存为"对话框，如图 8-30 所示，可在其中设置生成 PDF 格式的 PCB 图的输出保存位置。这种情况适合用户计算机没有连接打印机的情况。在用打印机打印计算机中保存的 PDF 格式的 PCB 图时，应注意在"打印"对话框中选中"实际大小"单选按钮，如图 8-31 所示，以确保图形以等比例无缩放的状态打印到转印纸上。

如果用户的计算机连接有打印机，则可以直接打印 PCB 图。这时在如图 8-29 所示的菜单中，选择计算机连接的打印机的型号，例如 HP LaserJet 1020。然后单击"打印"（Print）按钮，打印机即会将 PCB 图按照设定的缩放比例状态打印出来。

---

[*] 在 Altium Designer 21 以及之前版本的软件中，相应功能的实现，利用的是"文件"（File）→"页面设置"（Page Setup）命令。

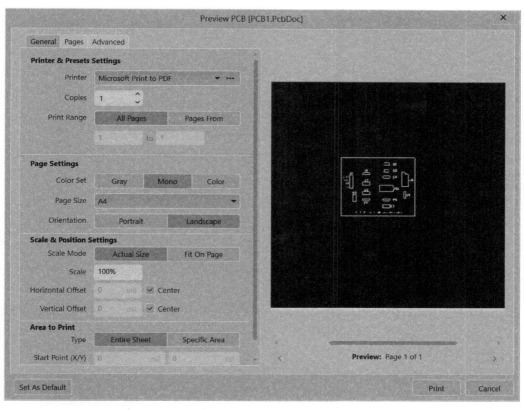

图 8-28 打印设置对话框

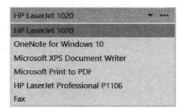

图 8-29 打印机预设下拉菜单

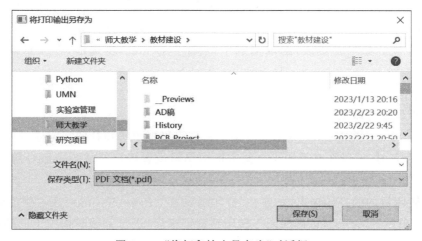

图 8-30 "将打印输出另存为"对话框

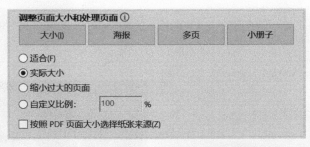

图 8-31　PDF 格式的 PCB 图打印页面大小选择

2)"打印纸设置"(Page Settings)区

该区用于设置图纸颜色、页面的大小和输出方向。

- "颜色设置"(Color Set)：该项目给出了可以设置输出图形的 3 种颜色选项，分别为"灰色"(Gray)、"单色"(Mono)和"彩色"(Color)。其中，"灰色"(Gray)表示彩色的图形将以灰色方式输出；"单色"(Mono)表示生成的图形为单一的黑色；"彩色"(Color)表示生成的图形为彩色的。

- "纸张尺寸"(Page Size)：单击右侧的下三角按钮，弹出打印纸张选项列表，如图 8-32 所示。在该列表中可以选择设置页面大小。

- "方向"(Orientation)："垂直"(Portrait)和"水平"(Landscape)二选一，分别表示纵向和横向页面输出。

图 8-32　打印纸张选项列表

3)"缩放和位置设置"(Scale & Position Settings)区

该区用于设置图形的缩放比例和图形在页面上的位置。

- "缩放模式"(Scale Mode)：该项目给出了 Actual Size 和 Fit Document On Page 两种缩放模式供选用，前者为缩放比例可调，后者为固定缩放比例。

- "缩放"(Scale)：设置图形的缩放比例，前面一项选择 Actual Size 模式时，此项才可编辑，并且设置生效。

- "水平偏置"(Horizontal Offset)和"垂直偏置"(Vertical Offset)：分别用于设置图形在页面的水平方向和竖直方向上偏离页面边缘的距离位置。系统默认为图形在页面的中心位置。如果要更改，则取消选中"居中"(Center)复选框，在编辑框中输入数值即可。

4)"打印范围"(Area to Print)区

该区用于设置打印图纸范围。

- Entire Sheet 和 Specific Area：分别表示打印整张图纸和打印特定图纸区域，二选一。选择后者时，可以在其下的 4 个文本框中编辑设置特定区域的矩形对角顶点的坐标，以定义局部输出打印范围。

用于热转印目的的打印输出，一般在"打印纸设置"(Page Settings)区，"颜色设置"(Color Set)项选择"单色"(Mono)，以确保图形转印到覆铜板后，进行刻蚀时铜膜上的墨粉能很好地起到选择性掩盖铜膜的作用；"纸张尺寸"(Page Size)项选择使用 A4 纸。在"缩放和位置设置"(Scale & Position Settings)区，"缩放模式"(Scale Mode)项选择 Actual Size，"缩放"

（Scale）项设置为100％，即PCB图形按1∶1的比例输出，以使制板后的板上元件封装外形、焊盘位置与间距，与元件实物相吻合。

其他选项参数采用系统默认的设置。

2. 打印图层设置

在如图8-28所示的打印设置对话框中，单击Pages标签，随即弹出图层打印输出设置选项卡。如图8-33所示，该对话框用于设置打印图层的输出参数，在如下两个选项区实现。

（1）Printout Properties选项区，用于图层属性的设置。参见图8-33。该选项区可以设置的内容包括是否显示孔和镜像操作等。

（2）Displayed Layers选项区，用于选择输出的图层，如图8-34所示。某一图层是否显示并打印，可以通过反复单击此图层旁边的小图标来确认：◉表示该图层上的图形显示并用于打印输出；◺则表示不显示并不打印输出。对于热转印目的的打印输出，如果将不同图层同时设置为◉状态，这可能不合适的。它会将不同图层上的图形打印在一起，如图8-35所示，这将会造成电路短路的现象发生，不仅有不同图层上布线造成的短路，还有封装外框造成的短路，例如，RW、AR1等元件。用于热转印目的的输出，一般要将底层（Bottom Layer）图形和顶层（Top Layer）图形分别单独打印。至于是否附加输出禁止布线层（Keep-Out Layer），则由用户自由选择。

图 8-33　打印图层属性设置区

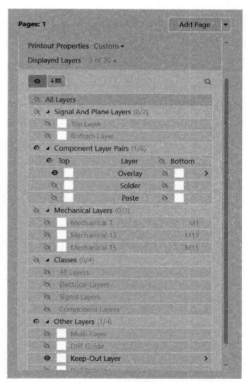

图 8-34　打印图层选择设置区

单击图8-33中的Add Page按钮，添加新的打印设置页，如图8-36所示。

在如图8-33所示的打印输出图层属性设置Printout Properties选项区，"显示孔"（Show Holes）项表示输出图形中显示焊盘的中心孔，"镜像层"（Mirror Layers）表示输出图形的镜像，上述两项均为选中时相应功能生效。一般来说，输出底层图形不需要镜像，输出顶层图形则需要镜像，这样才能保证最终转印到覆铜板上的图形是正确的。

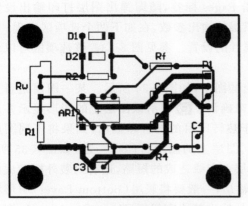

图 8-35　打印基本设置效果图

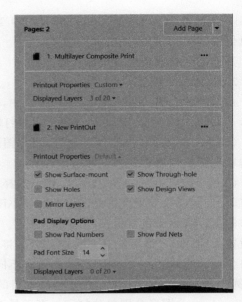

图 8-36　添加新的打印页

　　这里对用于热转印目的的顶层输出打印进行的图层设置为：在如图 8-33 所示的打印输出图层属性设置选项区，选中"显示孔"（Show Holes）项和"镜像层"（Mirror Layers）项；在如图 8-34 所示的选项区中，Multilayer Composite Print 区只保留 Top Layer 和 Keep-Out Layer 图层设置为显示，其他图层不显示。

　　在如图 8-28 所示的打印设置对话框的"缩放和位置设置"（Scale & Position Settings）区，"缩放"（Scale）项设置合适的缩放比例，单击打印设置对话框右侧预览区上端的刷新按钮 Refresh，即可清晰地预览打印输出设置的效果，如图 8-37 所示。

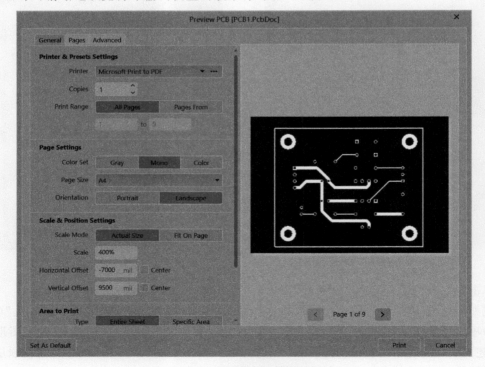

图 8-37　图层打印效果预览

☺**小贴士 38　删除元件封装组成部分的方法**

实验室条件下,用户个人输出 PCB 图用于制板时,有时需要将元件封装组成的某一部分去除,这时就需要将元件封装"解锁"。方法是:选中某个元件封装,双击,弹出元件属性对话框(与原理图编辑环境中打开的元件属性对话框有所区别)。在对话框的 General 选项卡的 Properties 选项区底部,将 Primitives 项后系统默认的锁定状态🔒,通过鼠标左键单击转变为解锁状态🔓。即可选择该封装的某一组件进行删除操作。

☺**小贴士 39　图层打印输出预览设置**

完成图层打印输出设置后,在图形缩放比例为 100% 的情况下,输出的预览效果图太小,不便于查看。这时可在打印基本设置的"缩放和位置设置"(Scale & Position Settings)区,将缩放比例放大,并通过"水平偏置"(Horizontal Offset)和"垂直偏置"(Vertical Offset)文本框适当改变图形在页面中的位置,即可在预览区得到很好的图形输出效果。但打印输出用于热转印时,切记要将图形缩放比例改为 100%。

8.4　生产文件的输出

PCB 设计文件交付于生产厂家,通常要转换成 Gerber 格式的文件,用于驱动光绘机,故又称光绘文件。生产厂家利用 Gerber 文件,可以方便和精确地读取制造 PCB 的信息。

8.4.1　Gerber 文件的输出

打开已设计完成的 PCB 文件 PCB1.PcbDoc,在 PCB 编辑工作界面中,执行菜单命令"文件"(File)→"制造输出"(Fabrication Outputs)→Gerber Files,如图 8-38 所示。系统随即弹出 Gerber Setup(Gerber 设置)对话框,如图 8-39 所示。该对话框有 Units、Decimal、Outputs: FileName.Extension、Others 和 Options 共 5 个选项区。

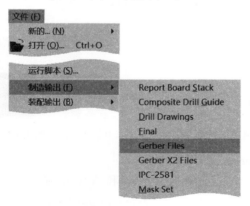

图 8-38　输出 Gerber 文件菜单命令

1. Units(单位)选项区

用于设置输出的 Gerber 文件中使用的尺寸单位,有 Inches(英寸)和 Millimeters(毫米)两种单位选项。

在本例中采用系统默认的设置。

2. Decimal(精度)选项区

用于设置输出的 Gerber 文件中使用的数据精度。单击该选项区的下三角按钮,弹出数据精度选项菜单,提供了四种精度供用户选用,如图 8-40 所示。

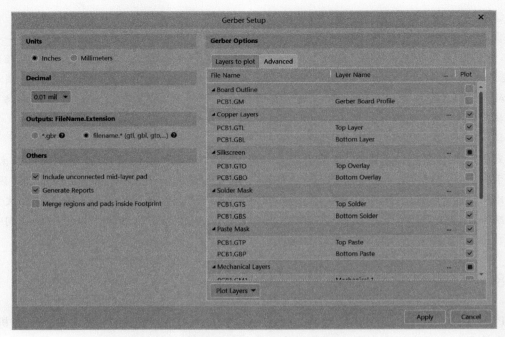

图 8-39　Gerber Setup 选项卡

在本例中采用系统默认的设置。

3. Outputs：FileName. Extension（输出：文件名. 扩展名）选项区

用于设置输出的 Gerber 文件名字格式。光标移到两个选项尾部的 ? 图形上静止，会弹出浮动信息块，说明此选项会产生输出文件的命名方式如图 8-41 所示。选中第一个，产生的输出文件各图层会有不同的名字，但有相同的扩展名 . gbr；选中第二个，产生的输出文件各图层会有相同的名字，但有不同的扩展名 . gtl、. gbl、. gto 等等。

在本例中采用系统默认的设置。

图 8-40　Decimal 选项区下拉菜单

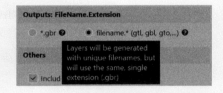

图 8-41　输出 Gerber 文件格式浮动信息块

4. Gerber Options（Gerber 选项）选项区

该选项区又有 Layers to plot（输出工作层）和 Advanced（高级）两个选项卡。

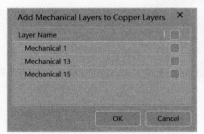

图 8-42　输出 Gerber 文件添加
机械层对话框

Layers to plot（输出工作层）选项卡如图 8-39 右侧所示。该选项卡用于选择输出文件的工作层面。单击该选项卡中的 ⋯ 按钮，在弹出的如图 8-42 所示的对话框中，可以选择在输出图层文件中要加载的机械层。

在本例中采用如图 8-39 所示的设置。

Advanced（高级）选项卡如图 8-43 所示。该选项卡用于设置光圈匹配公差（Apertures Tolerances）、数据首位/末尾零的处理（Leading/Trailing Zeroes）、绘图器类型（Plotter Type）等。

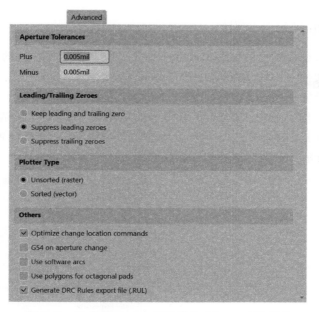

图 8-43　输出 Gerber 文件设置的 Advanced 选项卡

在本例中采用如图 8-43 所示的系统默认设置。

5. Others(其他)选项区

用于对是否包含未连接中间板层的焊盘、是否生成报告等做出选择。

在本例中采用系统默认的设置。

上述各选项区设置完成后,单击对话框右下侧的 Apply 按钮,系统将按照设置要求生成各个图层的 Gerber 文件,并将各个图层的 Gerber 文件汇集在一起,成为一个扩展名为 .Cam 的图形文件,并将之加载到当前的 PCB 工程项目中,同时启动 CAM 编辑器,如图 8-44 所示。

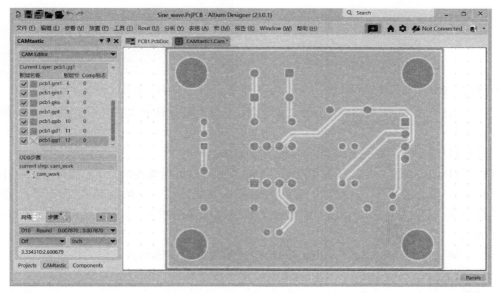

图 8-44　Gerber 文件输出的效果预览

CAM 编辑工作界面显示了刚刚生成的 CAMtastic1.Cam 文件。左侧为文件所包含的各个图层名,右侧窗口给出了 Gerber 文件输出的预览效果。

8.4.2 钻孔文件的输出

钻孔文件是用来记录钻孔的位置和尺寸信息的。PCB 设计文件上的安装孔和过孔信息，需要输出形成钻孔文件，供 NC 钻孔机进行自动钻孔操作。

下面仍以已设计完成的 PCB 文件 PCB1.PcbDoc 为例进行说明。

在 PCB 编辑工作界面中，执行菜单命令"文件"（File）→"制造输出"（Fabrication Outputs）→NC Drill Files，如图 8-45 所示。系统随即弹出"NC Drill 设置"（NC Drill Setup）对话框，如图 8-46 所示。对话框部分选项区说明如下。

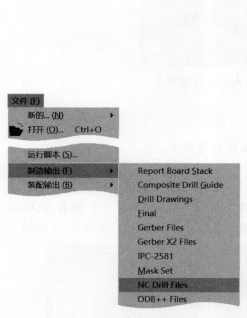

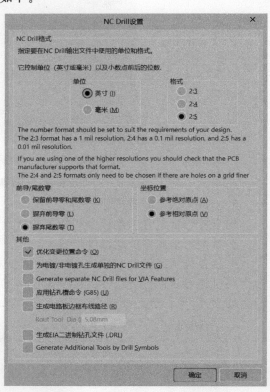

图 8-45　输出钻孔文件菜单命令　　　　　图 8-46　钻孔文件输出设置对话框

"NC Drill 格式"（NC Drill Format）选项区用于设置输出钻孔文件中使用的尺寸单位和数据精度。

"单位"（Units）栏：有英寸和毫米两种单位选项。

"格式"（Format）栏：有三种数据格式，代表了不同的数据精度。其中，"2∶3"表示小数点前有两位数字，小数点后有 3 位数字，精度为 1mil；"2∶4"表示小数点前有两位数字，小数点后有 4 位数字，精度为 0.1mil；"2∶5"表示小数点前有两位数字，小数点后有 5 位数字，精度为 0.01mil。

"前导/尾数零"（Leading/Trailing Zeroes）选项区用于设置保留数据的格式。

"坐标位置"（Coordinate Positions）选项区用于设置坐标位置的参考原点。

在本例中，钻孔文件输出设置对话框中的各项，均采用如图 8-46 所示的系统默认设置。然后单击对话框右下侧的"确定"（OK）按钮，系统随即生成一个图形文件 CAMtastic2.Cam，并将之加载到当前的 PCB 工程项目中，同时启动 CAM 编辑器，弹出如图 8-47 所示的"导入钻孔数据"（Import Drill Data）对话框。单击对话框下部的"确定"（OK）按钮，包含钻孔信息的图形文件CAMtastic2.Cam即显示到CAM编辑工作界面的窗口中,如图8-48所示。

图 8-47　"导入钻孔数据"对话框

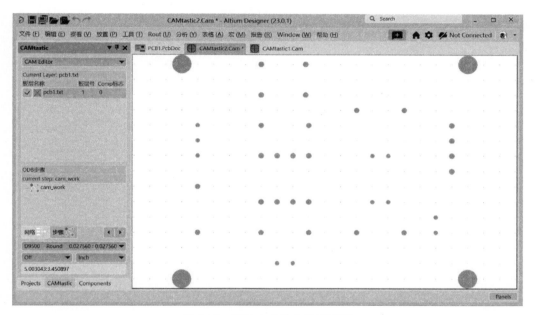

图 8-48　钻孔文件输出效果预览

在 Projects 面板的 PCB 工程中,在 Generated 文件夹内的 Text Documents 子文件夹中可以找到扩展名为.DRR 的文件,这是钻孔文件报告,如图8-49所示。钻孔文件报告中给出了钻孔的分类尺寸、形状、数量等信息。

```
NCDrill File Report For: PCB1.PcbDoc    2023/3/3   10:57:48


Layer Pair : Top Layer to Bottom Layer
ASCII RoundHoles File : PCB1.TXT

Tool        Hole Size          Hole Tolerance    Hole Type    Hole Count    Plated
T1      28mil (0.7mm)                            Round           11         PTH
T2      33mil (0.85mm)                           Round           10         PTH
T3      35mil (0.9mm)                            Round           16         PTH
T4      120mil (3.048mm)                         Round            4         PTH

Totals                                                           41

Total Processing Time (hh:mm:ss) : 00:00:00
```

图 8-49　钻孔文件报告

第四篇

应用实例

本篇以 4 个实用电路为例，讲解利用 Altium Designer 软件进行 PCB 工程设计的从原理图到 PCB 图的全过程。通过 PCB 工程设计实用案例的学习，读者将会对利用 Altium Designer 软件进行电子设计有一个完整全面的认识。如果能将其中一个实用电路的 PCB 实物通过 DIY 方式做出来，将会对个人动手设计能力的提升有更好的促进作用。

第9章 PCB 工程设计实例

CHAPTER 9

本章将通过几个实例介绍如何利用前面章节讲述的知识，进行实用电子产品的 PCB 工程设计。

9.1 热释电红外报警器的设计

热释电红外报警器是利用对温度敏感的热释电红外传感器，结合传感信号专用处理集成电路芯片 BISS0001 来探测红外线辐射的。它能以非接触形式检测出人体辐射的红外线能量的变化，并将其转换成电压信号输出，可用于自动快速开启照明灯、蜂鸣器、自动门、烘干机、洗手池等装置，适用于宾馆、商场、家庭、企业、库房等需要对人体敏感反应的区域。如图 9-1 所示，是一个实用的人体热释电红外报警电路原理图。

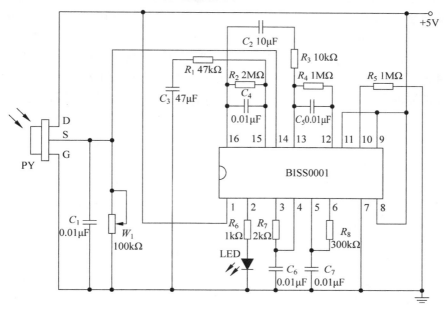

图 9-1　人体热释电红外报警器电路原理图

该电路由热释电传感器 PY、传感信号处理芯片 BISS0001、报警指示用的发光二极管 LED，以及电阻、电容、电位器等组成。

9.1.1 原理图的绘制

1. 创建项目工程文件

（1）执行菜单命令"文件"（File）→"新的"（New）→"项目"（Project）；或者在 Projects 面板

上右击工作区间文件 Project Group 1.DsnWrk,在弹出的快捷菜单中选择 Add New Project 命令。系统随即弹出 Create Project 对话框。在该对话框中采用系统默认的设置,单击 Create 按钮,新建一个 PCB 工程文件,系统默认其名为 PCB_Project.PrjPcb。

右击 Projects 面板上的新建 PCB 工程文件名,在弹出的快捷菜单中选择"重命名"命令。系统随即弹出重命名工程文件对话框,在文本框输入新的文件名"热释电红外报警器",如图 9-2 所示。单击"保存"按钮,新建的工程文件即以"热释电红外报警器.PrjPcb"的名称保存到指定的文件夹中。同时,Projects 面板上新建的工程文件名称也做相应的改动。

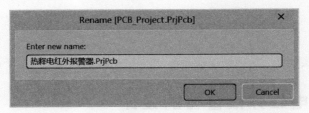

图 9-2 新建工程文件重命名为"热释电红外报警器"

刚创建的工程文件中没有任何附属文件。

(2) 执行菜单命令"文件"(File)→"新的"(New)→"原理图"(Schematic);或者在 Projects 面板上右击新建的工程文件"热释电红外报警器.PrjPcb",在弹出的快捷菜单中选择"添加新的到工程"(Add New to Project)→Schematic 命令。系统随即新建一个原理图文件,默认名为 Sheet1.SchDoc。同时,启用原理图编辑器。

执行菜单命令"文件"(File)→"另存为"(Save As);或者右击 Projects 面板上的新建原理图文件名,在弹出的菜单中选择"保存"(Save)。系统随即弹出保存原理图文件对话框,在"文件名"文本框输入新的文件名"热释电红外报警器",如图 9-3 所示。单击"保存"按钮,新建的原理图文件即以"热释电红外报警器.SchDoc"的名称保存到指定的文件夹中。同时,Projects 面板上新建的原理图文件名称和编辑窗口的原理图文件标签名,也自动做相应的改动。

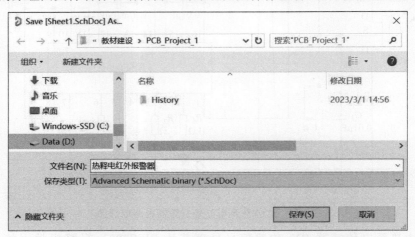

图 9-3 新建原理图文件重命名为"热释电红外报警器"

2. 原理图图纸设置

(1) 双击图纸边框位置,系统弹出"文档选项"(Document Options)对话框。在该对话框中,用户可以根据需要设置原理图的绘制环境,包括单位、设计图纸大小、栅格间距、图纸信息参数等的设置。设置方法请参阅 3.1.2 节的内容。

（2）执行菜单命令"工具"（Tools）→"原理图优选项"（Preferences），系统弹出"优选项"（Preferences）对话框。Schematic-Grids 选项卡如图 9-4 所示，在"栅格选项"（Grid Options）栏可以根据用户需要进行栅格形状和颜色的设置。

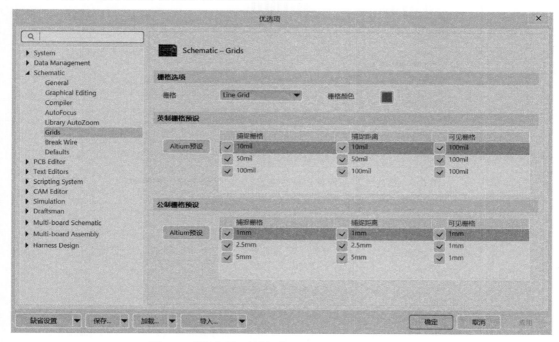

图 9-4 "优选项"对话框的 Schematic-Grids 选项卡

3. 新建元件库

由于在 Altium Designer 提供的元件库中找不到热释电传感器 PY 和传感信号处理芯片 BISS0001 元件，所以需要用户根据自己的实际需求建立自己的元件库。

（1）创建元件原理图库。执行菜单命令创建："文件"（File）→"新的"（New）→"库"（Library），在弹出的 New Library 对话框中选择 File→Schematic Library；或者右击 Projects 面板上的新建 PCB 工程"热释电红外报警器.PrjPcb"，在弹出的快捷菜单中选择"添加新的…到工程"（Add New to Project）→Schematic Library 命令。系统随即新建一个原理图原件库文件，默认名为 Schlib1.Schlib。同时，启用原画图元件库编辑器。

（2）元件原理图库重命名。执行菜单命令"文件"（File）→"另存为"（Save As）；或者右击 Projects 面板上的新建原理图库文件名，在弹出的快捷菜单中选择"保存"（Save）命令。系统随即弹出保存原理图元件库文件对话框，在"文件名"文本框输入新的文件名"热释电红外报警器"，如图 9-5 所示。单击"保存"按钮，新建的原理图元件库文件即以"热释电红外报警器.Schlib"的名称保存到指定的文件夹中。同时，Projects 面板上新建的原理图元件库文件名称和编辑窗口的原理图元件库文件标签名，也自动做相应的改动。

（3）创建元件库元件。在新建的原理图元件库文件中，按照 4.2 节所述的方法，创建热释电传感器 PY 和传感信号处理芯片 BISS0001 元件。

或者右击 Projects 面板上新建的工程文件"热释电红外报警器.PrjPcb"，在弹出的菜单中选择"添加已有文档到工程"（Add Existing to Project）命令系统弹出 Choose Documents to Add to Project 对话框，打开第 4 章建立的原理图元件库文件 My.SchLib，如图 9-6 所示。

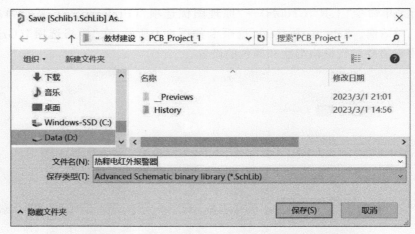

图 9-5　新建原理图元件库文件重命名为"热释电红外报警器"

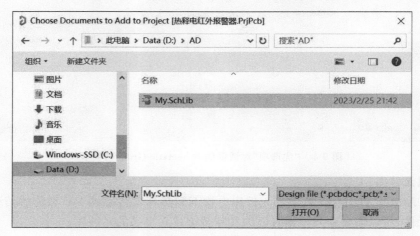

图 9-6　添加原理图元件库文件 My.SchLib

4. 放置元件

在 Components 面板中最上面的下拉列表框中显示了已启用的 3 个元件库,如图 9-7 所示。其中,Miscellaneous Devices.IntLib 库中包含绘制人体红外热释电报警器电路原理图需要的电阻(Res1)、电位器(RPot)、电容(Cap)和发光二极管(LED0);Miscellaneous Connectors .IntLib 库中包含绘制人体红外热释电报警器电路原理图需要的排针(Header);"热释电红外报警器.SchLib"库包含绘制人体红外热释电报警器电路原理图需要的热释电传感器(PY)和传感信号处理芯片 BISS0001 元件。

依次选用上述 3 个元件库,找到所需要的元件,连续双击,然后向原理图图纸上放置元件:放置 8 个电阻、1 个电位器、5 个无极性电容、2 个极性电容、1 只发光二极管、1 个 2 脚排针、1 个热释电传感器 PY 和 1 个传感信号处理芯片 BISS0001;最后进行元件的布局调整,调整好的电路图如图 9-8 所示。

图 9-7　Components 面板中启用的元件库

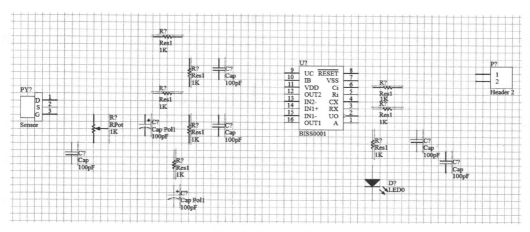

图 9-8　放置好元件的"热释电红外报警器"电路图

5. 连接线路

单击图纸上端快捷工具栏中的"放置线"(Place Wire)图形按钮，或者执行菜单命令"放置"(Place)→"线"(Wire)，进行连线，将原理图中的元件连接起来。

单击图纸上端快捷工具栏中的"GND 端口"(GND Port)图形按钮，或者执行菜单命令"放置"(Place)→"电源端口"(Power Port)，向原理图中的电源网络和地网络分别放置 1 个电源端口。连续双击电源网络中的电源端口，弹出电源端口属性对话框，参见图 3-37。在该对话框的 Name 文本框输入"＋5"，Style 栏设置为 Bar。

完成连线后的电路原理图如图 9-9 所示。

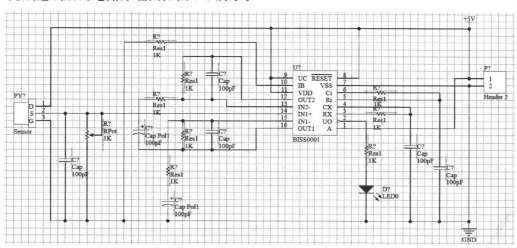

图 9-9　完成连线后的"热释电红外报警器"电路图

6. 新建元件封装库

在原理图图纸上放置电路元件，用到了 Altium Designer 软件自带的集成元件库中提供的发光二极管 LED0，此元件默认设置的匹配封装 LED-0，如图 5-27 所示。对于如图 5-26 所示的发光二极管，如果安装时引脚不弯成 90°，则这个系统自动匹配的封装不合适，且在系统自带库中也找不到其他合适的封装，需要用户新建二极管封装。

（1）创建元件封装库。执行菜单命令"文件"(File)→"新的"(New)→"库"(Library)在弹出的 New Library 对话框中选择 File→PCB Library 命令；或者右击 Projects 面板上的新建 PCB 工程"热释电红外报警器.PrjPcb"，在弹出的快捷菜单中选择"添加新的…到工程"(Add

New to Project）→PCB Library 命令。系统随即新建一个元件封装库文件，默认名为 PcbLib1.PcbLib，且该文件中自动添加了一个默认名为 COMPONENT_1 的封装，但无图形内容。同时，元件封装库编辑器启用。

（2）封装库重命名。执行菜单命令"文件"（File）→"另存为"（Save As）；或者右击 Projects 面板上的新建元件封装库文件名，在弹出的快捷菜单中选择"保存"（Save）命令。系统随即弹出保存元件封装库文件对话框，在"文件名"文本框中输入新的文件名"热释电红外报警器"，单击"保存"按钮，新建的元件封装库文件即以"热释电红外报警器.PcbLib"的名称保存到指定的文件夹中。同时，Projects 面板上新建的元件封装库文件名称和编辑窗口的元件封装库文件标签名，也自动做相应的改动。

（3）放置焊盘。执行菜单命令"放置"（Place）→"焊盘"（Pad），或单击常用工具栏中的放置焊盘图标按钮 ⊙，在元件封装图形编辑区放置两个焊盘。右击，退出放置焊盘状态。

双击其中一个焊盘，系统弹出焊盘属性对话框，如图 6-26～图 6-28 所示。在（X/Y）文本框输入−50mil 和 0mil；在 Designator 文本框输入 1；Shape 栏设置为 Rectangular。

单击另一个焊盘，在焊盘属性对话框的（X/Y）文本框输入 50mil 和 0mil；在 Designator 文本框输入 2；Shape 栏设置为 Round。关闭焊盘属性对话框。

（4）绘制封装外形轮廓。单击板层标签区中的 Top Overlay，将顶层丝印层设置为当前工作层。执行菜单命令"放置"（Place）→"圆"（Full Circle），在元件封装图形编辑区的任意位置，放置半径任意的一个圆环。右击，退出放置圆环状态。

双击这个圆环，系统弹出圆环属性对话框，如图 6-31 所示。在（X/Y）文本框输入 0mil 和 0mil；在 Radius 文本框输入 80mil。关闭焊盘属性对话框。绘制好的封装如图 9-10 所示。

（5）封装重命名。在 PCB Library 面板的封装列表区，连续双击封装名 PCBCOMPONENT_1，在弹出的"PCB 库封装"（PCB Library Footprint）对话框中，将封装的"名称"（Name）文本框内容修改为 LEDZ，在"描述"（Description）文本框输入"LED；2 Leads"，如图 9-11 所示。单击"确定"（OK）按钮，关闭"PCB 库封装"（PCB Library Footprint）对话框。

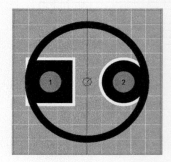

图 9-10　创建好的发光二极管封装

图 9-11　发光二极管 PCB 库封装重命名

在原理图图纸上放置电路元件，也用到了 Altium Designer 软件自带的集成元件库中提供的电解电容 Cap Pol1，此元件默认设置的匹配封装"RB7.6-15"，如图 5-19 所示。对于引脚间距为 80mil 的 10μF 电容，和引脚间距为 100mil 的 47μF 电容，这个系统自动匹配的封装不合适，且库中也找不到其他合适的封装，因此需要用户新建这两种元件的封装。

执行菜单命令"工具"（Tools）→"元器件向导"（Footprint Wizard）；或在 PCB Library 面板的封装列表区右击，在弹出的快捷菜单中选择 Footprint Wizard 命令。系统随即弹出元件封装向导对话框，然后参照图 6-11～图 6-20，创建电解电容的封装，其中：

- 封装模型类别选 Capacitors，"选择单位"（Select a unit）栏选用 Imperial；

- 电路板技术选 Through Hole，"焊盘尺寸"(Define the pads dimensions)参数采用默认值；
- 焊盘间距对于 $10\mu F$ 电容设置为 80mil，对于 $47\mu F$ 电容设置为 100mil；
- 在封装外框定义中，"选择电容极性"(Choose the capacitor's polarity)栏选用 Polarised，"选择电容的装配样式"(Choose the capacitor's mounting style)栏选择 Radial，"选择电容的几何形状"(Choose the capacitor's geometry)栏选择 Circle；
- 封装外框的高度对于 $10\mu F$ 电容设置为 100mil，对于 $47\mu F$ 电容设置为 125mil；
- 在"电容器名称"(What name should the capacitor have)文本框中，将 $10\mu F$ 电容设置为"RB0.08"，对于 $47\mu F$ 电容设置为"RB0.1"。

最后，将封装图形中的"＋"符号移向靠近 1 号焊盘位置，并将 1 号焊盘的形状改为方形。新创建的电解电容封装如图 9-12 所示。

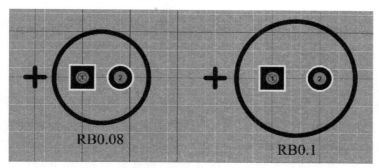

图 9-12　新创建的电解电容封装 RB0.08 和 RB0.1

7. 元件属性编辑

双击原理图纸上放置的各元件，在系统弹出的如图 3-39～图 3-41 所示的元件属性对话框中，分别编辑各元件的属性，其中：

（1）各元件的 Comment 信息关闭显示（BISS0001 除外）；

（2）各电阻元件的封装改为"AXIAL-0.4"，$0.01\mu F$ 的电容元件封装改为"RAD-0.1"，$10\mu F$ 的电容元件封装改为"RB0.08"，$47\mu F$ 的电容元件封装改为"RBD0.1"；发光二极管的封装改为"LEDZ"。

（3）各元件的数字编号和标称值（如果有）按照图 9-1 内容设置。

编辑好元件属性的"热释电红外报警器"电路图如图 9-13 所示。

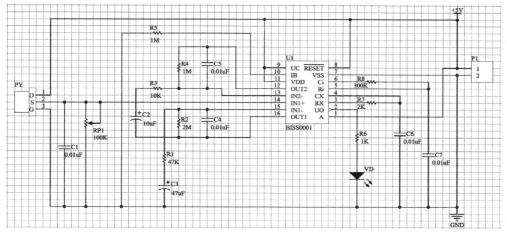

图 9-13　编辑好元件属性的"热释电红外报警器"电路图

8. 原理图的编译

执行菜单命令"工程"（Project）→"Validate PCB Project 热释电红外报警器. PrjPcb"，如图 9-14 所示。系统对"热释电红外报警器"工程进行编译。根据编译工程报告给出的出错信息，对绘制的原理图进行相应的修改，直至再次编译工程没有给出出错信息，即完成原理图的设计。

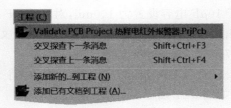

图 9-14　编译"热释电红外报警器"工程菜单命令

9.1.2　PCB 设计

1. 新建 PCB 文件

执行菜单命令"文件"（File）→"新的"（New）→PCB；或者执行菜单命令"工程"（Project）→"添加新的…到工程"（Add New to Project）→PCB；或者在 Projects 面板上右击工程文件"热释电红外报警器. PrjPcb"，在弹出的快捷菜单中选择"添加新的…到工程"（Add New to Project）→PCB命令。系统随即新建一个 PCB 文件，默认名为 PCB1. PcbDoc。同时，启用 PCB编辑器。关于 PCB 编辑环境，即 PCB 编辑器参数的设置，7.1.2 节有详细介绍，此处不再赘述。

执行菜单命令"文件"（File）→"另存为"（Save As）；或者右击 Projects 面板上的新建 PCB文件名，在弹出的快捷菜单中选择"保存"（Save）命令。系统随即弹出保存 PCB 文件对话框，在"文件名"文本框输入新的文件名"热释电红外报警器"，如图 9-15 所示。单击"保存"按钮，新建的原理图文件即以"热释电红外报警器. SchDoc"的名称保存到指定的文件夹中。同时，Projects 面板上新建的原理图文件名称和编辑窗口的原理图文件标签名，也自动做相应的改动。

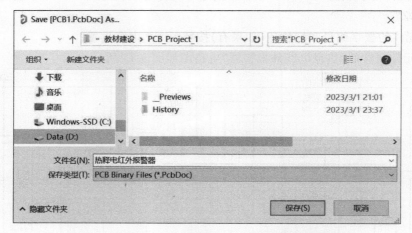

图 9-15　新建 PCB 文件重命名为"热释电红外报警器"

2. PCB 图纸规划

1）图纸栅格设置

在启用 PCB 编辑器后，执行键盘快捷键操作 Ctrl＋G，系统弹出如图 7-25 所示的用于栅

格设置的 Cartesian Grid Editor 对话框。其中，

- "步进值"(Steps)区，"步进(X)"(Step X)和"步进(Y)"(Step Y)两个参数均设置为 10mil。
- "显示"(Display)区，"精细"(Fine)栅格线和"粗糙"(Coarse)栅格线均采用 Lines(实线)形式，"倍增"(Multiplier)栏选取 10 倍。

2) PCB 边界规划

单击板层标签区的 Keep-Out Layer 标签，使禁止布线层成为当前的工作层。执行菜单命令"放置"(Place)→Keepout→"线径"(Track)。然后参照 7.2.2 节所述的方法，在 PCB 编辑区上绘制出长为 2500mil、宽为 1800mil 的矩形电气边界。

3. 导入原理图数据

首先，检查确认在 Components 面板中，已启用了原理图中涉及的所有元件封装库。如果有缺漏的封装库，则参考 3.2.1 节中所述的方法，向 PCB 编辑器载入封装库。

在原理图编辑环境下，执行菜单命令"设计"(Design)→"Update PCB Document 热释电红外报警器.PcbDoc"；或在 PCB 编辑环境下，执行菜单命令"设计"(Design)→"Import Changes From 热释电红外报警器.PrjPCB"。系统随即弹出"工程变更指令"对话框，如图 9-16 所示。

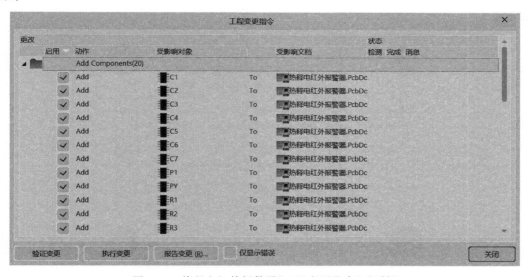

图 9-16　热释电红外报警器"工程变更指令"对话框

单击"验证变更"(Validate Changes)按钮，系统检查所有的变更。如果有错误，则根据错误信息对原理图做相应的修改。如果无误，则说明所有变更都是有效的。单击"执行变更"(Execute Changes)按钮，系统将执行所有的变更操作，网络表成功地载入到 PCB 文件中，形式上表现为所有元件以封装形式添加到 PCB 文件中，集中排列在 PCB 编辑区域右下角的外侧，且用飞线指明了各元件间的电气连接关系，如图 9-17 所示。

4. 元件布局

PCB 设计中的元件布局，需要综合考量多种因素。一般是先将核心元件放置在电路板上的合适位置，然后按照"连线短、少(连线)交叉"的原则，将与核心元件相关的外围元件就近放置；去耦电容尽量靠近电源端；连接器放在电路板边缘，以利于接线和插拔；兼顾机械、散热等要求。

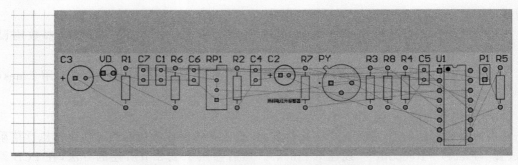

图 9-17　热释电红外报警器原理图文件网络表载入到 PCB 文件的效果

在 PCB 编辑环境中,执行菜单命令"设计"(Design)→"规则"(Rules),系统随即弹出"PCB 规则及约束编辑器"(PCB Rules and Constraints Editor)对话框。在该对话框左侧,按照 Design Rules\Placement\Component Clearance\ComponentClearance 路径,打开 ComponentClearance 选项卡,参见图 7-75。在该选项卡的"约束"(Constraints)区选定"无限"(Infinite)项,并且将"最小水平间距"(Minimum Horizontal Clearance)参数设置为 50mil。单击"确定"(OK)按钮。

接下来进行元件布局,并在 4 个边角处放置焊盘用作安装孔;然后调整元件的标识符,使各元件的标识符尽量靠近所指示的元件,且不放置在焊盘上或元件封装外形边框内。布局结果如图 9-18 所示。

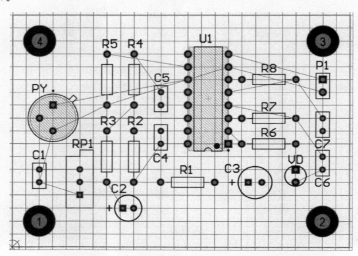

图 9-18　热释电红外报警器 PCB 文件元件布局效果

5. 布线

(1) 设置布线规则。在 PCB 编辑环境中,执行菜单命令"设计"(Design)→"规则"(Rules),系统随即弹出"PCB 规则及约束编辑器"(PCB Rules and Constraints Editor)对话框。在该对话框左侧:

- 按照 Design Rules\Electrical\Clearance\Clearance 路径,打开 Clearance 选项卡,参见图 7-98。在该选项卡中,将导线之间、导线与焊盘之间的安全间距设置为 15mil。
- 按照 Design Rules\Routing\Width\Width 路径,打开 Width 选项卡,参见图 7-105。在该选项卡中,将导线线宽设置为 20mil。
- 在"PCB 规则及约束编辑器"(PCB Rules and Constraints Editor)对话框的左侧列表中,右击 Width 子选项,在弹出的快捷菜单中选中"新规则"(New Rule)命令,即创建一个默认名字为 Width_1 的新的线宽规则。在新的线宽规则对话框中,将电源网络的导线宽度设置为 40mil,规则名称改为 Width_VCC,如图 9-19 所示。用同样的方法,再创建一个线宽规则,将接地网络的导线宽度设置为 40mil,规则名称改为 Width_GND,如图 9-20 所示。

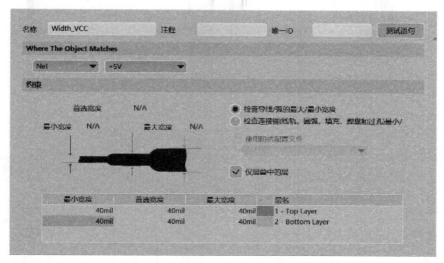

图 9-19　设置电源网络导线宽度

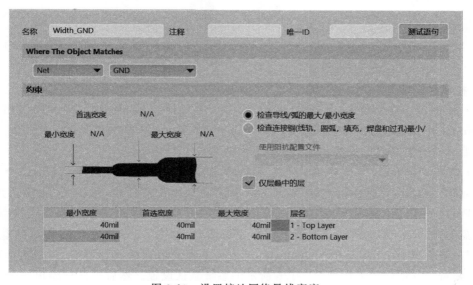

图 9-20　设置接地网络导线宽度

（2）自动布线。执行菜单命令"布线"（Route）→"自动布线"（Auto Route）→"全部"（All）,在系统弹出的如图 7-119 所示的"Situs 布线策略"（Situs Routing Strategies）对话框中,单击 Route All 按钮,系统开始进行自动布线,同时给出布线状态信息框,如图 9-21 所示。信息框内的最后一条信息显示有"Failed to complete 0 connection(s)",表示布线成功,无布线缺失。自动布线后的结果如图 9-22 所示。

（3）手动调整。以减少布线不必要的弯折、缩短布线长度、尽可能增大安全间距等为目的,对自动布线结果做手动调整。手动调整后的结果如图 9-23 所示。

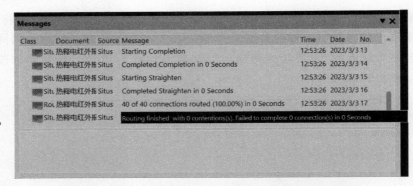

图 9-21　热释电红外报警器 PCB 文件自动布线状态信息框

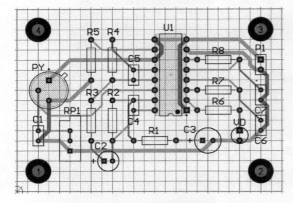

图 9-22　热释电红外报警器 PCB
文件自动布线效果

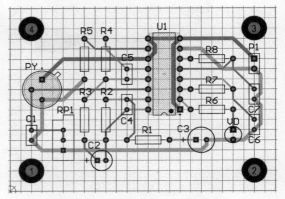

图 9-23　热释电红外报警器 PCB
文件手动调整布线效果

6. 补泪滴和铺铜

（1）补泪滴。执行菜单命令"工具"（Tools）→"泪滴"（Teardrops），系统弹出"泪滴"（Teardrops）对话框，对话框中各选项设置如图 7-133 所示，单击"确定"（OK）按钮。系统对 PCB 图自动进行补泪滴。补完泪滴后的结果如图 9-24 所示。

（2）铺铜。在 PCB 编辑区右击，在弹出的快捷菜单中选择"放置"（Place）→"铺铜"（Polygon Pour）命令；或者在 PCB 编辑工作界面的常用工具栏中，单击"放置多边形平面"（Place Polygon Plane）图标按钮▨。光标变成绿色"十"字形，系统进入铺铜模式状态。此时按下键盘的 Tab 键，系统弹出多边形铺铜属性对话框，如图 7-136 所示。在该对话框中，Net 项选择与 GND 连接；Layer 项选择 Bottom Layer；铺铜填充模式选择 Solid；选中 Remove Dead Copper。其他选项采用如图 7-136 所示的系统默认设置。然后用鼠标绘出一个矩形，将电气边界内的区域包围，系统自动进行铺铜。铺铜后的结果如图 9-25 所示。

7. 放置文字注释

将 Top Overlay 层设为当前工作层。

执行菜单命令"放置"（Place）→"字符串"（String）；或者在 PCB 编辑工作界面的常用工具栏中，单击"放置字符串"（Place String）图标按钮▨。光标随即变成绿色"十"字形，并带着一个默认为 String 的字符串，进入放置字符串状态。然后参照 7.6.3 节所述的方法，在电路板上添加电路名称"热释电红外报警器"文字注释，字符高度为 150mil；并在排针处标出正电源指示"＋5V"和地指示 GND 文字注释，字符高度为 40mil。放置文字注释后的结果如图 9-26 所示。

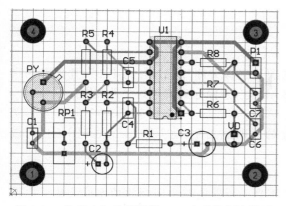

图 9-24　热释电红外报警器 PCB 文件补泪滴效果

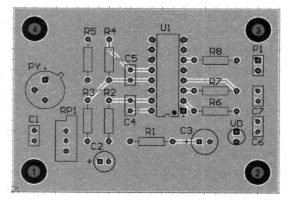

图 9-25　热释电红外报警器 PCB 文件底层铺铜效果

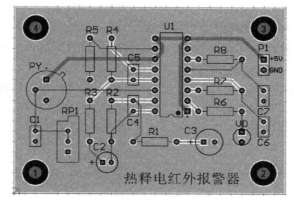

图 9-26　热释电红外报警器 PCB 文件添加文字注释效果

9.2　助听器的设计

助听器是帮助人耳聆听的工具,有助于某些有听力障碍但有残余听力的患者或老年听力弱者补偿听力损失,提高听觉感受效果。助听器实际上是一种小型低频功率放大器,通俗地说就是一个小型的扩音器,它能够把声音放大,利用耳机进行放音。目前的音响系统中,低频功率放大器广泛使用了音频功率放大集成电路,市场上有多种音频功率放大集成电路可供选择。使用驻极体话筒 MIC 和双通道单片功率放大集成电路芯片 TDA2822 制作的助听器电路如图 9-27 所示。该电路经过两级音频功率放大和高频滤波,将驻极体话筒感知的音频信号送给耳机,以足够的功率推动耳机发声。

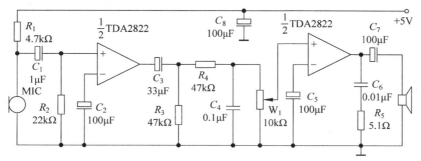

图 9-27　助听器电路原理图

9.2.1 原理图的绘制

1. 创建项目工程文件

参照 9.1.1 节第 1 步所述的方法，创建新的项目工程文件"助听器.PrjPcb"，并保存到指定的文件夹中；创建新的原理图文件"助听器.SchDoc"，并保存到指定的文件夹中。

2. 原理图图纸设置

参照 9.1.1 节第 2 步所述的方法，对新建立的原理图文件"助听器.SchDoc"图纸进行设置，此处不再赘述。

3. 新建元件库

由于在 Altium Designer 提供的元件库中找不到助听器电路中用到的功率放大集成电路芯片 TDA2822 元件，所以需要用户根据自己的实际需求建立自己的元件库。

如图 9-28 所示，芯片 TDA2822 中包含两个功率放大器，属于复合元件。下面以此芯片为例，详细介绍复合元件原理图库元件的创建方法。

（1）创建元件库。参照 9.1.1 节第 3 步所述的方法，创建新的元件原理图库文件"助听器.Schlib"，并保存到指定的文件夹中。新建的库文件中，系统自动在 SCH Library 面板元件列表区中添加一个名为 Component_1 的元件，但新建库元件符号的编辑区是空白的。

（2）绘制元件符号。TDA2822 芯片的功率放大单元符号与 Altium Designer 软件自带的 Miscellaneous Devices.IntLib 库中 Op Amp 元件的符号（见图 9-29）相似，新的元件符号将以此为基础复制绘制。

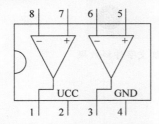

图 9-28　TDA2822 芯片引脚及内部电路框图

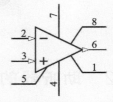

图 9-29　库元件 Op Amp 符号外形

① 参照 4.2.2 节第 2 步所述的方法，解压源文件 Miscellaneous Devices.IntLib。在解压源文件后得到的 Miscellaneous Devices.SchLib 文件 SCH Library 面板库元件列表中，找到元件 Op Amp，如图 9-30 所示。

执行菜单命令"编辑"（Edit）→"选择"（Select）→"全部"（All），如图 9-31 所示。

然后执行菜单命令"编辑"（Edit）→"复制"（Copy），如图 9-32 所示，将选中的内容复制到粘贴板中。

② 激活新建的"助听器.SchLib"文件，在 SCH Library 面板元件列表区中选中元件 Component_1，然后执行菜单命令"编辑"（Edit）→"粘贴"（Paste），如图 9-33 所示，将 Miscellaneous Devices.SchLib 文件中元件 Op Amp 的符号图形复制到元件 Component_1 的元件符号编辑区中，如图 9-34 所示。

③ 在 SCH Library 面板元件列表区中选中元件 Component_1，然后执行菜单命令"工具"（Tools）→"新部件"（New Part），如图 9-35 所示。系统随即在 SCH Library 面板元件列表区中元件 Component_1 名下自动创建 Part A 和 Part B 两个子部件，如图 9-36 所示。其中，Part A 部件的元件符号编辑区有从元件 Op Amp 复制过来的元件符号，而 Part B 部件的元件符号编辑区是空白的。

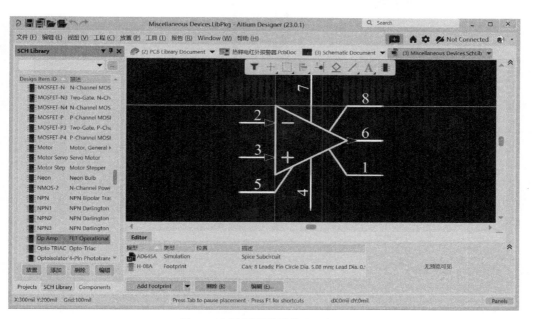

图 9-30　原理图库元件 Op Amp

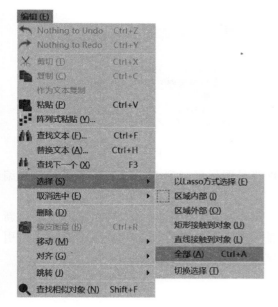

图 9-31　原理图库元件符号"选择"菜单命令

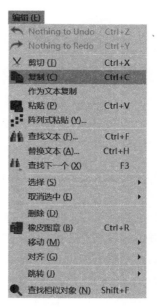

图 9-32　原理图库元件符号"复制"菜单命令

图 9-33　原理图库元件符号"粘贴"菜单命令

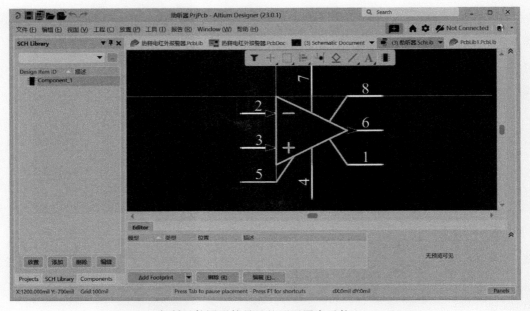

图 9-34　复制元件图形符号后的原理图库元件 Component_1

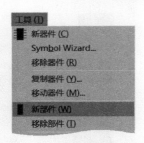

图 9-35　库元件创建新部件菜单命令

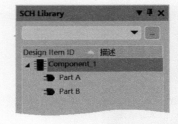

图 9-36　库元件 Component_1 与其子部件

④ 参照②中的方法，将 Part A 部件中的元件符号图形复制到 Part B 部件的元件符号编辑区。

⑤ 在 Part A 部件的元件符号编辑区，将 1、5 和 8 号引脚删除，其余引脚参照图 9-28 重新编号，并放置字符"A"，如图 9-37 所示。Part B 部件的元件符号编辑区，将 1、4、5、7 和 8 号引脚删除，其余引脚参照图 9-28 重新编号，并放置字符"B"，如图 9-38 所示。

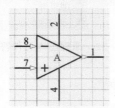

图 9-37　符号图形编辑后的 A 部件

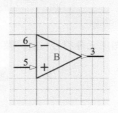

图 9-38　符号图形编辑后的 B 部件

（3）编辑库元件属性。双击 SCH Library 面板元件列表区中的元件 Component_1，在弹出的库元件属性对话框中做如下属性编辑：

- Design Item ID 文本框，修改为"TDA2822"；
- Designator 文本框，修改为"U?"；
- Description 文本框，输入"Audio power amplifier"；

- Footprint 栏,参照 4.2.1 节第 5 部分所述的方法,给库元件添加 DIP-8 封装模型。

库元件属性编辑好的对话框如图 9-39 所示。

4. 放置元件

本例中绘制电路原理图,用到了以下 3 个元件库中的元件。

- Altium Designer 软件自带库 Miscellaneous Devices.IntLib:电阻(Res1)、电位器(RPot)、电容(Cap)和麦克风(Mic2);
- Altium Designer 软件自带库 Miscellaneous Connectors.IntLib:耳机插座(Phonejack3)和排针(Header);
- 自建库"助听器.SchLib":音频功率放大元件(TDA2822)。

在 Components 面板最上面的下拉列表框中如果没有全部显示上述 3 个元件库,就需要用户添加启用所缺少的元件库。添加启用元件库的方法请参阅 3.2.1 节,此处不再赘述。

依次选用上述 3 个元件库,找到所需要的元件,连续双击,然后向原理图图纸上放置元件:放置 5 个电阻、1 个电位器、2 个无极性电容、6 个极性电容、1 个麦克风、1 个 2 脚排针、1 个耳机插座和 2 功率放大器;最后进行元件的布局调整,调整好的电路图如图 9-40 所示。

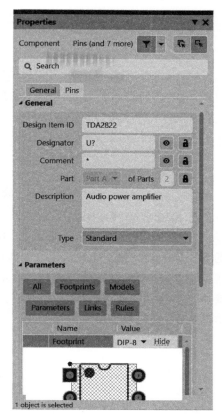

图 9-39　编辑好的库元件属性对话框

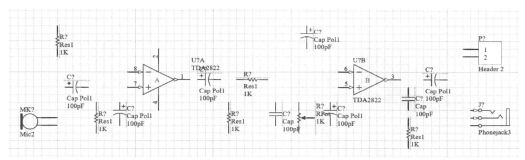

图 9-40　放置好元件的"助听器"电路图

5. 连接线路

单击图纸上端快捷工具栏中的"放置线"(Place Wire)图形按钮，或者执行菜单命令"放置"(Place)→"线"(Wire),进行连线,将原理图中的元件连接起来。

单击图纸上端快捷工具栏中的"GND 端口"(GND Port)图形按钮，或者执行菜单命令"放置"(Place)→"电源端口"(Power Port),向原理图中的电源网络放置 1 个电源端口,向原理图中的地网络放置两个电源端口。连续双击电源网络中的电源端口,弹出电源端口属性对话框,参见图 3-37。在对话框中,Name 文本框输入"+5V",Style 栏设置为 Bar。

完成连线后的电路原理图如图 9-41 所示。

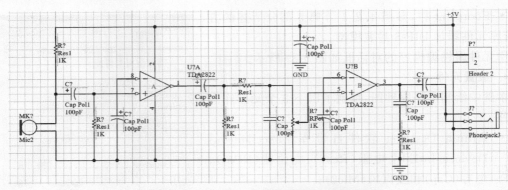

图 9-41　完成连线后的"助听器"电路原理图

6. 新建元件封装库

在原理图图纸上放置电路元件，用到了 Altium Designer 软件自带的集成元件库中提供的麦克风 Mic2，此元件默认设置的匹配封装为 PIN2，如图 9-42 所示。对于如图 6-22 所示驻极体话筒，这个系统自动匹配的封装不合适，且在系统自带库中也找不到其他合适的封装，需要用户新建元件麦克风 MIC 的封装。同样，对于耳机插座 Phonejack3，如果采用如图 9-43 所示的实物，其封装也要由用户新建。

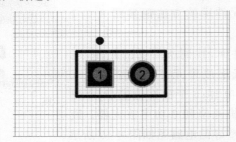

图 9-42　Miscellaneous Devices. IntLib 库中的 PIN2 封装

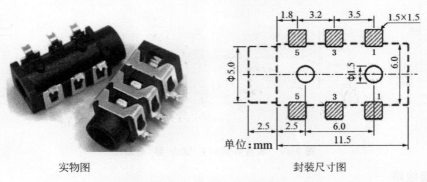

实物图　　　　　　　　　　　　封装尺寸图

图 9-43　六脚贴片耳机插座

参照 9.1.1 节第 6 部分所述的方法，创建元件封装库，命名为"助听器.PcbLib"。麦克风新的封装建造方法在 6.2.2 节和 6.2.3 节已有详细介绍，此处不再赘述。新的封装命名为MIC2，符号图形如图 6-44 所示。

参照 6.1.2 节第 1 部分所述的方法，新创建耳机插座封装，并命名为 PHONE3。然后参照6.2.2 节所述的方法，根据图 9-43 提供的尺寸参数，绘制六脚贴片耳机插座的封装符号图形，并编辑焊盘的属性。在如图 6-26 所示的焊盘属性对话框中，Layer 栏的下拉菜单中选择 Top Layer，可将焊盘由系统默认的直插式的改为贴片式的。创建好的封装如图 9-44 所示。

在原理图图纸上放置电路元件，也用到了
Altium Designer 软件自带的集成元件库中提供的
电解电容 Cap Poll，此元件默认设置的匹配封装
"RB7.6-15"，如图 5-19 所示。对于引脚间距为
70mil 的 $1\mu F$ 电容，引脚间距为 80mil 的 $33\mu F$ 电
容，和引脚间距为 120mil 的 $100\mu F$ 电容，这个系统
自动匹配的封装不合适，且在系统自带库中也找不
到其他合适的封装，因此需要用户新建这 3 种元件
的封装。

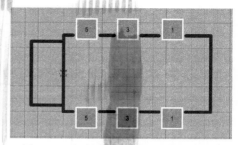

图 9-44　新创建的耳机插座 PHONE3

参照 9.1.1 节第 6 步所述的方法：

- 新建适用于 $1\mu F$ 电容的封装"RB0.07"，其引脚间距和封装外框高度分别为 70mil
  和 82mil；
- 新建适用于 $33\mu F$ 电容的封装"RB0.08"，其引脚间距和封装外框高度分别为 80mil
  和 100mil；
- 新建适用于 $100\mu F$ 电容的封装"RB0.12"，其引脚间距和封装外框高度分别为 120mil
  和 163mil。

新创建的电容如图 9-45 所示。

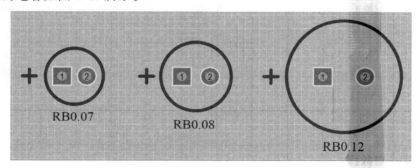

图 9-45　新创建的电容封装 RB0.07、RB0.08 和 RB0.12

7. 元件属性编辑

双击原理图纸上放置的各元件，在系统弹出的如图 3-39～图 3-41 所示的元件属性对话框
中，分别编辑各元件的属性，其中：

（1）各元件的 Comment 信息关闭显示（TDA2811 除外）。

（2）各电阻元件的封装改为"AXIAL-0.4"；小电容 C4 和 C6 的封装改为"RAD-0.1"；
$1\mu F$ 的电容元件封装改为"RB0.07"，$33\mu F$ 的电容元件封装改为"RB0.08"，$100\mu F$ 的电容元件
封装改为"RBD0.12"；麦克风 MIC 的封装改为"MIC2"；耳机插座 PH 的封装改为
"PHONE3"。

（3）各元件的数字编号和标称值（如果有）按照图 9-27 内容设置。

编辑好元件属性的"助听器"电路图如图 9-46 所示。

8. 原理图的编译

执行菜单命令"工程"（Project）→"Validate PCB Project 助听器. PrjPCB"。系统对"助听
器"工程进行编译。根据编译工程报告给出的出错信息，对绘制的原理图进行相应的修改，直
至再次编译工程没有给出出错信息，即完成原理图的设计。

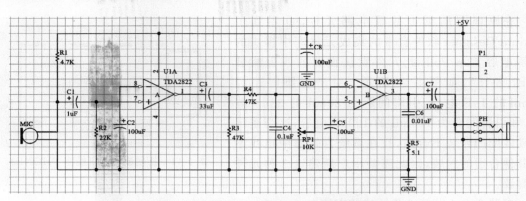

图 9-46　编辑好元件属性的"助听器"电路图

9.2.2　PCB 设计

1. 创建 PCB 文件

参照 9.1.2 节第 1 步所述的方法，创建新的 PCB 文件"助听器.PcbDoc"，并保存到指定的文件夹中。

2. PCB 图纸规划

参照 9.1.2 节第 2 步所述的方法，对新建立的 PCB 文件"助听器.PcbDoc"图纸进行设置。

1) 图纸栅格设置

- 栅格"步进(X)"(Step X)和"步进(Y)"(Step Y)两个参数均设置为 10mil；
- "精细"(Fine)栅格线和"粗糙"(Coarse)栅格线均采用实线(Lines)形式，"倍增"(Multiplier)栏选取 10 倍。

2) PCB 边界规划

在 PCB 编辑区上绘制出长为 2600mil、宽为 1800mil 的矩形电气边界。

3. 导入原理图数据

首先，检查确认在 Components 面板中，已启用了原理图中涉及的所有元件封装库。如果有缺漏的封装库，要参考 3.2.1 节中所述的方法，向 PCB 编辑器载入封装库。

在原理图编辑环境下，执行菜单命令"设计"(Design)→"Update PCB Document 助听器.PcbDoc"；或在 PCB 编辑环境下，执行菜单命令"设计"(Design)→"Import Changes From 助听器.PrjPCB"。系统随即弹出"工程变更指令"对话框，如图 9-47 所示。

单击"验证变更"(Validate Changes)，系统检查所有的变更。如果有错误，则要根据错误信息对原理图做相应的修改。如果无误，则说明所有变更都是有效的。单击"执行变更"(Execute Changes)按钮，系统将执行所有的变更操作，网络表成功地载入到 PCB 文件中，形式上表现为所有元件以封装形式添加到 PCB 文件中，集中排列在 PCB 编辑区域右下角的外侧，且用飞线指明了各元件间的电气连接关系，如图 9-48 所示。

4. 元件布局

PCB 文件导入元件封装后，接下来对元件进行布局。元件布局要考虑的一些因素，以及布局规则的设置，请参阅 9.1.2 节第 4 步所述。元件布局结果如图 9-49 所示。

5. 布线

元件布局完成后，进入布线环节。对 PCB 的布线，有自动布线和手动布线两种方法。一

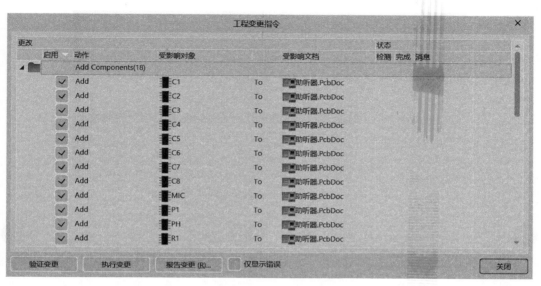

图 9-47　助听器"工程变更指令"对话框

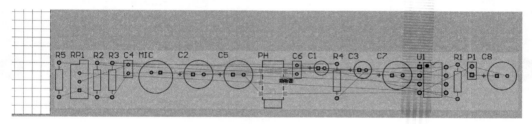

图 9-48　助听器原理图文件网络表载入到 PCB 文件的效果

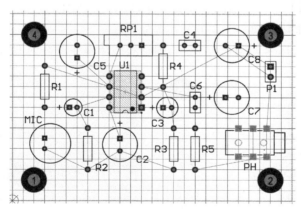

图 9-49　助听器 PCB 文件元件布局效果

般先进行自动布线,再手动布线对自动布线结果进行一些必要的调整,减少布线不必要的弯折、缩短布线长度等,以达到最佳效果。

　　布线前要进行布线规则设置,包括布线安全间距、线宽,以及根据需要添加新的布线规则。参照 9.1.2 节第 5 步所述的方法进行布线规则的设置,然后进行自动布线。若系统弹出的布线状态信息提示框中最后一条信息显示有"Failed to complete 0 connection(s)",如图 9-50 所示,则表示布线成功,无布线缺失。成功自动布线后的结果如图 9-51 所示。

　　对自动布线进行手动调整后的结果如图 9-52 所示。

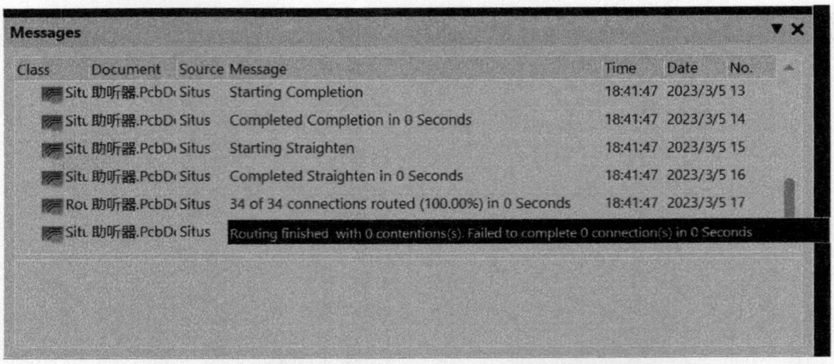

Messages
Class Document Source Message Time Date No.
Situ 助听器.PcbD Situs Starting Completion 18:41:47 2023/3/5 13
Situ 助听器.PcbD Situs Completed Completion in 0 Seconds 18:41:47 2023/3/5 14
Situ 助听器.PcbD Situs Starting Straighten 18:41:47 2023/3/5 15
Situ 助听器.PcbD Situs Completed Straighten in 0 Seconds 18:41:47 2023/3/5 16
Rou 助听器.PcbD Situs 34 of 34 connections routed (100.00%) in 0 Seconds 18:41:47 2023/3/5 17
Situ 助听器.PcbD Situs Routing finished with 0 contentions(s). Failed to complete 0 connection(s) in 0 Seconds

图 9-50　助听器 PCB 文件自动布线状态信息框

RP1
C4
C8
C5
U1
R4
R1
C6
P1
C1
C7
MIC
C3
R3
R5
R2
C2
PH

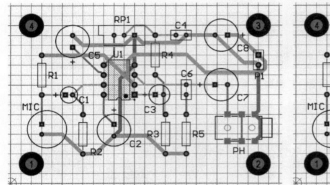

图 9-51　助听器 PCB 文件自动布线效果

RP1
C4
C8
C5
U1
R4
R1
C6
P1
C1
C7
MIC
C3
R3
R5
R2
C2
PH

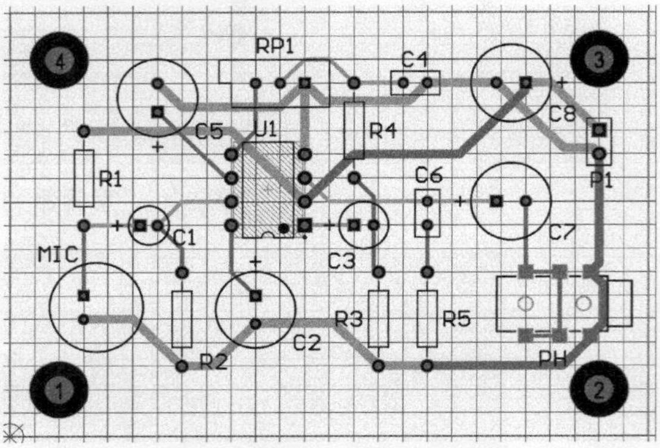

图 9-52　助听器 PCB 文件手动调整布线效果

6. 补泪滴和铺铜

PCB 布线完成后，要进行补泪滴和铺铜操作，以确保 PCB 的可靠性。补泪滴和铺铜的操作方法及相关参数设置请参阅 9.1.2 节第 6 部分。

PCB 补完泪滴后的结果如图 9-53 所示，铺铜后的结果如图 9-54 所示。

RP1
C4
C8
C5
U1
R4
R1
C6
P1
C1
C7
MIC
C3
R3
R5
R2
C2
PH

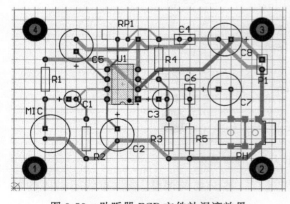

图 9-53　助听器 PCB 文件补泪滴效果

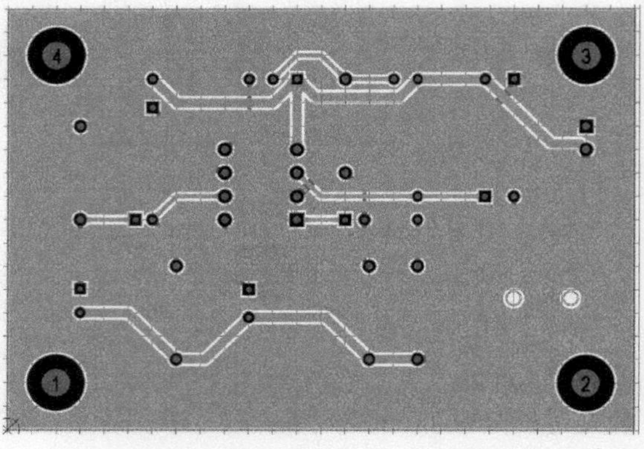

图 9-54　助听器 PCB 文件底层铺铜效果

7. 放置文字注释

将 Top Overlay 层设为当前工作层。

参照 9.1.2 节第 7 步所述，在 PCB 的 Top Overlay 层上，放置电路的名字和排针处标示电源的文字注释。其中：

电路名称为“助听器”，字符高度为 150mil；正电源指示“＋5V”和地指示 GND 文字注释，

字符高度为 40mil。

　　放置文字注释后的结果如图 9-55 所示。

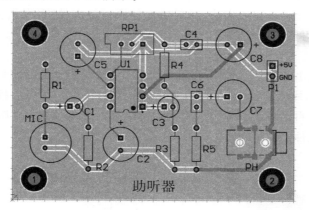

图 9-55　助听器 PCB 文件添加文字注释效果

9.3　可燃气体检测仪的设计

　　可燃气体的检测,在工业安全生产和人们安居生活等方面,都有着十分重要的作用。本节利用常见的气敏传感器,设计一个如图 9-56 所示的可燃气体检测仪。

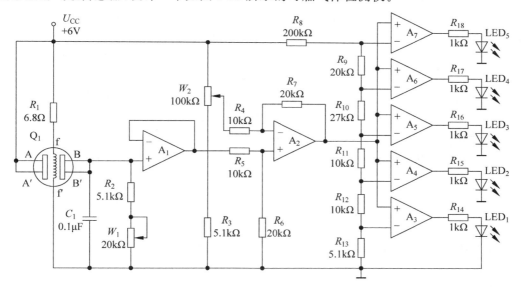

图 9-56　可燃气体检测仪电路原理图

　　该检测仪的电路,由气敏传感器 Q_1 探测可燃气体,输出的电压信号经 A_1 隔离缓冲后,由 A_2 放大,再经由 $A_3 \sim A_7$ 进行电压比较后输出高电压,而后驱动报警灯发光的数目将随可燃气体浓度的变化而变化。

9.3.1　原理图绘制

1. 创建项目工程文件

　　参照 9.1.1 节第 1 步所述的方法,创建新的项目工程文件"可燃气体检测仪.PrjPcb",并保存到指定的文件夹中;创建新的原理图文件"可燃气体检测仪.SchDoc",并保存到指定的文件夹中。

2. 原理图图纸设置

参照 9.1.1 节第 2 步所述的方法，对新建立的原理图文件"可燃气体检测仪.SchDoc"图纸进行设置，此处不再赘述。

3. 新建元件库

可燃气体检测仪电路中，8 个运放功能可以用 2 片通用四运放 LM324 实现，如图 9-57 所示。但该集成电路芯片元件在 Altium Designer 软件自带的元件库中找不到，需要用户根据自己的实际需求建立自己的元件库。同样，如图 9-58 所示的 QM-N5 型气敏传感器元件，也需要由用户创建库元件。

(a) 实物图   (b) 引脚编号及内部电路框图

图 9-57   LM324 四运放集成电路芯片

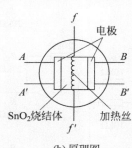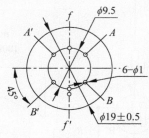

(a) 外形   (b) 原理图   (c) 引脚尺寸图

图 9-58   QM-N5 型气敏传感器

芯片 LM324 中包含 4 个运算放大器，属于复合元件，其原理图库元件的创建，可参照 9.2.1 节第 3 步所述的方法。

首先，创建新的原理图库文件"可燃气体检测仪.SchLib"并保存到指定的文件夹中。

然后，解压源文件 Miscellaneous Devices.IntLib 得到原理图库文件 Miscellaneous Devices.SchLib 中，将其中的库元件 Op Amp 符号图形，复制到新建原理图库文件中默认生成的库元件 Component_1 的元件符号编辑区，并将库元件重新命名为 LM324。

接下来，给库元件 Component_1 添加 4 个子部件 Part A、Part B、PartC 和 Part D。并将 Part A 子部件的元件符号编辑区中从元件 Op Amp 复制过来的元件符号，再分别复制到另外 3 个子部件的编辑区中。参照图 9-57(b)，将 4 个子部件中的多余的引脚删除，剩下的引脚重新编号，结果如图 9-59 所示。

最后，编辑库元件属性，在 LM324 元件的库元件属性对话框中做如下属性编辑：

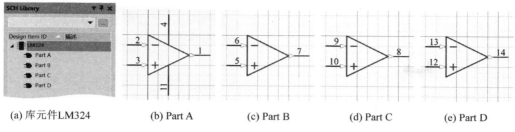

|(a) 库元件LM324|(b) Part A|(c) Part B|(d) Part C|(e) Part D|

图 9-59　库元件 LM324 与子部件符号图形

- Designator 文本框,修改为"U?";
- Description 文本框,输入"Quad operational amplifiers";
- Footprint 栏,参照 4.2.1 节第 5 部分所述的方法,给库元件添加 DIP-14 封装模型。

库元件属性编辑好的对话框如图 9-60 所示。

QM-N5 型气敏传感器原理图库元件,按照 4.2.1 节所述方法的创建。

首先,在原理图库文件"可燃气体检测仪. Schlib"的 SCH Library 面板中,添加一个库元件并重新命名为 QMN5。

然后,通过执行菜单命令"放置"(Place)→"圆"(Full Circle)绘圆环,执行菜单命令"放置"(Place)→"弧"(Arc)绘半圆,执行菜单命令"放置"(Place)→"矩形"(Rectangle)绘矩形,执行菜单命令"放置"(Place)→"引脚"(Pin)放置引脚,在元件符号编辑区绘制气敏传感器原理图库元件的符号图形。

双击引脚,在弹出的如图 4-25 和图 4-33 所示的引脚属性对话框。参考图 9-58,在 Properties 区,对各引脚编号(Designator)、名称(Name)、引脚长度(Pin Length)重新编辑;在 Font Settings 区,修改 Margin 文本框改变字符位置,修改 Orientation 栏改变字符方向。结果如图 9-61 所示。

最后,编辑库元件属性,在 QMN5 元件的库元件属性对话框中做如下属性编辑:

- Designator 文本框,修改为"Q?";
- Description 文本框,输入"Gas sensor"。

库元件属性编辑好的对话框如图 9-62 所示。

图 9-60　编辑好的 LM324 库元件属性对话框

4. 放置元件

本例中绘制电路原理图,用到了以下 3 个元件库中的元件。

- Altium Designer 软件自带库 Miscellaneous Devices. IntLib:电阻(Res1)、电位器(RPot)、电容(Cap)和发光二极管(LED0);
- Altium Designer 软件自带库 Miscellaneous Connectors. IntLib:排针(Header);
- 自建库"可燃气体检测仪. Schlib":四运放集成电路芯片(LM324)、气敏传感器元件(QMN5)。

在 Components 面板中最上面的下拉列表框中如果没有全部显示上述 3 个元件库,就需要用户添加启用所缺少的元件库。添加启用元件库的方法请参阅 3.2.1 节,此处不再赘述。

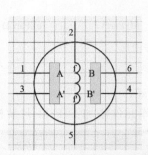

图 9-61　绘制好的气敏传感器库元件符号　　　　图 9-62　编辑好的 QMN5 库元件属性对话框

依次选用上述 3 个元件库，找到所需要的元件，连续双击，然后向原理图图纸上放置元件：放置 18 个电阻、2 个电位器、1 个无极性电容、5 只发光二极管、1 个 2 脚排针、$1\frac{3}{4}$ 个四运放芯片 LM324、1 个气敏传感器；最后进行元件的布局调整，调整好的电路图如图 9-63 所示。

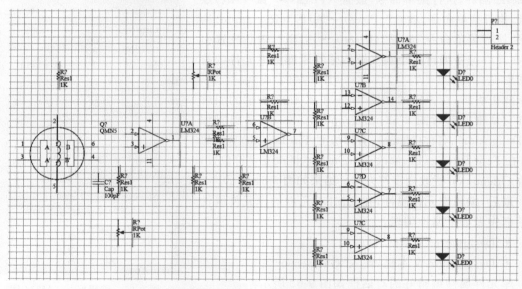

图 9-63　放置好元件的"可燃气体检测仪"电路图

5. 连接线路

单击图纸上端快捷工具栏中的"放置线"（Place Wire）图形按钮￼，或者执行菜单命令"放置"（Place）→"线"（Wire），进行连线，将原理图中的元件连接起来。

单击图纸上端快捷工具栏中的"GND 端口"（GND Power Port）图形按钮￼，或者执行菜单命令"放置"（Place）→"电源端口"（Power Port），向原理图中的电源网络放置 1 个电源端口，向原理图中的地网络放置 1 个电源端口。连续双击电源网络中的电源端口，弹出电源端口属性对话框，参见图 3-37。在该对话框的 Name 文本框输入"＋6V"，Style 栏设置为"Bar"。

完成连线后的电路原理图如图 9-64 所示。

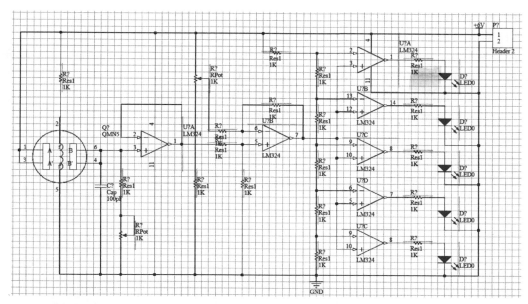

图 9-64 完成连线后的"可燃气体检测仪"电路图

6. 新建元件封装库

在原理图图纸上放置电路元件,用到了 Altium Designer 软件自带的集成元件库中提供的发光二极管 LED0,此元件默认设置的匹配封装为 LED-0,如图 5-27 所示。对于如图 5-26 所示的发光二极管,如果安装时引脚不弯成 90°,则这个系统自动匹配的封装不合适,且在系统自带库中也找不到其他合适的封装,需要用户新建二极管封装。对于前面创建的气敏传感器库元件 QMN5,在 Altium Designer 软件自带的集成元件库中也找不到匹配的封装,所以也需要用户自行创建气敏传感器的封装。

参照 9.1.1 节第 6 步所述的方法,创建元件封装库,命名为"可燃气体检测仪.PcbLib"。发光二极管封装的创建,9.1.1 节第 6 部分中已有详细说明,此处不再赘述。新的发光二极管封装命名为 LEDZ,符号图形如图 9-10 所示。

参照 6.1.2 节所述的方法,新创建气敏传感器封装,并命名为 QMN5。然后参照 6.2.2 节所述的方法,根据图 9-58(c)提供的尺寸参数,在细栅格间距 0.1mm、粗栅格间距为 1mm 环境下,绘制气敏传感器的封装符号图形。

- 执行菜单命令"放置"(Place)→"焊盘"(Pad)放置 6 个焊盘,并编辑焊盘的属性:6 个焊盘均为圆形,外径 2.4mm,孔径 1.3mm,位置坐标分别为(3.36mm,3.36mm)、(0mm,4.75mm)、(−3.36mm,3.36mm)、(−3.36mm,−3.36mm)、(0mm,4.75mm)和(3.36mm,−3.36mm);
- 执行菜单命令"放置"(Place)→"圆"(Full Circle)放置圆环,并编辑圆环属性:位置坐标为(0mm,0mm),半径为 9.5mm。

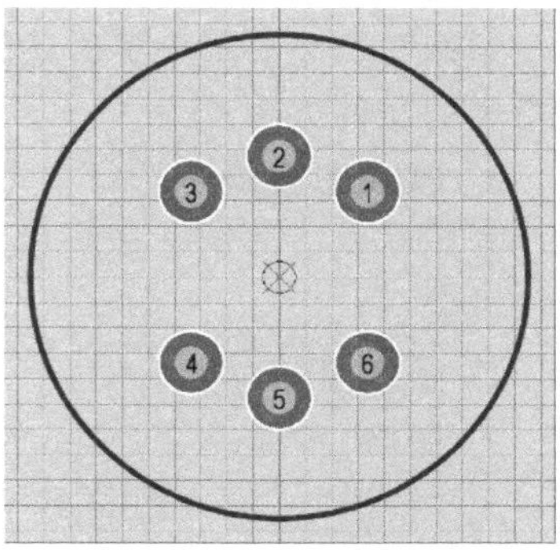

创建好的气敏传感器封装如图 9-65 所示。

图 9-65 新创建的气敏传感器封装 QMN5

7. 元件属性编辑

双击原理图纸上放置的各元件,在系统弹出的如图 3-39～图 3-41 所示的元件属性对话框

中,分别编辑各元件的属性,其中:

(1) 各元件的 Comment 信息关闭显示(LM324 和 QMN5 除外);

(2) 各电阻元件的封装改为"AXIAL-0.4";小电容 C1 的封装改为"RAD-0.1";发光二极管的封装改为 LEDZ;气敏传感器 Q1 添加封装 QMN5。

(3) 各元件的数字编号和标称值(如果有)按照图 9-56 内容设置。

编辑好元件属性的"可燃气体检测仪"电路图如图 9-66 所示。

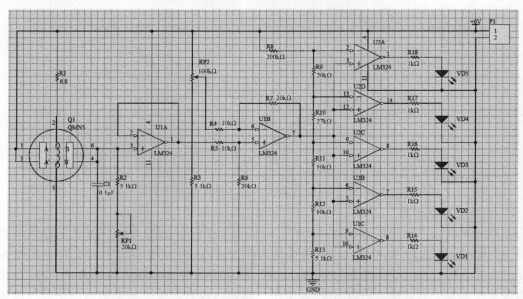

图 9-66　编辑好元件属性的"可燃气体检测仪"电路图

8. 原理图的编译

执行菜单命令"工程"(Project)→"Validate PCB Project 可燃气体检测仪.PrjPcb"。系统对"可燃气体检测仪"工程进行编译。根据编译工程报告给出的出错信息,对绘制的原理图进行相应的修改,直至再次编译工程没有给出出错信息,完成原理图的设计。

9.3.2　PCB 设计

1. 创建 PCB 文件

参照 9.1.2 节第 1 步所述的方法,创建新的 PCB 文件"可燃气体检测仪.PcbDoc",并保存到指定的文件夹中。

2. PCB 图纸规划

参照 9.1.2 节第 2 步所述的方法,对新建立的 PCB 文件"可燃气体检测仪.PcbDoc"图纸进行设置。

1) 图纸栅格设置

- 栅格"步进(X)"(Step X)和"步进(Y)"(Step Y)两个参数均设置为 10mil;
- "精细"(Fine)栅格线和"粗糙"(Coarse)栅格线均采用实线(Lines)形式,"倍增"(Multiplier)栏选取 10 倍。

2) PCB 边界规划

在 PCB 编辑区上绘制出长为 3600mil、宽为 2400mil 的矩形电气边界。

3．导入原理图数据

首先，检查确认在 Components 面板中，已启用了原理图中涉及的所有元件封装库。如果有缺漏的封装库，则参考 3.2.1 节中所述的方法，向 PCB 编辑器载入封装库。

在原理图编辑环境下，执行菜单命令"设计"（Design）→"Update PCB Document 可燃气体检测仪.PcbDoc"；或在 PCB 编辑环境下，执行菜单命令"设计"（Design）→"Import Changes From 可燃气体检测仪.PrjPcb"。系统随即弹出"工程变更指令"对话框，单击"验证变更"（Validate Changes）按钮，系统检查所有的变更，并将检查结果显示于"检测"（Check）栏，如图 9-67 所示。

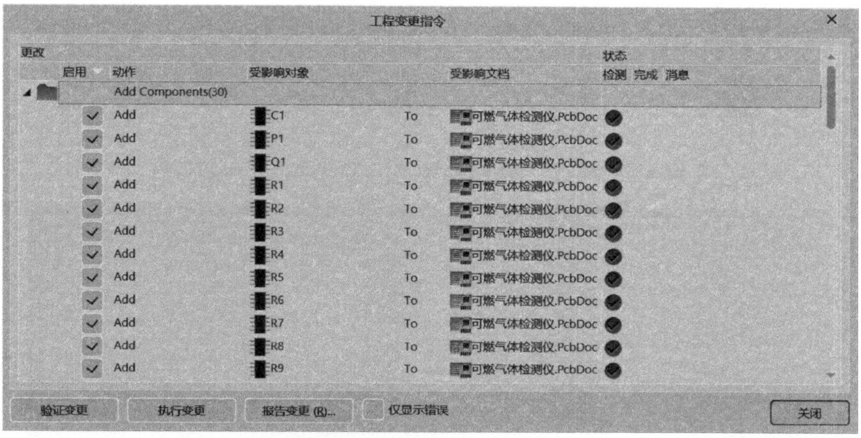

图 9-67　可燃气体检测仪"工程变更指令"对话框

如果检测结果显示有错误，则要根据错误信息对原理图做相应的修改。如果无误，则说明所有变更都是有效的。单击"执行变更"（Execute Changes）按钮，系统将执行所有的变更操作，网络表成功地载入到 PCB 文件中，形式上表现为所有元件以封装形式添加到 PCB 文件中，集中排列在 PCB 编辑区域右下角的外侧，且用飞线指明了各元件间的电气连接关系，如图 9-68 所示。

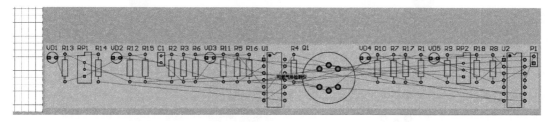

图 9-68　可燃气体检测仪原理图文件网络表载入到 PCB 文件的效果

4．元件布局

PCB 文件导入元件封装后，接下来对元件进行布局。元件布局要考虑的一些因素，以及布局规则的设置，请参阅 9.1.2 节第 4 步所述。元件布局结果如图 9-69 所示。

5．布线

元件布局完成后，进入布线环节。布线前要进行布线规则设置，包括布线安全间距、线宽，以及根据需要添加新的布线规则。参照 9.1.2 节第 5 步所述的方法进行布线规则的设置，包括根据需要添加新的线宽规则，以便对电源和地网络定义不同的线宽。然后进行自动布线。若系统弹出的布线状态信息提示框中最后一条信息显示有"Failed to complete 0 connection(s)"，如图 9-70 所示，则表示布线成功，无布线缺失。成功自动布线后的结果如图 9-71 所示。

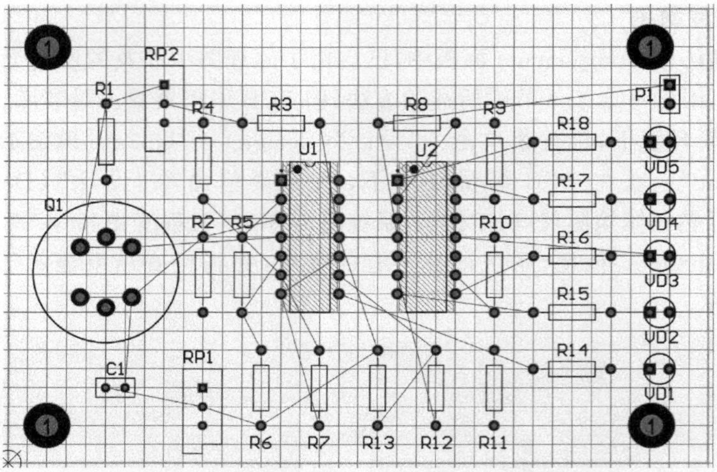

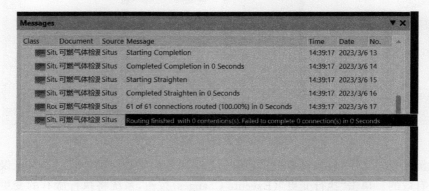

图 9-69　可燃气体检测仪 PCB 文件元件布局效果

图 9-70　可燃气体检测仪 PCB 文件自动布线状态信息框

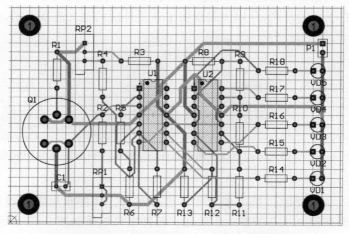

图 9-71　可燃气体检测仪 PCB 文件自动布线效果

　　然后，再手动布线对自动布线结果进行一些必要的调整，减少布线不必要的弯折、缩短布线长度等，以达到最佳效果。手动调整布线后的结果如图 9-72 所示。

　　6. 补泪滴和铺铜

　　PCB 布线完成后，要进行补泪滴和铺铜操作，以确保 PCB 的可靠性。补泪滴和铺铜的操作方法及相关参数设置请参阅 9.1.2 节第 6 步所述。

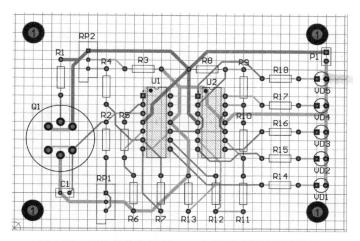

图 9-72　可燃气体检测仪 PCB 文件手动调整布线效果

PCB 补完泪滴后的结果如图 9-73 所示，铺铜后的结果如图 9-74 所示。

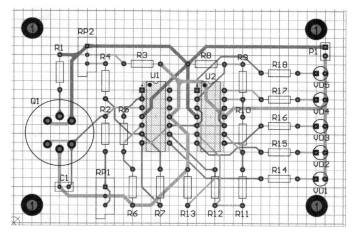

图 9-73　可燃气体检测仪 PCB 文件补泪滴效果

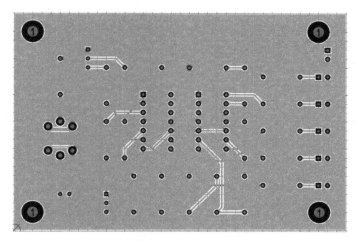

图 9-74　可燃气体检测仪 PCB 文件底层铺铜效果

7. 放置文字注释

参照 9.1.2 节第 7 步所述，在 PCB 的 Top Overlay 层上放置电路的名字和排针处标示电源的文字注释。其中：

电路名称为"可燃气体检测仪"，字符高度为 160mil；正电源指示"＋6V"和地指示 GND 文字注释，字符高度为 40mil。

放置文字注释后的结果如图 9-75 所示。

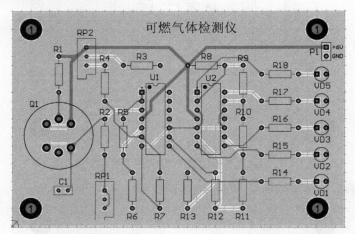

图 9-75　可燃气体检测仪 PCB 文件添加文字注释效果

9.4　超声波多普勒报警器的设计

超声波多普勒报警器，根据多普勒效应来感知运动的物体。本节使用一对超声波发射、接收传感器，利用反射式检测方法，设计一个超声波多普勒报警器，电路如图 9-76 所示。

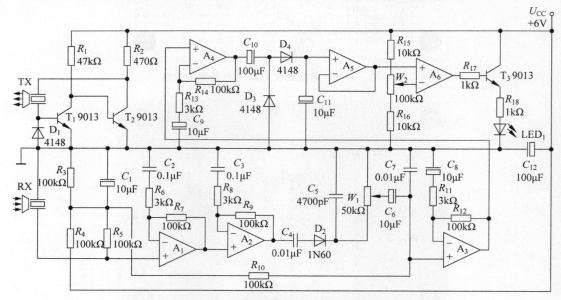

图 9-76　超声波多普勒报警器电路图

该电路利用超声波传感器来探知人的移动，并将获得的信号进行放大、检波、高频滤波处理后，经由比较电路输出高电平，驱动发光二极管发光报警。

9.4.1 原理图的绘制

1. 创建项目工程文件

执行菜单命令"文件"（File）→"新的"（New）→"项目"（Project）；或者在 Projects 面板上右击工作区间文件名 Project Group 1. DsnWrk，通过右键快捷菜单选择 Add New Project 命令。系统弹出的 Create Project 对话框，在 Project Name 文本框输入新建项目工程文件名"超声波多普勒报警器"，在 Folder 栏设定项目工程文件存放位置，如图 9-77 所示。然后单击 Create 按钮，即新建一个名为"超声波多普勒报警器"PCB 工程文件，但它没有任何子文件。同时，在用户计算机的相应位置，生成一个名为"超声波多普勒报警器"的文件夹，里面存放了新建的"超声波多普勒报警器.PrjPcb"工程文件。

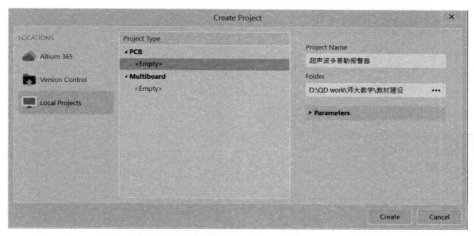

图 9-77　创建超声波多普勒报警器 PCB 工程对话框

参照 9.1.1 节第 1 部分所述的方法，创建新的原理图文件"超声波多普勒报警器. SchDoc"，并保存到"超声波多普勒报警器"文件夹中。

2. 原理图图纸设置

参照 9.1.1 节第 2 部分所述的方法，对新建立的原理图文件"超声波多普勒报警器. SchDoc"图纸进行设置，此处不再赘述。一般情况下，用户采用系统默认设置，即可满足设计要求。

3. 新建元件库

在超声波多普勒报警器电路中，6 个运放功能可以用 1 片通用四运放 LM324 芯片和 1 片通用双运放 LM358 芯片实现，LM324 芯片如图 9-57 所示，LM358 芯片如图 9-78 所示。这两种集成电路芯片元件在 Altium Designer 软件自带的元件库中找不到，需要用户根据自己的实际需求建立自己的元件库。同样，对于如图 6-8 所示的超声波传感器元件，也需要用户创建库元件。对于 Altium Designer 软件自带的元件库 Miscellaneous Devices. IntLib 中提供的晶体管元件 NPN，其引脚编号与系统默认匹配的封装"TO-226-AA"焊盘编号的对应关系，并不适用于 9013 型号的晶体管，需要进行元件引脚编号的修改。

参照 9.1.1 节第 3 步所述的方法，创建新的元件原理图库文件"超声波多普勒报警器. SchLib"，并保存到指定的文件夹中。在该库文件中，创建用户需要的原理图库元件。

（1）双运放 LM358 芯片属于复合元件，它的原理图库元件的创建，可以参照 9.2.1 节第 3 步所述的方法。创建的 LM358 库元件如图 9-79 所示。

(a) 实物图

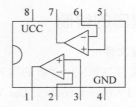

(b) 引脚编号及内部电路框图

图 9-78   LM358 双运放集成电路芯片

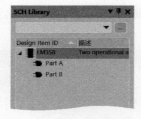

(a) 库元件LM324

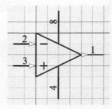

(b) Part A   (c) Part B

图 9-79   库元件 LM358 与子部件符号图形

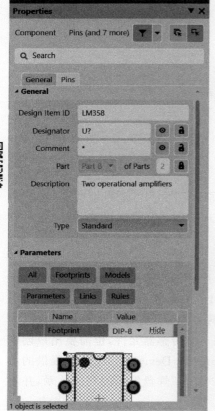

图 9-80   编辑好的 LM358 库
元件属性对话框

编辑好的 LM358 库元件属性对话框如图 9-80 所示。

四运放 LM324 芯片也属于复合元件，它的原理图库元件的创建，在 9.3.1 节的第 3 步已有介绍，此处不再赘述。

（2）超声波传感器的原理图库元件，可以参照 9.2.1 节第 3 步所述的方法，以 Altium Designer 软件自带库中的 XTAL 元件为基础，用复制绘制方法创建。

首先，在原理图库文件"超声波多普勒报警器.SchLib"的 SCH Library 面板中，添加一个库元件并重新命名为 Ultrasonic。

然后，在解压源文件 Miscellaneous Devices.IntLib 得到的 Miscellaneous Devices.SchLib 文件 SCH Library 面板库元件列表中，找到元件 XTAL，将其符号图形复制到新建库元件 Ultrasonic 的元件符号编辑区，如图 9-81 所示。

接下来，通过执行菜单命令"放置"（Place）→"线"（Line）绘制 4 条线段，在复制的符号图形旁边形成一个梯形。双击引脚，在弹出的如图 4-25 和图 4-33 所示的引脚属性对话框中，对各引脚名称 Name 重新编辑，将 OSC1 和 OSC2 分别改为 1 和 2；在 Font Settings 区，修改 Orientation 栏的设置，改变字符方向。结果如图 9-82 所示。这样就得到原理图库元件 Ultrasonic 的符号图形。

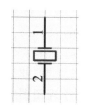

图 9-81　复制库元件 XTAL 的符号图形

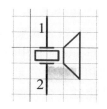

图 9-82　修改好的元件 Ultrasonic 的符号图形

最后，编辑库元件属性，在 Ultrasonic 元件的库元件属性对话框中做如下属性编辑：

- Designator 文本框，修改为"TR?"；
- Description 文本框，输入"Ultrasonic sensor"。

库元件属性编辑好的对话框如图 9-83 所示。

（3）晶体管的原理图库元件，可以参照 4.2.2 节所述的方法，以 Altium Designer 软件自带库中的 NPN 元件为基础，用复制绘制方法创建。

首先，在解压源文件 Miscellaneous Devices.IntLib 得到的 Miscellaneous Devices.SchLib 文件 SCH Library 面板库元件列表中，找到元件 NPN。右击，在弹出的快捷菜单中选中"复制"（Copy）命令。在"超声波多普勒报警器.SchLib"文件的 SCH Library 面板库元件列表中，右击，在弹出的快捷菜单中选中"粘贴"（Paste）命令。

然后分别双击"超声波多普勒报警器.SchLib"文件中复制得到的晶体管元件符号上的各引脚，在弹出的如图 4-56 所示的引脚属性对话框中，按照图 9-84 所示的内容，修改 Designator 文本框内的引脚编号。

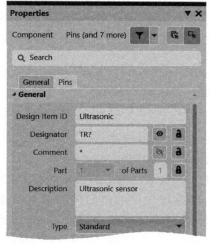

图 9-83　编辑好的 Ultrasonic 库元件属性对话框

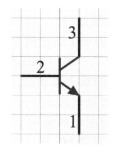

图 9-84　晶体管引脚编号

最后，双击"超声波多普勒报警器.SchLib"文件的 SCH Library 面板库元件列表中元件 NPN，在弹出的如图 4-40 所示的库元件属性对话框中，将 Design Item ID 栏中元件全称修改为 NPNZ。

4. 放置元件

本例中绘制电路原理图，用到了以下 3 个元件库中的元件。

- Altium Designer 软件自带库 Miscellaneous Devices.IntLib：电阻（Res2）、电位器（RPot）、电容（Cap）、二极管（Diode）和发光二极管（LED0）；
- Altium Designer 软件自带库 Miscellaneous Connectors.IntLib：排针（Header）；

- 自建库"超声波多普勒报警器.SchLib"：三极管（NPNZ）、双运放集成电路芯片
（LM358）、四运放集成电路芯片（LM324）和超声波传感器（Ultrasonic）。

在 Components 面板中最上面的下拉列表框中如果没有全部显示上述 3 个元件库，则需要用户添加启用所缺少的元件库。添加启用元件库的方法请参阅 3.2.1 节，此处不再赘述。

依次选用上述 3 个元件库，找到所需要的元件，连续双击，然后向原理图图纸上放置元件：放置 18 个电阻、2 个电位器、5 个无极性电容、7 个极性电容、4 只普通二极管、3 个三极管、1 只发光二极管、1 个 2 脚排针、1 个双运放芯片 LM358、1 个四运放芯片 LM324、2 个超声波传感器；最后进行元件的布局调整，调整好的电路图如图 9-85 所示。

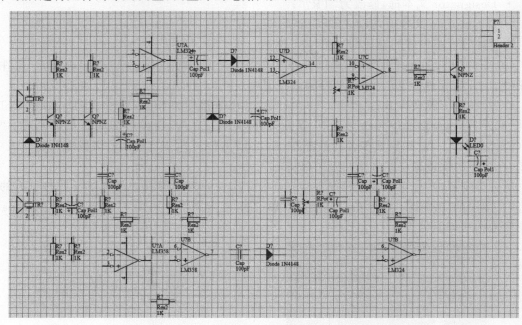

图 9-85　放置好元件的"超声波多普勒报警器"电路图

5. 连接线路

单击图纸上端快捷工具栏中的"放置线"（Place Wire）图形按钮 ，或者执行菜单命令"放置"（Place）→"线"（Wire），进行连线，将原理图中的元件连接起来。

单击图纸上端快捷工具栏中的"GND 端口"（GND Power Port）图形按钮 ，或者执行菜单命令"放置"（Place）→"电源端口"（Power Port），向原理图中的电源网络放置 2 个电源端口，向原理图中的地网络放置 4 个电源端口。连续双击电源网络中的电源端口，弹出电源端口属性对话框，参见图 3-37。在该对话框的 Name 文本框输入"+6V"，Style 栏设置为 Bar。

完成连线后的电路原理图如图 9-86 所示。

6. 新建元件封装库

在原理图图纸上放置电路元件，用到了 Altium Designer 软件自带的集成元件库中提供的发光二极管 LED0，此元件默认设置的匹配封装 LED-0，如图 5-27 所示。对于如图 5-26 所示的发光二极管，如果安装时引脚不弯成 90°，则这个系统自动匹配的封装不合适，且系统自带库中也找不到其他合适的封装，需要用户新建二极管封装。同样，对于引脚间距为 80mil 的 10μF 电解电容，引脚间距为 120mil 的 100μF 电解电容和如图 6-8 所示的超声波传感器，其封装也需要用户自行创建。

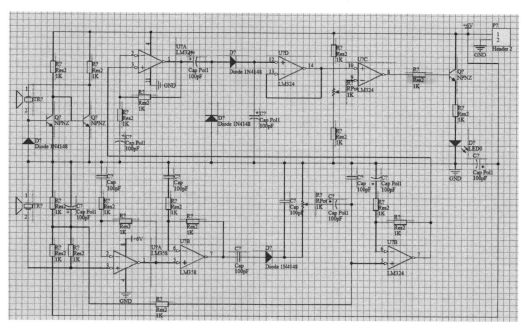

图 9-86   完成连线后的"超声波多普勒报警器"电路图

首先,参照 9.1.1 节第 6 步所述的方法,创建元件封装库,命名为"超声波多普勒报警器. PcbLib",保存到指定的文件夹中。

然后,在该库文件中,创建用户需要的封装库封装。

发光二极管"LED0"封装的创建,在 9.1.1 节第 6 步中已有详细介绍;超声波传感器的封装,在 6.2.1 节已有详细介绍;$10\mu F$ 和 $100\mu F$ 电解电容封装的创建,分别在 9.1.1 节第 6 步和 9.2.1 节第 6 步中已有介绍,此处均不再赘述。新创建的发光二极管封装命名为 LEDZ;新创建的超声波传感器的封装命名为 ULTRAS;新创建的 $10\mu F$ 电解电容的封装命名为"RB0.08",$100\mu F$ 电解电容的封装命名为"RB0.12"。

7. 元件属性编辑

双击原理图纸上放置的各元件,在系统弹出的如图 3-39～图 3-41 所示的元件属性对话框中,分别编辑各元件的属性,其中:

(1) 各元件的 Comment 信息关闭显示(LM358、LM324、TR1、TR2、T1、T2、T3、D1、D2、D3、D4 除外,且 T1、T2、T3 的 Comment 栏信息修改为 9013,D1、D3、D4 的 Comment 栏信息修改为 1N4148,D2 的 Comment 栏信息修改为 1N60)。

(2) 小电容 C2、C3、C4、C5、C7 的封装改为"RAD-0.1";$10\mu F$ 电容 C1、C6、C8、C9、C11 的封装改为"RB0.08";$100\mu F$ 电容 C10、C12 的封装改为"RB0.12";发光二极管的封装改为"LEDZ";超声波传感器 TR1、TR2 添加封装 ULTRAS。

(3) 各元件的数字编号和标称值(如果有)按照图 9-76 内容设置。

编辑好元件属性的"超声波多普勒报警器"电路图如图 9-87 所示。

8. 原理图的编译

执行菜单命令"工程"(Project)→"Validate PCB Project 超声波多普勒报警器. PrjPcb"。系统对"超声波多普勒报警器"工程进行编译。根据编译工程报告给出的出错信息,对绘制的原理图进行相应的修改,直至再次编译工程没有给出出错信息,即完成原理图的设计。

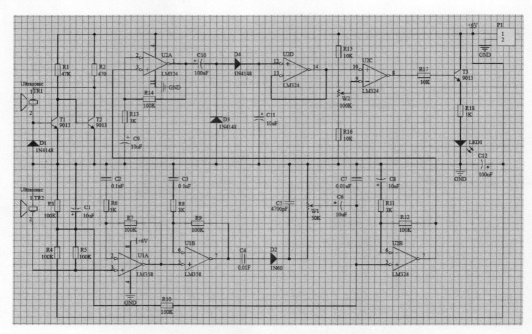

图 9-87　编辑好元件属性的"超声波多普勒报警器"电路图

9.4.2　PCB 设计

1. 创建 PCB 文件

参照 9.1.2 节第 1 步所述的方法，创建新的 PCB 文件"超声波多普勒报警器.PcbDoc"，并保存到指定的文件夹中。

2. PCB 图纸规划

参照 9.1.2 节第 2 步所述的方法，对新建立的 PCB 文件"超声波多普勒报警器.PcbDoc"图纸进行设置：

1）图纸栅格设置

- 栅格"步进（X）"（Step X）和"步进（Y）"（Step Y）两个参数均设置为 10mil；
- "精细"（Fine）栅格线和"粗糙"（Coarse）栅格线均采用实线（Lines）形式，"倍增"（Multiplier）栏选取 10 倍；

2）PCB 边界规划

在 PCB 编辑区上绘制出长为 3600mil、宽为 2600mil 的矩形电气边界。

3. 导入原理图数据

首先，检查确认在 Components 面板中，已启用了原理图中涉及的所有元件封装库。如果有缺漏的封装库，则参考 3.2.1 中所述的方法，向 PCB 编辑器载入封装库。

在原理图编辑环境下，执行菜单命令"设计"（Design）→"Update PCB Document 超声波多普勒报警器.PcbDoc"；或在 PCB 编辑环境下，执行菜单命令"设计"（Design）→"Import Changes From 超声波多普勒报警器.PrjPcb"，系统随即弹出"工程变更指令"对话框。单击对话框中的"验证变更"（Validate Changes）按钮，系统检查所有的变更，并将检查结果显示于"检测"（Check）栏，如图 9-88 所示。

如果有错误，则根据错误信息对原理图做相应的修改。如果无误，则说明所有变更都是有效的。单击"执行变更"（Execute Changes）按钮，系统将执行所有的变更操作，网络表成功地

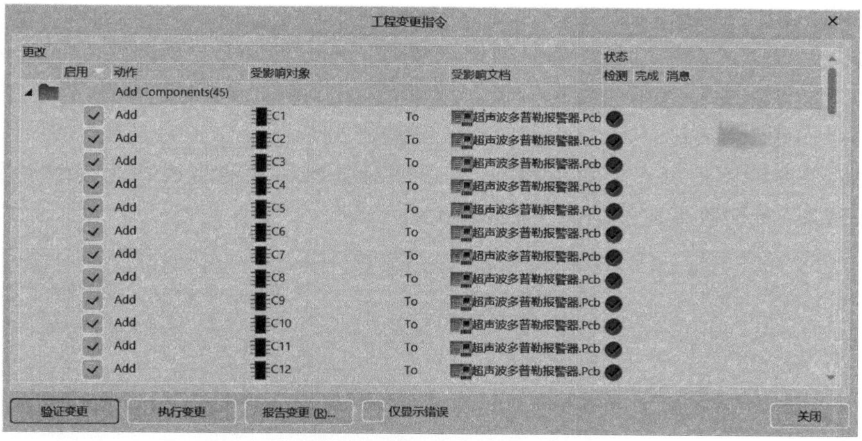

图 9-88 超声波多普勒报警器"工程变更指令"对话框

载入到 PCB 文件中,形式上表现为所有元件以封装形式添加到 PCB 文件中,集中排列在 PCB 编辑区域右下角的外侧,且用飞线指明了各元件间的电气连接关系,如图 9-89 所示。

图 9-89 超声波多普勒报警器原理图文件网络表载入到 PCB 文件的效果

4. 元件布局

PCB 文件导入元件封装后,接下来对元件进行布局。元件布局要考虑的一些因素,以及布局规则的设置,请参阅 9.1.2 节第 4 步所述。元件布局结果如图 9-90 所示。

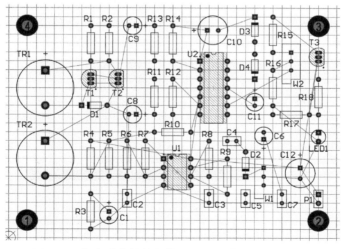

图 9-90 超声波多普勒报警器 PCB 文件元件布局效果

5. 布线

元件布局完成后,进入布线环节。布线也是制作 PCB 很重要的一个步骤。布线前要进行布线规则设置,包括布线安全间距、线宽,以及根据需要添加新的布线规则。参照 9.1.2 节第 5 步所述的方法进行布线规则的设置,包括根据需要添加新的线宽规则,以便对电源和地网络定义不同的线宽。由于本例电路中三极管用到了焊盘间距比较小的"TO-226-AA"封装,且其焊盘要连接到电路的电源和地网络，因此：

（1）为避免布线过程中出现不必要的错误提示，在设置布线安全间距 Clearance 参数时，在如图 7-98 所示的“PCB 规则及约束编辑器”对话框的 Clearance 选项卡中，宜选中“忽略同一封装内的焊盘间距”(Ignore Pad to Pad clearances within a footprint)选项。

（2）为确保布线不违反安全间距规则，在添加对电源和地网络线宽规则增加定义线的宽度时，“最小线宽”参数数值应适当减小，如图 9-91 所示。

名称 Width_VCC
注释
唯一ID
测试语句
Where The Object Matches
Net
+5V
约束
首选宽度 N/A
最小宽度 N/A
最大宽度 N/A
检查导线/弧的最大/最小宽度
检查连接铜(线轨、圆弧、填充、焊盘和过孔)最小/
使用阻抗配置文件
仅层叠中的层
最小宽度 首选宽度 最大宽度 层名
20mil 40mil 40mil 1 - Top Layer
20mil 40mil 40mil 2 - Bottom Layer

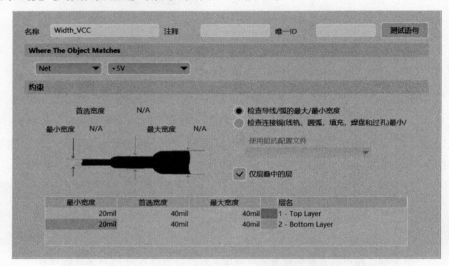

图 9-91　超声波多普勒报警器 PCB 文件设置电源网络布线宽度

然后进行自动布线。系统弹出的布线状态信息提示框中最后一条信息显示有“Failed to complete 3 connection(s)”，如图 9-92 所示，表示自动布线结束，但有 3 条导线布线不成功，因而缺失掉。自动布线后的结果如图 9-93 所示。查看该图可以看出，T1、T2 封装中三极管发射极对应的焊盘连接到地网络的导线，和 T3 封装中三极管集电极对应的焊盘连接到电源网络的导线，布线不成功。

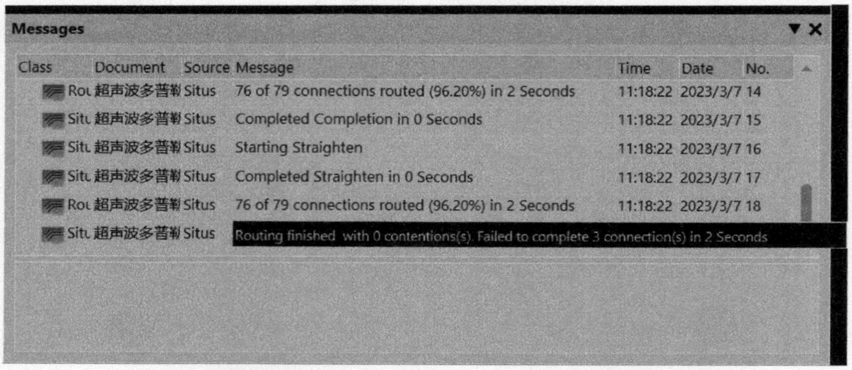

Messages
Class Document Source Message Time Date No.
Rou 超声波多普勒 Situs 76 of 79 connections routed (96.20%) in 2 Seconds 11:18:22 2023/3/7 14
Situ 超声波多普勒 Situs Completed Completion in 0 Seconds 11:18:22 2023/3/7 15
Situ 超声波多普勒 Situs Starting Straighten 11:18:22 2023/3/7 16
Situ 超声波多普勒 Situs Completed Straighten in 0 Seconds 11:18:22 2023/3/7 17
Rou 超声波多普勒 Situs 76 of 79 connections routed (96.20%) in 2 Seconds 11:18:22 2023/3/7 18
Situ 超声波多普勒 Situs Routing finished with 0 contentions(s). Failed to complete 3 connection(s) in 2 Seconds

图 9-92　超声波多普勒报警器 PCB 文件自动布线状态信息框

然后，再手动布线对自动布线结果进行一些必要的调整，包括添补自动布线时缺失的连线，减少一些布线不必要的弯折、缩短布线长度等，以达到最佳效果。手动调整布线后的结果如图 9-94 所示。

对自动布线进行手动调整后的结果如图 9-94 所示。

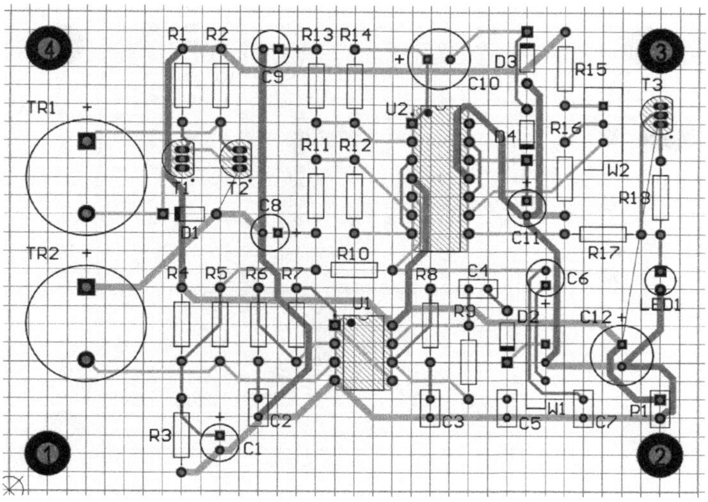

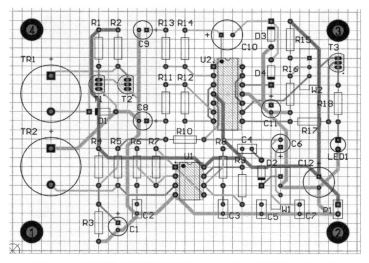

图 9-93　超声波多普勒报警器 PCB 文件自动布线效果

图 9-94　超声波多普勒报警器 PCB 文件手动调整布线效果

6．补泪滴和铺铜

PCB 布线完成后，要进行补泪滴和铺铜操作，以确保 PCB 的可靠性。补泪滴和铺铜的操作方法及相关参数设置请参阅 9.1.2 节第 6 步所述。

PCB 补完泪滴后的结果如图 9-95 所示，铺铜后的结果如图 9-96 所示。

7．放置文字注释

将 Top Overlay 层设为当前工作层。

参照 9.1.2 节第 7 部分所述，在 PCB 的 Top Overlay 层上，放置电路的名字和排针处标示电源的文字注释。其中：

电路名称为"超声波多普勒报警器"，字符高度为 150mil；正电源指示"＋5V"和地指示 GND 文字注释，字符高度为 40mil。

放置文字注释后的结果如图 9-97 所示。

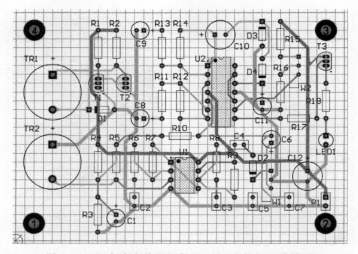

图 9-95　超声波多普勒报警器 PCB 文件补泪滴效果

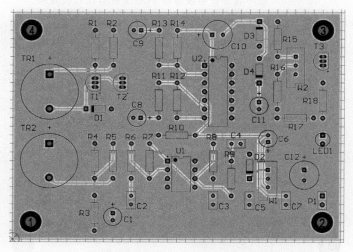

图 9-96　超声波多普勒报警器 PCB 文件底层铺铜效果

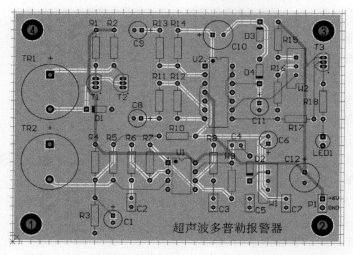

图 9-97　超声波多普勒报警器 PCB 文件添加文字注释效果

Altium Designer 常用
命令快捷键

A.1 通用快捷键

快 捷 键	功 能
Ctrl+Tab	逐个切换显示所打开的文件
Ctrl+鼠标滚轮	以光标为中心缩放视图
(Fn)+PgUp	以光标为中心放大视图,括号内部分适用于笔记本电脑
(Fn)+PgDn	以光标为中心缩小视图,括号内部分适用于笔记本电脑
Ctrl+(Fn)+PgDn	用户工作区窗口显示所有对象,括号内部分适用于笔记本电脑
右击并按住	显示滑动小手并可移动画面
鼠标滚轮	上下移动画面
Shift+鼠标滚轮	左右移动画面
(Fn)+End	刷新视图,括号内部分适用于笔记本电脑
Ctrl+A	选择全部对象
X→A	取消对象选择
X	当放置对象处于悬浮状态,或鼠标左键按住对象时,对象左右翻转
Y	当放置对象处于悬浮状态,或鼠标左键按住对象时,对象上下翻转
空格键	当放置对象处于悬浮状态,或鼠标左键按住对象时,对象逆时针旋转 90°;在 PCB 编辑环境中手动布线时,更换走线的弯曲方向
Tab	当放置对象处于悬浮状态时,弹出对象属性设置对话框
左键双击对象	弹出对象属性设置对话框
Ctrl+Z	撤销上一次操作
Ctrl+Y	重复上一次操作
O+P	打开"优选项"对话框
Esc	结束正在进行的操作

A.2 原理图设计快捷键

快 捷 键	功 能
V→F	用户工作区窗口显示所有对象
V→D	用户工作区窗口显示整个文档
↑ ↓ ←→	以一个捕捉栅格间距为增量,沿箭头方向移动光标
Shift+ ↑ ↓ ←→	以 10 个捕捉栅格间距为增量,沿箭头方向移动光标

续表

快 捷 键	功 能
P→P	放置元件
P→W 或 Ctrl+W	绘制导线
P→B	绘制总线
P→U	绘制支线
P→J 或 Ctrl+J	放置节点
P→R	放置端口
P→N	放置网络标号
P→O	放置电源和接地符号
P→T	放置字符串

A.3 PCB 图设计快捷键

快 捷 键	功 能
V+D	用户工作区窗口显示所有对象
V+F	用户工作区窗口显示整个文档
Ctrl+G	弹出栅格设置对话框
G	弹出细栅格间距设置对话框
↑↓←→	以一个细栅格间距为增量,沿箭头方向移动光标
Shift+↑↓←→	以 10 个细栅格间距为增量,沿箭头方向移动光标
Ctrl+M	测量点到点的距离
R+M	测量点到点的距离
R+R	测量两个对象边缘间的最短距离
R+S	测量预先选中的布线长度
Q	公制和英制之间单位切换
Shift+H	PCB 编辑区浮动坐标信息框隐藏与显示的切换
Shift+S	PCB 编辑区单一板层图形与多板层图形显示的切换
P→C	放置元件
P→P	放置焊盘
P→V	放置过孔
P→T	放置铜膜线
P→S	放置字符串
P→G	放置多边形铺铜
P→D	放置尺寸标注

小贴士索引

第 2 章　PCB 工程的创建与管理

小贴士 1　PCB 工程管理的生效。

小贴士 2　PCB 工程相关文件保存路径的快速查询。

第 3 章　绘制电路原理图

小贴士 3　图纸栅格的设置。

小贴士 4　集中批量放置元件的建议。

小贴士 5　Wire 与 Line 的区别。

小贴士 6　添加菜单命令。

小贴士 7　网络标签的放置与命名。

小贴士 8　I/O 端口与网络标签的区别。

小贴士 9　电源端口的网络标签功能。

小贴士 10　元件属性编辑的建议。

小贴士 11　元件关联封装的匹配。

小贴士 12　编译命令的应用条件。

小贴士 13　一些编译错误/警告提示的解决方法。

小贴士 14　工程的网络表。

小贴士 15　网络表的记事本格式。

第 4 章　原理图元件库的创建

小贴士 16　元件库文件的重命名。

小贴士 17　元件库编辑界面无元件库面板显示的解决方法。

小贴士 18　元件符号边框绘制的建议。

小贴士 19　元件引脚上的电气节点。

小贴士 20　元件引脚名称上画线的实现。

小贴士 21　解压源文件的重复使用。

小贴士 22　自建库元件修改信息同步更新到原理图。

第 6 章　元件封装库和集成库的创建

小贴士 23　封装焊盘设计的建议。

小贴士 24　元件集成库的维护。

第 7 章　PCB 设计

小贴士 25　元件 PCB 封装匹配的核实。

小贴士 26　PCB 编辑区左上角坐标信息框的隐藏与显示。

小贴士 27　PCB 图纸栅格间距设置的建议。

小贴士 28　PCB 编辑区规划定义边框线的多选性。

小贴士 29　由原理图更新到 PCB 的文件保存位置要求。

小贴士 30　原理图与 PCB 图的双向同步更新方法。

小贴士 31　元件安全间距检查的忽略。

小贴士 32　PCB 规则及约束编辑器添加新的规则项。

小贴士 33　布线设计规则参数设置的建议。

小贴士 34　元件引脚变绿的解决方法。

小贴士 35　高亮显示某网络的方法。

小贴士 36　PCB 设计中的图元批量修改方法。

小贴士 37　字符串的汉字显示。

第 8 章　PCB 的输出

小贴士 38　删除元件封装组成部分的方法。

小贴士 39　图层打印输出预览设置。

参 考 文 献

[1]　周润景,李志,张大山. Altium Designer 原理图与 PCB 设计[M]. 3 版. 北京：电子工业出版社,2015.

[2]　邓奕. Altium Designer 原理图与 PCB 设计[M]. 武汉：华中科技大学出版社,2015.

[3]　王秀艳,姜航,谷树忠. Altium Designer 教程——原理图、PCB 设计[M]. 北京：电子工业出版社,2019.

[4]　张永华. 电子电路与传感器实验[M]. 北京：清华大学出版社,2018.

[5]　Altium 中国技术支持中心. Altium Designer 19 PCB 设计官方指南[M]. 北京：清华大学出版社,2019.